埋弧自动焊焊工培训教材

赵伟兴　编著

哈尔滨工程大学出版社

内 容 简 介

本书叙述了埋弧自动焊的原理,系统介绍了焊丝和焊剂、典型埋弧自动焊机的构造及工作原理,详细阐述了埋弧焊的工艺技术和常用钢的埋弧焊,讨论了高效埋弧焊的特点,还对焊接质量做了分析。

本书作埋弧自动焊焊工培训教材,也可供技校焊接专业师生及从事焊接专业的技术人员参考。

图书在版编目(CIP)数据

埋弧自动焊焊工培训教材/赵伟兴编著. —哈尔滨:
哈尔滨工程大学出版社,2006(2020.8 重印)
ISBN 978 - 7 - 81073 - 639 - 8

Ⅰ. 埋… Ⅱ. 赵… Ⅲ. 埋弧焊:自动焊 - 技术
培训 - 教材 Ⅳ. TG445

中国版本图书馆 CIP 数据核字(2006)第 111710 号

出版发行 哈尔滨工程大学出版社
社　　址　哈尔滨市南岗区南通大街 145 号
邮政编码　150001
发行电话　0451 - 82519328
传　　真　0451 - 82519699
经　　销　新华书店
印　　刷　哈尔滨圣铂印刷有限公司
开　　本　787 mm × 1 092 mm　1/16
印　　张　16.5
字　　数　399 千字
版　　次　2006 年 1 月第 1 版
印　　次　2020 年 8 月第 4 次印刷
定　　价　29.00 元
http://www.hrbeupress.com
E-mail:heupress@ hrbeu. edu. cn

编 者 的 话

在现代钢结构生产中,埋弧自动焊是一种高效的焊接方法,已广泛应用于造船、机械、冶金、建筑、锅炉及压力容器、桥梁、车辆、电力等行业。焊接大型钢结构,埋弧自动焊生产率高、焊接质量优,使之成为首选的焊接方法。随着钢结构的生产发展,船越造越大、桥越造越长、高层建筑越造越高,钢结构的厚板趋向使埋弧自动焊更显示出其优越性,同时也要求埋弧自动焊更上一层楼。

多少年来,一直缺乏埋弧自动焊焊工培训教材,已不能适应新形势下的埋弧自动焊技术发展的需要。为此,编者总结培训埋弧自动焊工的教学经验,听取专家的意见,吸取焊接技师的实践经验,收集大量的技术资料,编写了本教材。

本教材编写过程中,从埋弧自动焊工实际需要出发,叙述内容力求深入浅出、通俗易懂,文、图、表三者并重,列举了大量的埋弧自动焊生产实例,做到理论和实际良好结合,使焊工培训学员切实掌握专业的基础知识和操作技能。在选材内容方面,还从埋弧自动焊生产发展的角度出发,介绍了高效埋弧焊新技术,有利于焊工学员技术水平的提高,适应现代科技发展的需求。

本书在编写过程中,忻鼎乾、周志成、刘新华、连永康、丁永年、孙文雄等专业人员提供了有价值的生产经验及资料,并协助编写工作,在此致以衷心地感谢! 同时编者对所引用的重要参考文献的作者,表示诚挚的谢意!

由于编者水平有限,实践能力不高,书中会有错误和不当之处,恳请读者批评指正。

编者

2005 年 12 月

目　　录

第一章　埋弧自动焊概述

第一节　埋弧自动焊的发展及原理

一、埋弧自动焊的发展

19 世纪 80 年代初就有科学家发现了电弧,同时发现电弧具有高热和强光的特点,这就是电弧焊的光辉起点。

1882 年俄国贝那尔多斯发明了电弧焊,他的方法是利用碳棒作为电极,产生电弧熔化金属,进行焊接工作,这种焊接方法称为碳极电弧焊。继后在 1888 年俄国斯拉维扬诺夫改进了碳极电弧焊,用金属棒代替碳棒,这种焊接方法称为金属极电弧焊。他应用这种焊接方法完成了许多的金属修补工作,并获得了许多国家发明专利权。同时,他还首先使用了焊剂——粉末状物质(捣碎的玻璃和铁合金的混合物),把电弧和熔化金属封闭起来。这也是埋弧焊的雏形。

1907 年瑞典人发明了焊条,并于 1912 年开发出厚药皮焊条,开创了焊条电弧焊的新局面。此后,有人设法把焊条制成长焊条,箱柜式焊车上装有两套焊条下送装置,交替供应焊条,一根焊条燃烧完时,另一根焊条立即引弧,继续焊接,电弧轮流燃烧,实现了焊条明弧自动焊。但是,由于生产率提高不大,焊机又很笨重,因此,没有在工业上推广应用。

20 世纪 30 年代人们开发了埋弧自动焊。现代形式的焊剂层下埋弧自动焊是于 1940 年由乌克兰电焊研究所在巴东院士领导下发明的。自从出现埋弧自动焊后,很快在船舶、冶金、石油、化工等工业中得到广泛应用。特别是在焊接厚板钢结构时,显示了埋弧焊生产率高、质量稳定等优越性。继后各国也研制成焊接众多金属的埋弧焊焊丝和焊剂,以及各种类型的埋弧自动焊机。埋弧焊得到了推广应用,成为焊接工作中的重要焊接方法。

随着科技的发展,对埋弧自动焊提出了更高的要求,于是涌现出许多高效率的埋弧自动焊方法:各种衬垫的单面埋弧焊、多丝埋弧焊、窄间隙埋弧焊及带极埋弧焊等,将埋弧焊推向更高效的新水平。

我国在 20 世纪 50 年代初,船舶工业首先引进了埋弧焊技术,用于建造潜艇。接着埋弧焊在建造万吨轮上得到了推广应用。70 年代末,我国的船舶产品进入国际市场,通过出口船舶的建造,促进了埋弧焊的发展。到了 80 年代初,船舶工业中埋弧焊已列于高效电弧焊接的首位。持续了若干年,直到 1995 年才让位于 CO_2 气体保护半自动焊。然而埋弧焊建造钢结构的吨位仍在逐年上升。

近十几年来,埋弧焊在船舶制造、发电设备、锅炉压力容器、大型管道、重型机械、桥梁、高层建筑及化工装备生产中得到了广泛的应用和长足的发展。目前,我国的埋弧焊已能焊接各种钢种及部分有色金属。我国的焊接技术人员在各种衬垫单面埋弧焊、多丝埋弧焊、窄间隙埋弧焊等焊接技术的应用和研究方面进行了不懈的努力,取得了较好成果。

随着船越建越大,桥越造越长,楼房建筑越造越高,焊接钢结构趋向厚板化,埋弧焊必将得到更广泛的应用,发挥更大的作用,埋弧焊有着广阔的发展前景。

二、埋弧自动焊的原理

埋弧焊的电弧是被掩埋于颗粒状焊剂下面,在焊丝和焊件之间封闭空间内燃烧的。埋弧焊的热源也是电弧,电弧的热量使焊丝、焊件和焊剂熔化,被熔化的绝大部分焊丝和焊件金属形成熔池。而部分金属和焊剂被蒸发,形成一个气体空穴,笼罩在电弧周围,如图1-1所示,气体空穴又被一层熔化了的焊剂——熔渣所包围,这层熔渣隔离了空气和电弧及熔池的接触,实现了良好的熔渣保护。熔池在熔渣保护下,缓慢冷却形成焊缝,熔渣冷却后形成焊渣壳。

为了实现电弧的连续燃烧,必须有给送焊丝装置,送丝轮旋转,不断给送焊丝。由于焊丝是运动的,所以有一个导电器和焊丝滑动接触,传导焊接电流。同时要使焊丝和电弧沿着焊接

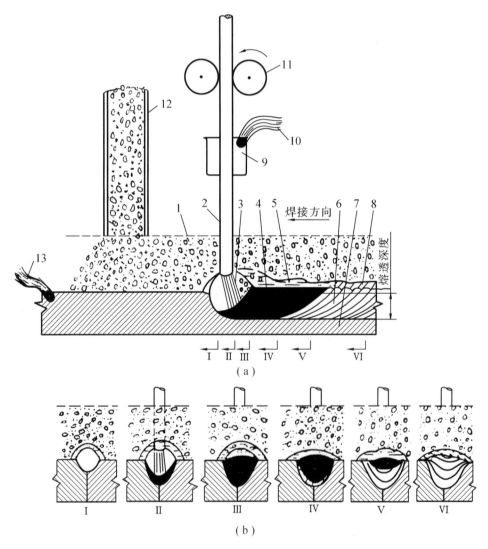

图1-1 埋弧自动焊原理

1—焊剂;2—焊丝;3—电弧;4—熔池金属;5—熔渣;6—焊缝;7—焊件;8—焊渣壳;9—导电器;10—接焊丝电缆;11—送丝轮;12—焊剂输送管;13—接焊件电缆

方向前进,有一台小车载有焊丝、焊剂、焊接机头等沿焊接方向向前行进,这样就实现了埋弧自动焊。

第二节 埋弧自动焊的优点

一、埋弧自动焊的优点

1. 生产效率高

埋弧自动焊具有很高的生产效率,它的生产效率是焊条电弧焊的 5~10 倍,其主要原因有三个。

(1)用大的焊接电流

焊条电弧焊不能使用大电流焊接,因为焊接电流是从药皮焊条的顶端导入的,焊接过程中焊条芯产生电阻热,其作用使焊条药皮受热发红,失去药皮的功能,导致不能正常焊接。埋弧自动焊的导电器是在离焊丝末端很近的地方(即焊丝导电长度很短,约 25~50 mm),焊接电流通过焊丝产生的电阻热就受到了限制。所以埋弧焊可以使用很大的电流,表 1-1 为埋弧焊和焊条电弧焊使用焊接电流、电流密度的比较。大的焊接电流,大的电流密度,使焊丝的熔敷速度提高,焊接生产效率提高。

表 1-1 埋弧焊和焊条电弧焊使用焊接电流、电流密度的比较

焊条(焊丝)直径/mm	焊条电弧焊		埋弧焊	
	焊接电流/A	电流密度/(A/mm^2)	焊接电流/A	电流密度/(A/mm^2)
2	50~65	16~21	200~400	64~127
3	80~130	11~18	350~600	50~85
4	125~200	10~16	500~800	40~64
5	190~250	9.7~13	600~1 000	31~51

(2)电弧的热利用率提高

埋弧焊的焊剂和熔渣起着隔热作用,电弧基本上没有热的辐射损失,飞溅也小,虽然用于熔化焊剂的热量损耗有所增大,但埋弧焊总的热利用率(用于熔化焊丝和熔化母材)是显著大于焊条电弧焊的。表 1-2 为埋弧焊和焊条电弧焊的热量分配比较。

表 1-2 埋弧焊和焊条电弧焊的热量分配比较

焊接方法	产热/%		耗热/%					
	两个极区	弧柱	辐射	飞溅	熔化焊条或焊丝	熔化母材	母材传热	熔化药皮或焊剂
焊条电弧焊	66	34	22	10	23	8	30	7
埋弧焊	54	46	1	1	27	50	3	18

（3）不开坡口节省辅助工作时间

焊条电弧焊由于受到熔透深度的限制，通常钢板厚度超过 6 mm 就要开坡口，实施两面焊接，反面还要碳弧气刨需要进行清除根部工作。埋弧焊时，由于熔透深度大，钢板厚度14 mm 也不需要开坡口，若实施两面焊时，反面也可不必碳弧气刨。不开坡口，无碳弧气刨，可以节省大量的劳动工时，提高了生产效率。

2. 焊缝质量高且稳定

埋弧焊焊缝质量高且稳定的原因有四个。

（1）焊剂层和熔渣保护良好

由于有厚层焊剂的保护，减小了空气中氧和氮对电弧的不良影响。熔池上有厚层熔渣覆盖保护，使冶金反应充分。良好的保护，使焊缝金属质量提高。

（2）焊缝冷却缓慢，结晶良好

厚层的焊剂和熔渣对熔池和焊缝金属起着保温作用，使冷却速度缓慢，这就促使焊缝的结晶良好，并减小了焊缝和热影响区的淬硬倾向。

（3）焊接工艺参数稳定，焊缝质量稳定

焊条电弧焊的焊接质量，在很大程度上取决于焊工的操作和运条的技能。而埋弧焊的焊丝给送速度和焊接速度（焊车速度）是机械化的，并且焊机有自动调整的功能，保证焊接工艺参数（焊接电流、电弧电压、焊接速度等）的稳定，所以埋弧焊的焊缝质量是稳定的。

（4）焊速均匀和熔渣润饰，使焊缝光滑美观

埋弧焊的熔池尺寸较大，焊速均匀，再加上厚层的液态熔渣对焊缝的润饰作用，焊缝外形光滑美观，几乎没有鱼鳞片状。

3. 节省焊丝和电能

厚钢板的埋弧焊可以不开坡口，焊缝中的熔敷金属显著减少，即焊丝消耗量减小。埋弧焊还消除了焊条电弧焊的焊条头损耗。还有由于熔渣的良好保护，合金元素的烧损和飞溅明显减少。焊丝消耗量的减小，熔化焊丝金属所消耗的电能也随之减小，节省了电能。坡口不加工，则坡口加工的费用也节省下来。

4. 改善了劳动条件和卫生条件

埋弧自动焊是机械化操作的，所以焊接工作的劳动强度大大降低。焊工只需要操纵焊机上按钮、开关和调节器，观察电压表和电流表，转动手轮调整机头，就能完成焊接工作。不过，对于埋弧焊的某些辅助工作（如移动焊车、拖拉焊接电缆、搬运焊剂和焊丝等）的劳动强度却比焊条电弧焊的要大。

埋弧焊的弧光是被焊剂遮挡的，焊工的眼睛和皮肤不会受弧光辐射。焊接时焊工离电弧和熔渣较远，焊接过程中析出的有害气体对焊工健康的影响也小。

5. 焊接变形小

埋弧焊的焊接速度快，热量集中，焊接变形小。埋弧焊的坡口尺寸和焊条电弧焊相比，间隙小，钝边大，坡口角度小，填满坡口的熔敷金属量也少，焊接不是并列关系小。若两块厚钢板的板厚、坡口形状尺寸相同，一块板用埋弧焊焊接，可用很少的焊接层数即可焊成，而另一块板用焊条电弧焊焊接，则需要很多的焊接层数才能焊成。焊接层数少的，焊接变形小。

二、埋弧自动焊的缺点

1. 目前只能焊平焊和横焊,不能立焊和仰焊

埋弧焊是依靠重力和摩擦力才能堆积颗料状焊剂,形成保护电弧的条件,液态焊缝金属也是靠重力和表面张力才能使焊缝良好成形。在立焊或仰焊时,焊剂不能堆积和覆盖电弧,所以无法实现埋弧焊。

2. 焊接设备复杂,价格高,并需要有大容量的供电网路

埋弧自动焊要实现机械化,设备复杂,价格高。在使用埋弧自动焊机时,需要有大容量的供电网路,才能保证焊机的工作稳定,获得稳定的焊接质量。

3. 灵活性差,不宜焊短小焊缝

埋弧焊的灵活性远不及焊条电弧焊,埋弧焊机的搬移比较麻烦,焊前的准备工作时间较长,焊接短小焊缝的生产效率不高。埋弧焊也不宜焊薄板。

4. 对装配精度要求高

埋弧焊由于熔深大,对于坡口间隙的敏感性大,生产中常出现焊件局部间隙大而引起烧穿。埋弧焊对装配精度要求高,尤其是对坡口间隙的要求高于焊条电弧焊。

第三节　埋弧焊方法的分类及应用

一、埋弧焊方法的分类

1. 按焊接过程机械化程度可分为埋弧半自动焊和埋弧自动焊

埋弧半自动焊的焊丝给送是机械的,而电弧沿焊接方向移动是人工操作的。如果电弧沿焊接方向移动也是机械的,则称为埋弧自动焊。

埋弧半自动焊在二十世纪五六十年代曾流行过,由于埋弧半自动焊操作劳动强度高,卫生条件差,目前已被 CO_2 气体保护半自动焊所替代。通常称的埋弧焊,就是指埋弧自动焊。

2. 按焊缝要求单面施焊还是双面施焊,可分为单面埋弧焊和双面埋弧焊

(1)单面埋弧焊　只要在接缝正面施焊就能在两面成形良好的焊缝。单面埋弧焊必须在接缝反面有衬垫依托。

(2)双面埋弧焊　在接缝正、反面都要施焊。

3. 按反面衬垫结构不同,可分为铜衬垫、焊剂衬垫、焊剂铜衬垫、软衬垫埋弧焊等

(1)铜衬垫埋弧焊　接缝反面垫有圆弧槽(反面焊缝成形)的铜板,正面进行埋弧焊,一面焊接两面成形焊缝。

(2)焊剂衬垫埋弧焊　利用衬垫装置使焊剂紧贴接缝反面,正面进行埋弧焊,也是单面焊接两面成形焊缝。

(3)焊剂铜衬垫埋弧焊　铜板上敷设一层焊剂,紧贴接缝反面,正面进行埋弧焊,实现两面成形焊缝。

(4)软衬垫埋弧焊　主要由玻璃纤维带和热固化焊剂组成软衬垫,粘贴于接缝反面,接缝可以是曲面的,正面进行埋弧焊,反面也有良好的成形焊缝。

(5)钢衬垫埋弧焊　以钢板为衬垫,紧贴于接缝反面,正面埋弧焊,焊后钢衬垫和焊缝连接在一起,成为永久性的衬垫。钢衬垫埋弧焊通常用于接缝反面无法清理衬垫的场合。

(6)无衬垫悬空双面埋弧焊　无衬垫即接缝悬空。若施行单面埋弧焊,则很难做到板厚全焊透又不烧穿,所以对接坡口悬空埋弧焊都是实施双面焊接的。

4.按电极形状及数量,可分为单丝、多丝及带极埋弧焊

(1)单丝埋弧焊　就是用一根焊丝进行埋弧焊。单丝埋弧焊应用广泛,操作技术容易掌握。

(2)多丝埋弧焊　有双丝、三丝、四丝之分。通常焊接电源数等于焊丝数,即每个电弧都是独立的。也有电源数少于焊丝数的。显然多丝埋弧焊生产效率要比单丝埋弧焊高得多。

(3)带极埋弧焊　电极是钢带(厚0.4~0.8 mm,宽25~80 mm),带极端面和工件间有多个电弧燃烧,电弧在带极端面来回漂移,相当于焊丝摆动的作用,从而获得熔深浅而熔宽很宽的焊道。带极埋弧焊很适宜进行埋弧堆焊工作。

5.按提高熔敷效率方法不同,可分为加长焊丝伸出长度埋弧焊、附加热丝埋弧焊、加金属粉末埋弧焊

在常规的埋弧焊中,只有27%左右的电弧热量用于焊丝的熔化,而大部分热量用于熔化母材和焊剂。设法把这些热量用于熔化填充金属进入焊缝,使熔敷效率提高。

(1)加长焊丝伸出长度埋弧焊　前面讲过埋弧焊的焊丝伸出长度较短,可使用较大的焊接电流,获得较高的生产效率,同时熔深也显著增大。现使用较长的焊丝伸出长度,使焊丝通电预热时间加长,焊丝熔敷速度加快,熔敷效率提高,但同时使熔深有所降低。

(2)附加热丝埋弧焊　在常规埋弧焊过程中,附加通电预热的焊丝,送入电弧区,两根焊丝同时参加熔敷,提高了熔敷效率。

(3)加金属粉末埋弧焊　在坡口中预先敷撒一层金属粉末,然后进行埋弧焊,这样电弧热利用率提高,熔敷效率提高,同时金属粉末中加入有益的合金元素,可以提高焊缝的性能。

二、埋弧焊的应用

埋弧焊是焊接结构生产中应用很广的工艺方法之一。在船舶、锅炉与压力容器、桥梁、起重机械、冶金机械、化工设备、核电设备等制造中都是主要的焊接工艺方法。尤其在中厚板、长焊缝的钢结构生产中,埋弧焊是首选的焊接工艺方法。

随着焊接冶金技术和焊接材料生产的发展,埋弧焊目前已能焊接低碳钢、中碳钢、低合金结构钢、耐热钢、低温钢、不锈钢及不锈复合钢等各种钢结构,也能焊接一些有色金属,如镍基合金、铜合金及钛合金等。铸铁、高碳工具钢、铝和镁及其合金目前尚不能采用埋弧焊进行焊接。

在船舶行业建造巨型海轮中,正广泛使用着各种衬垫单面埋弧焊、多丝埋弧焊等高效埋弧焊。对于三十几毫米钢板的坡口对接,能一次焊成。把埋弧焊的生产效率提高到新的高度。随着科技的发展,埋弧焊也将会取得技术上的进步,得到更广泛的应用。

第二章 焊丝和焊剂

第一节 埋弧焊的冶金反应

埋弧焊过程中,在电弧作用下,随着焊丝、母材和焊剂的熔化,形成的熔渣、液态金属和电弧气氛三者之间会产生一系列的物理化学反应,使熔化金属产生一系列的冶金反应。

一、埋弧焊化学冶金反应的特点

1.隔离空气,保护良好

埋弧焊时,电弧是在焊剂层下燃烧的,电弧的热作用使焊剂熔化形成液态熔渣,包围了熔池和焊接区,隔离了空气,获得良好的保护,避免了空气中氧和氮的有害侵入。

2.冷却缓慢,冶金反应充分

通常埋弧焊的电弧热功率很大,熔池尺寸也相应较大。熔池和凝固的焊缝金属受较厚的焊剂层覆盖,冷却速度缓慢,熔池液态金属和熔渣的反应时间较长,使冶金反应充分。

3.焊缝金属的合金成分易于控制

埋弧焊接过程中,可以通过焊丝对焊缝金属渗合金,还可以用焊剂熔化成厚层熔渣进行渗合金。熔渣渗合金的效果显著,且易于控制。在焊接低碳钢时,利用焊剂中的二氧化硅(SiO_2)和氧化锰(MnO)对焊缝金属渗硅和渗锰,保证焊缝金属的化学成分和力学性能。焊合金钢时,利用合金钢焊丝渗合金来保证焊缝金属的合金成分。埋弧焊利用焊丝和焊剂配合渗合金,可获得良好的效果。

二、埋弧焊的主要冶金反应

埋弧焊的主要冶金反应有:硅、锰还原反应,脱硫、脱磷反应,去氢反应。

1.硅、锰还原反应

低碳钢焊缝金属中,硅和锰是主要合金元素。锰可以提高钢的强度和韧性,提高抗热裂性。硅可使熔池金属脱氧。

低碳钢埋弧焊的焊剂中,含有大量的氧化锰(MnO)和二氧化硅(SiO_2),熔渣对焊缝金属的渗锰和渗硅,主要是通过 MnO 和 SiO_2 的还原反应来实现的,其反应式为

$$[Fe] + (MnO) \rightleftharpoons (FeO) + [Mn]$$
$$2[Fe] + (SiO_2) \rightleftharpoons 2(FeO) + [Si]$$

式中 $[X]$为熔池中的,(X)为熔渣中的。

这种反应是可逆的,在高温时反应式向右进行,在低温时反应式向左进行。在熔滴过渡过程中的熔滴、焊丝端部和熔池前部三个区域的温度都很高,反应式向右进行,即熔滴、熔池中的 MnO 和 SiO_2 还原成 Mn 和 Si 渗入焊缝;在温度较低的熔池后部,反应式向左进行,即熔池中的 FeO 脱氧而生成的 MnO 和 SiO_2 进入熔渣,由于温度较低,反应比较缓慢,因此,上

述反应最终结果是使焊缝金属渗锰和硅。

2. 去氢反应

埋弧焊时,隔离空气,产生氮气孔的可能性很小,而主要是防止氢气孔。焊剂中加入氟化钙(CaF_2)和SiO_2、MnO,通过化学反应可把氢结合成不溶于熔池的化合物,排出于熔池外,达到去氢的目的。

(1)生成氟化氢(HF)

氟化钙(CaF_2)在电弧高温作用下,发生分解,生成氟(F):

$$CaF_2 \xrightleftharpoons{\text{高温}} CaF + F$$

氟是活泼元素,它与氢结合成不溶于熔池金属的氟化氢(HF),排入大气中,防止了氢气孔的产生。

$$F + H \rightleftharpoons HF$$

(2)生成羟基(OH)

在电弧高温作用下,下列反应式可生成羟基(OH):

$$MnO + H \rightleftharpoons Mn + OH$$
$$SiO_2 + H \rightleftharpoons SiO + OH$$
$$CO_2 + H \rightleftharpoons CO + OH$$

羟基(OH)不溶于熔池金属,防止了氢气孔的形成。

3. 脱硫和脱磷反应

(1)脱硫

硫是有害元素,通常以硫化铁(FeS)的形式存在于钢中,硫能促使焊缝形成热裂纹、降低冲击韧性和抗腐蚀性能。提高焊丝中的锰含量或焊剂中的 MnO 和 CaO 含量,可达到脱硫的要求,其反应式为

$$[Mn] + [FeS] \rightleftharpoons [Fe] + (MnS)$$
$$(MnO) + [FeS] \rightleftharpoons (FeO) + (MnS)$$
$$(CaO) + [FeS] \rightleftharpoons (FeO) + (CaS)$$

硫化锰(MnS)和硫化钙(CaS)都进入熔渣中。碱性渣中含有较多的碱性氧化物(如 CaO 等),所以碱性渣的脱硫能力比酸性渣强。增加熔渣的碱度,可以提高脱硫能力。

(2)脱磷

磷也是有害元素,它通常以 Fe_2P 和 Fe_3P 的形式存在,磷也会促使焊缝形成热裂纹,同时磷本身硬而脆,增加钢的冷脆性。用冶金方法脱磷,分两步走:第一步,将磷氧化生成 P_2O_5;第二步,P_2O_5 和熔渣中的碱性氧化物反应生成稳定的复合物,进入熔渣中,达到去磷的目的,其反应式为

$$2[Fe_3P] + 5(FeO) \rightleftharpoons (P_2O_5) + 11[Fe]$$
$$(P_2O_5) + 3(CaO) \rightleftharpoons ((CaO)_3 \cdot P_2O_5)(\text{进入渣中})$$
$$(P_2O_5) + 4(CaO) \rightleftharpoons ((CaO)_4 \cdot P_2O_5)(\text{进入渣中})$$

第二节　埋弧焊用焊丝

一、埋弧焊焊丝的作用及分类

埋弧焊焊丝的作用:作为电极,引燃电弧,维持电弧燃烧;作为熔敷金属,构成焊缝。

埋弧焊的质量很大程度上取决于焊丝和焊剂,不同的钢种母材,应选用不同的焊丝。扩大埋弧焊的应用范围,主要取决于焊丝和焊剂的开发。

埋弧焊焊丝按其结构形式不同,可分为实心焊丝和药芯焊丝。药芯焊丝又称管状焊丝,其中间是药粉,外裹钢管。目前大多是用实心焊丝,配合焊剂使用。药芯焊丝用于表面堆焊。堆焊通常是为了增加耐磨性,或使金属表面获得某些特殊性能,这就需要在焊丝中加入较多的合金元素。这种焊丝冶炼制造困难,如果制成的实心焊丝很硬,也无法绕成盘状,难以实现给送焊丝机械化。这些合金元素可以粉末状加入到药芯中,焊丝的制造加工就方便可行。耐磨表面采用药芯焊丝进行埋弧堆焊已被广泛应用。使用药芯焊丝时仍需配用焊剂,否则不属于埋弧焊的范畴。

埋弧焊焊丝按适用的被焊金属的性质,可分为碳钢焊丝、低合金结构钢焊丝、耐热钢焊丝、低温钢焊丝、不锈钢焊丝及有色金属焊丝。

埋弧焊焊丝直径的规格有 1.2 mm,1.6 mm,2 mm,3 mm,4 mm,5 mm,6 mm。国外生产的英制尺寸有 3.2 mm,4.8 mm,6.4 mm 等。有的焊丝表面镀铜,主要是为了防止生锈。也有在光焊丝表面涂上不影响焊缝质量的防锈涂料。

埋弧焊焊丝是绕成盘圈状供应的,每盘(捆)重量为 10 kg,25 kg,30 kg,45 kg,50 kg,70 kg,90 kg。

二、埋弧焊钢焊丝的牌号

关于埋弧焊钢焊丝已有国家标准 GB/T14957 - 94《熔化焊用钢丝》、GB/T5293 - 1999《埋弧焊用碳钢焊丝和焊剂》、GB/T17854 - 1999《埋弧焊用不锈钢焊丝和焊剂》、GB/T12470 - 2003《埋弧焊用低合金钢焊丝和焊剂》。根据这些标准,埋弧焊钢焊丝可分成三类:低碳结构钢焊丝、合金结构钢焊丝及不锈钢焊丝。现将这些焊丝的牌号及化学成分汇集于表 2 - 1。

埋弧焊大多使用的是实心焊丝。实心钢焊丝的牌号是以"H"字母开头,接跟着一位或两位数字表示含 C 的平均量,后面以元素符号及数字来表示该元素的近似含量。具体编制方法如下:

(1)"H"字母表示焊丝,是"焊"字拼音的首位字母。

(2)"H"后一位或两位数字,表示焊丝含碳平均量。

(3)数字后有化学元素符号及跟随后的数字,表示该元素含量的近似百分数,当某元素含量为1%或不足1%,可省略数字,只标元素符号。

(4)焊丝牌号尾部有"A"或"E"时,分别表示"优质品"或"高级优质品",表明焊丝含S,P 杂质少或更少。

表2-1 国产埋弧焊用钢焊丝

| 钢种 | 序号 | 牌号 | 代号 | 化学成分(质量分数,%) | | | | | | | | | |
				C	Mn	Si	Cr	Ni	Mo	V	其他	S	P
低碳结构钢	1	焊08	H08	≤0.10	0.30~0.55	≤0.03	≤0.20	≤0.30	—	—	—	≤0.040	≤0.040
	2	焊08高	H08A	≤0.10	0.30~0.55	≤0.03	≤0.20	≤0.30	—	—	—	≤0.030	≤0.030
	3	焊08特	H08E	≤0.10	0.30~0.55	≤0.03	≤0.20	≤0.30	—	—	—	≤0.025	≤0.025
	4	焊08锰	H08Mn	≤0.10	0.80~1.10	≤0.07	≤0.20	≤0.30	—	—	—	≤0.040	≤0.040
	5	焊08锰高	H08MnA	≤0.10	0.80~1.10	≤0.07	≤0.20	≤0.30	—	—	—	≤0.030	≤0.030
	6	焊15高	H15A	0.11~0.18	0.35~0.65	≤0.03	≤0.20	≤0.30	—	—	—	≤0.030	≤0.030
	7	焊15锰	H15Mn	0.11~0.18	0.80~1.10	≤0.03	≤0.20	≤0.30	—	—	—	≤0.040	≤0.040
	8	焊10锰2	H10Mn2	≤0.12	1.50~1.90	≤0.07	≤0.20	≤0.30	—	—	—	≤0.040	≤0.040
合金结构钢	9	焊08锰钼高	H08MnMoA	≤0.10	1.20~1.60	≤0.25	≤0.20	≤0.30	0.30~0.50	—	钛0.15(加入量)	≤0.030	≤0.030
	10	焊08锰2钼高	H08Mn2MoA	0.06~0.11	1.60~1.90	≤0.25	≤0.20	≤0.30	0.50~0.70	—	钛0.15(加入量)	≤0.030	≤0.030
	11	焊08锰2硅高	H08Mn2SiA	≤0.11	1.80~2.10	0.65~0.95	≤0.20	≤0.30	—	—	铜≤0.20	≤0.030	≤0.030
	12	焊10锰硅	H10MnSi	≤0.14	0.80~1.10	0.60~0.90	≤0.20	≤0.30	—	—	铜<0.20	≤0.035	≤0.035
	13	焊10锰2钼高	H10Mn2MoA	0.08~0.13	1.70~2.0	≤0.40	≤0.20	≤0.30	0.60~0.80	—	钛0.15(加入量)	≤0.030	≤0.030
	14	焊08锰2钼钒高	H08Mn2MoVA	0.06~0.11	1.60~1.90	≤0.25	≤0.20	≤0.30	0.50~0.70	0.06~0.12	钛0.15(加入量)	≤0.030	≤0.030
	15	焊10锰2钼钒高	H10Mn2MoVA	0.08~0.13	1.70~2.00	≤0.40	≤0.20	≤0.30	0.60~0.80	0.06~0.12	钛0.15(加入量)	≤0.030	≤0.030
	16	焊08铬钼高	H08CrMoA	≤0.10	0.40~0.70	0.15~0.35	0.80~1.10	≤0.30	0.40~0.60	—	—	≤0.030	≤0.030
	17	焊13铬钼高	H13CrMoA	0.11~0.16	0.40~0.70	0.15~0.35	0.80~1.10	≤0.30	0.40~0.60	—	—	≤0.030	≤0.030
	18	炉*18铬钼高	H18CrMoA	0.15~0.22	0.40~0.70	0.15~0.35	0.80~1.10	≤0.30	0.15~0.25	—	—	≤0.025	≤0.030
	19	焊08铬钼钒高	H08CrMoVA	≤0.10	0.40~0.70	0.15~0.35	1.00~1.30	≤0.30	0.50~0.70	0.15~0.35	—	≤0.030	≤0.030
	20	焊08铬镍2钼高	H08CrNi2MoA	0.05~0.10	0.05~0.85	0.10~0.30	0.70~1.00	1.40~1.80	0.20~0.40	—	—	≤0.025	≤0.025
	21	焊30铬锰硅高	H30CrMnSiA	0.25~0.35	0.80~1.10	0.90~1.20	0.80~1.10	≤0.30	—	—	—	≤0.025	≤0.025
	22	焊10钼铬高	H10MoCrA	≤0.12	0.40~0.70	0.15~0.35	0.45~0.65	≤0.30	0.40~0.60	—	—	≤0.030	≤0.030
	23	焊10铬5钼	H10Cr5Mo	≤0.12	0.40~0.70	0.15~0.35	4.00~6.00	≤0.30	0.40~0.60	—	—	≤0.030	≤0.030

表 2-1(续)

钢种	序号	牌号	代号	化学成分(质量分数,%)								S	P
				C	Mn	Si	Cr	Ni	Mo	V	其他		
不锈钢	24	焊0铬14	H0Cr14	≤0.06	0.30~0.70	0.30~0.70	13.0~15.0	≤0.60	—	—	—	≤0.030	≤0.030
	25	焊1铬13	H1Cr13	≤0.15	0.30~0.60	0.30~0.60	12.0~14.0	≤0.60	—	—	—	≤0.030	≤0.030
	26	焊2铬13	H2Cr13	0.16~0.24	0.30~0.60	0.30~0.60	12.0~14.0	≤0.60	—	—	—	≤0.030	≤0.030
	27	焊00铬19镍9	H00Cr19Ni9	≤0.03	1.00~2.00	≤1.00	18.0~20.0	8.0~10.0	—	—	—	≤0.020	≤0.030
	28	焊0铬19镍9	H0Cr19Ni9	≤0.06	1.00~2.00	0.50~1.00	18.0~20.0	8.0~10.0	—	—	—	≤0.020	≤0.030
	29	焊1铬19镍9	H1Cr19Ni9	≤0.14	1.00~2.00	0.50~1.00	18.0~20.0	8.0~10.0	—	—	—	≤0.020	≤0.030
	30	焊0铬19镍9硅2	H0Cr19Ni9Si2	≤0.06	1.00~2.00	2.0~2.75	18.0~20.0	8.0~10.0	—	—	—	≤0.020	≤0.030
	31	焊0铬19镍9钛	H0Cr19Ni9Ti	≤0.06	1.00~2.00	0.30~0.70	18.0~20.0	8.0~10.0	—	—	钛0.50~0.80	≤0.020	≤0.030
	32	焊1铬19镍9钛	H1Cr19Ni9Ti	≤0.10	1.00~2.00	0.30~0.70	18.0~20.0	8.0~10.0	—	—	钛0.50~0.80	≤0.020	≤0.030
	33	焊1铬19镍10铌	H1Cr19Ni10Nb	≤0.09	1.00~2.00	0.30~0.80	18.0~20.0	9.0~11.0	—	—	铌1.20~1.50	≤0.020	≤0.030
	34	焊0铬19镍11钼3	H0Cr19Ni11Mo3	≤0.06	1.00~2.00	0.30~0.70	18.0~20.0	10.0~12.0	2.0~3.0	—	—	≤0.020	≤0.020
	35	焊00铬19镍12钼2	H00Cr19Ni12Mo2	≤0.03	1.00~2.50	≤0.60	18.0~20.0	11.0~14.0	2.0~3.0	—	—	≤0.030	≤0.020
	36	焊1铬25镍13	H1Cr25Ni13	≤0.12	1.00~2.00	0.30~0.70	23.0~26.0	12.0~14.0	—	—	—	≤0.020	≤0.030
	37	焊1铬25镍20	H1Cr25Ni20	≤0.15	1.00~2.00	0.20~0.50	24.0~27.0	17.0~20.0	—	—	—	≤0.020	≤0.030
	38	焊1铬15镍13锰6	H1Cr15Ni13Mn6	≤0.12	5.00~7.00	0.40~0.90	14.0~16.0	12.0~14.0	—	—	—	≤0.020	≤0.030
	39	焊1铬20镍10锰6	H1Cr20Ni10Mn6	≤0.12	5.00~7.00	0.30~0.70	18.0~22.0	9.0~11.0	—	—	—	≤0.030	≤0.040
	40	焊0铬20镍10铌	H0Cr20Ni10Nb	≤0.08	1.00~2.50	≤0.60	19.0~21.5	9.0~11.0	—	—	铌10×c%~1.0	≤0.030	≤0.020
	41	焊1铬21镍10	H1Cr21Ni10	≤0.06	1.00~2.50	≤0.60	19.5~22.0	9.0~11.0	—	—	—	≤0.030	≤0.020
	42	焊00铬21镍10	H00Cr21Ni10	≤0.03	1.00~2.50	≤0.60	19.5~20.0	9.0~11.0	—	—	—	≤0.030	≤0.020
	43	焊1铬21镍10锰6	H1Cr21Ni10Mn6	≤0.10	5.0~7.0	0.20~0.60	20.0~22.0	9.0~11.0	—	—	—	≤0.020	≤0.030
	44	焊1铬20镍7锰6硅2	H1Cr20Ni7Mn6Si2	≤0.12	5.0~7.0	1.80~2.60	18.0~21.0	6.5~8.0	—	—	—	≤0.020	≤0.030
	45	焊1铬25钼3钒2钛	H1Cr25Mo3V2Ti	≤0.15	0.40~0.70	0.60~1.00	24.0~26.0	≤0.60	2.40~2.60	2.00~2.50	钛0.20~0.30	≤0.030	≤0.030
	46	焊1铬24镍13	H1Cr24Ni13	≤0.12	1.0~2.50	≤0.60	23.0~25.0	12.0~14.0	—	—	—	≤0.030	≤0.020
	47	焊0铬26镍21	H0Cr26Ni21	≤0.08	1.0~2.50	≤0.60	25.0~28.0	20.0~22.5	—	—	—	≤0.030	≤0.020

焊丝牌号举例1

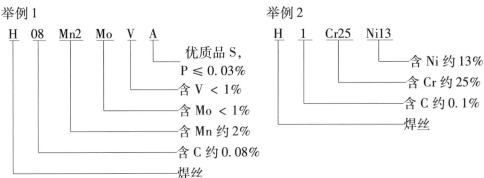

三、埋弧焊焊丝的选用

埋弧焊选用焊丝的依据是:(1)母材钢种的类别及化学成分,对于不同钢种和不同成分的母材,应选用不同成分的焊丝;(2)焊接接头的性能要求,有的焊接接头要求的是强度,则要按它的强度高低来选用焊丝,有的焊接接头要求低温性能,则要按它的低温工作温度来选用低温韧性好的焊丝;(3)焊接接头的坡口形式,开坡口和不开坡口的焊接接头,由于焊丝熔敷入焊缝中量的多少,可以选用不同的焊丝;(4)焊丝应和焊剂配合使用,有时焊剂含MnO 较多,则焊丝中的锰可少点。

低碳钢和低合金结构钢埋弧焊,应根据等强度原则,选用与母材强度相对应的焊丝。耐热钢埋弧焊时,主要考虑选用与母材成分相匹配的焊丝。低温钢埋弧焊时,应根据母材钢的低温韧性来选用焊丝。高铬镍奥氏体不锈钢埋弧焊时,应选用铬镍含量略高于母材的不锈钢焊丝。对于铬不锈钢埋弧焊焊丝的选用有两种方案:一种是选用同成分不锈钢焊丝;另一种可选用高铬镍的奥氏体不锈钢焊丝。几种常用钢号埋弧焊选用的焊丝见表2－2。

表2－2　常用钢号埋弧焊选用的焊丝和焊剂

序号	母材型号	推荐用焊丝和焊剂	
		焊丝牌号	焊剂牌号
1	Q215,Q235,10 钢,15 钢	H08A	HJ431　SJ501
2	20 钢,20g,20R	H08MnA	HJ431　SJ501
3	16Mn,19Mn6,16MnRE,09MnV,09Mn2,12Mn	H10Mn2	HJ431　SJ501
		H08MnMo	HJ350　SJ101
4	15MnV, 15MnVN, 12MnV, 14MnNb, 16MnNb, 25Mn,20MnMo,15MnTi	H08MnMo	HJ350　SJ101
5	18MnMoNb,20MnMoNb,13MnNiMo	H08Mn2Mo	HJ250 或 HJ350 + HJ250 SJ101
6	14MnMoV,15MnMoVN,HQ70,WCF60,14MnMoNbB, 12Ni3CrMoV,30CrMnSiA	H08Mn2Mo H08Mn2NiMo	HJ250　SJ101
7	12CrMo,A213-T2,A335－P2(ASTM)	H10CrMo	HJ350　SJ101
8	15CrMo,20CrMo,13CrMo44,A213－T12,A335－P11,A387－11(ASTM)	H12CrMo	HJ350　SJ101

表 2 - 2(续)

序号	母材型号	推荐用焊丝和焊剂	
		焊丝牌号	焊剂牌号
9	12CrMoV,13CrMoV42	H08CrMoV	HJ350 SJ101
10	2.25Cr1Mo,10CrMo910,A213T22,A387 - 22, A335 - P22(ASTM)	H10Cr3MoMnA	HJ350 或 HJ350 + HJ250
11	0Cr13,1Cr13	H0Cr14, H0Cr18	HJ260
12	1Cr18Ni9,00Cr18Ni9,1Cr18Ni9Ti	H0Cr19Ni9 H00Cr19Ni9	HJ260
13	1Cr18Ni12Mo2,1Cr18Ni12Mo3	H00Cr19Ni12Mo2	HJ260

ASTM:美国试验和材料学会

第三节　埋弧焊用焊剂

一、焊剂的作用及对焊剂的要求

1. 焊剂的作用

(1)保护电弧,隔离空气

焊剂覆盖在电弧区,电弧在封闭的空间中燃烧,电弧和空气隔离,防止了空气中氧和氮侵入熔池,因而大大降低了焊缝金属的氧和氮的含量。

(2)使焊缝成形良好,飞溅减少

埋弧焊焊剂熔化成熔渣,且量又大,冷却得慢,使焊缝成形非常光滑,没有焊条电弧焊焊缝的鱼鳞状。厚层的焊剂覆盖,减少了飞溅损失。

(3)减缓焊缝金属冷却速度,改善焊缝的结晶

埋弧焊后,有厚层焊渣覆盖焊缝,减缓了焊缝金属的冷却速度,改善了焊缝的结晶。冷却速度慢也有利于熔池中气体的逸出,减少了气孔。

(4)渗合金效果好

埋弧焊的焊丝和焊剂都能渗合金。由于熔渣的量多,可以提供较多的渗合金量,渗合金效果好。

2. 对焊剂的要求

(1)适宜的化学成分

埋弧焊的焊剂要配合焊丝获得化学成分和力学性能符合要求的焊缝。硅和锰是保证钢焊缝力学性能的重要成分,不少的焊剂中含有足够量的 SiO_2(>40%)和 MnO(>30%),通过还原反应,将一定量的硅和锰渗入到焊缝。根据不同钢种的要求,焊剂要选用适宜的化学成分。

(2)保证电弧稳定燃烧

焊剂中加入钾、钠、钙可提高电弧燃烧稳定性,而氟却使电弧稳定性降低。

（3）保证焊缝不产生裂纹和气孔

焊剂中加入 MnO，可以去硫，达到防止热裂纹的目的。控制焊剂中磷的含量，能减小焊缝冷脆现象。焊剂中加入较多的 CaF_2，SiO_2，MnO，MgO，并控制 CaO，K_2O，Na_2O，FeO 的含量，可以减少焊缝中的气孔。

（4）应使焊缝表面成形良好，且脱渣容易

焊剂的熔点应低于钢的熔点 200 ℃ ~300 ℃，一般不超过 1 200 ℃ ~1 300 ℃。当焊剂在钢熔点时，熔渣的粘度很低，流动性好，使焊缝有良好的成形。熔渣和钢的热膨胀系数应有较大的差异，且熔渣壳和焊缝表面的化学结合力小，这样能使脱渣容易。

（5）析出有害气体少

埋弧焊析出的有害气体，主要是氟化硅（SiF_4）和氟化氢（HF），这些气体析出量和焊剂中的氟化钙（CaF_2）、二氧化硅（SiO_2）的含量成正比，因此要控制 CaF_2 和 SiO_2 的含量。

（6）不易破碎、不易吸湿

颗粒的焊剂应有一定的强度，在搬运和使用过程中不发生破碎，否则大量的焊剂粉末会影响焊接质量。焊剂在保管和使用的过程中，应不易吸湿。

二、焊剂的分类

1. 按焊剂制造方法可分为熔炼焊剂和烧结焊剂

熔炼焊剂是将各种矿物原料、铁合金及化工产品按配方比例组成炉料，放入电炉或火焰炉中，用 1 500 ℃ ~1 600 ℃ 高温熔炼制成。

烧结焊剂是将各种炉料粉碎成细粉末状，混合均匀后加入水玻璃粘合，制成颗粒，最后经 700 ℃ ~900 ℃ 烧结烘干制成。表 2 - 3 为熔炼焊剂和烧结焊剂的比较。

表 2 - 3　熔炼焊剂和烧结焊剂的比较

比较项目	熔炼焊剂	烧结焊剂
焊缝外形	美观	稍逊
熔深	大	小
焊缝冲击韧度	一般	优良
渗合金效果	小	大
大电流操作性	一般，易粘渣	良好，易脱渣
高速焊接性能	焊道均匀，不易产生气孔和夹渣	焊道无光泽，易产生气孔和夹渣
变动工艺参数影响焊缝成分	焊缝成分均匀，波动小	焊缝成分波动较大
倾斜焊接性能	稍差	适合倾斜焊接
吸潮性能	比较小	比较大
焊剂强度	高	低
焊剂成本	高	低

2. 按化学特性可分为碱性焊剂和酸性焊剂

焊剂中 SiO_2 和 TiO_2 属酸性氧化物；CaO，FeO，MnO，Na_2O，Al_2O_3 属碱性氧化物。以焊剂中的碱性氧化物总量和酸性氧化物总量之比，称之为碱度 K，

$$K = \frac{\sum W_{碱性氧化物}}{\sum W_{酸性氧化物}}$$

$K > 1$ 称为碱性焊剂, $K < 1$ 称为酸性焊剂。焊剂的碱度越高, 渗合金元素能力越强, 焊缝的冲击韧度越高。

3. 按焊剂含合金成分量多少可分为高合金焊剂和低合金焊剂

按焊剂中 SiO_2 含量可分为低硅焊剂(SiO_2 含量小于 10%)、中硅焊剂(SiO_2 含量为 10% ~ 30%)、高硅焊剂(SiO_2 含量大于 30%)。

按焊剂中 MnO 含量可分为无锰焊剂(MnO 含量小于 2%)、低锰焊剂(MnO 含量为 2% ~ 15%)、中锰焊剂(MnO 含量为 15% ~ 30%)、高锰焊剂(MnO 含量大于 30%)。

焊剂既含有高锰又含有高硅, 例如 HJ431 焊剂, 则称高锰高硅焊剂。

4. 按熔渣的粘度可分为长渣焊剂和短渣焊剂

长渣和短渣是指焊剂熔成的熔渣从开始凝固至停止流动状态, 所经历时间的长短。粘度和温度的关系如图 2 - 1 所示, 曲线 1 为短渣的粘度 - 温度曲线, 短渣的粘度随温度降低而急剧增加(即时间短); 曲线 2 为长渣的, 粘度随温度缓慢变化。在一般情况下用短渣焊剂, 焊接环缝和有倾斜的角焊缝宜用长渣焊剂。

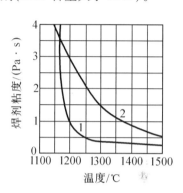

图 2 - 1 熔渣的粘度随温度变化的关系曲线

1—短渣焊剂; 2—长渣焊剂

5. 按焊剂颗粒形状可分为玻璃状焊剂和浮石状焊剂

玻璃状焊剂颗粒呈透明的彩色, 而浮石状焊剂呈不透明泡沫状。玻璃状焊剂的单位体积堆散质量为大于 1.4 g/cm³, 而浮石状焊剂为小于 1 g/cm³。浮石状焊剂消耗量小, 但吸湿性大。

6. 按用途可分成下面几种焊剂

(1)按被焊金属可分为碳钢埋弧焊焊剂、合金钢埋弧焊焊剂、不锈钢埋弧焊焊剂、有色金属埋弧焊焊剂等。

(2)按埋弧焊焊接方法可分为高速埋弧焊焊剂、多丝埋弧焊焊剂、窄间隙埋弧焊焊剂、带极埋弧焊焊剂等。

三、埋弧焊焊剂的型号和牌号

埋弧焊焊剂是用型号和牌号来反映其主要性能特征及类别, 焊剂的型号是依据国家标准来划分的, 焊剂的牌号是由生产工厂按照一定的规则来编排的。

1. 埋弧焊焊剂的型号

我国有关埋弧焊焊剂型号的国家标准主要有 GB/T5293 - 1999《埋弧焊用碳钢焊丝和焊剂》、GB/T12470 - 2003《埋弧焊用低合金钢焊丝和焊剂》和 GB/T17854 - 1999《埋弧焊用不锈钢焊丝和焊剂》等。

(1)碳钢埋弧焊用焊剂的型号

①GB/T5293 - 1999《埋弧焊用碳钢焊丝和焊剂》中的焊剂型号

GB/T5293 - 1999 的焊剂型号编制是将焊剂和焊丝写在一起的。这样可供使用者更全面地了解焊剂、焊丝和熔敷金属力学性能的关系。标准中的型号是根据焊丝、焊剂组合的熔敷金属力学性能、热处理状态进行划分的。

GB/T5293 - 1999 的焊剂型号的表示方法如下：

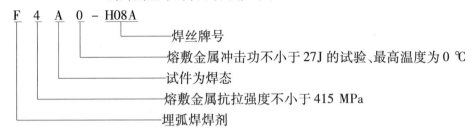

a. 字母 F 表示焊剂,F 是英文焊剂(Flux)的首字母。

b. F 后第一位数字表示焊丝 - 焊剂组合的熔敷金属拉伸力学性能的最小值(见表 2 - 4)。

表 2 - 4   不同型号焊剂的熔敷金属拉伸力学性能的要求

焊剂型号	抗拉强度/MPa	屈服强度/MPa	伸长率/%
F4XX - H × × ×	415 ~ 550	≥330	≥22
F5XX - H × × ×	480 ~ 650	≥400	≥22

c. F 后第二位是字母表示试件的热处理状态,"A"表示焊态;"P"表示焊后热处理状态。

d. F 后第三位是数字,表示熔敷金属冲击功不小于 27 J 时最高试验温度(见表 2 - 5),0 表示 0 ℃,4 表示 -40 ℃。

e. 短划线"-"后面表示焊丝的牌号。

GB/T5293 - 1999 焊剂的型号是按照熔敷金属的力学性能来划分的,而不是按照焊剂的化学成分来划分的。型号不规定熔剂的制造方法,可以是熔炼焊剂,也可以是非熔炼焊剂。

表 2 - 5   不同型号焊剂的熔敷金属冲击试验结果的规定

焊剂型号	试验温度/℃	冲击功/J
FXX0 - H × × ×	0	
FXX2 - H × × ×	-20	
FXX3 - H × × ×	-30	≥27
FXX4 - H × × ×	-40	
FXX5 - H × × ×	-50	
FXX6 - H × × ×	-60	

②GB/T5293 -85《碳素钢埋弧焊用焊剂》中的焊剂型号

GB/T5293 -1999 是参照其前身 GB/T5293 -85 修订而成的,目前 GB/T5293 -85 仍在过渡使用,为此有必要了解 GB/T5293 -85。

GB/T5293 -85 的焊剂型号的表示方法为

$$HJX_1X_2X_3 - H \times \times \times$$

a. 字母 HJ 表示埋弧焊焊剂,是"焊剂"两字拼音的首位字母。

b. 第一位数字(X_1)为 3,4,5,表示焊缝金属抗拉强度和屈服强度的等级(见表 2-6)。

表 2-6 不同型号(X_1)焊剂的焊缝金属拉伸力学性能要求

焊剂型号	抗拉强度/MPa	屈服强度/MPa	伸长率/%
$HJ3X_2X_3 - H \times \times \times$	412～538	≥304	≥22
$HJ4X_2X_3 - H \times \times \times$		≥330	
$HJ5X_2X_3 - H \times \times \times$	480～647	≥398	

c. 第二位数字(X_2)为 0,1,表示力学性能试样的状态,0 为焊态,1 为焊后热处理状态。

d. 第三位数字(X_3)表示焊缝金属缺口韧性试验(冲击韧度不小于 34 J/cm^2)的温度等级(见表 2-7),共有 7 个等级 0,1,…,6。0 级无要求,1 级为 0 ℃,6 级为 -60 ℃。

表 2-7 不同型号(X_3)焊剂的焊缝金属冲击试验温度

焊剂型号	试验温度/℃	冲击韧度/(J/cm²)	焊剂型号	试验温度/℃	冲击韧度/(J/cm²)
$HJX_1X_20 - H \times \times \times$	—	无要求	$HJX_1X_24 - H \times \times \times$	-40	≥34
$HJX_1X_21 - H \times \times \times$	0	≥34	$HJX_1X_25 - H \times \times \times$	-50	
$HJX_1X_22 - H \times \times \times$	-20		$HJX_1X_26 - H \times \times \times$	-60	
$HJX_1X_23 - H \times \times \times$	-30				

e. 尾部 H××× 表示焊接试样用的焊丝牌号。

例 焊剂型号

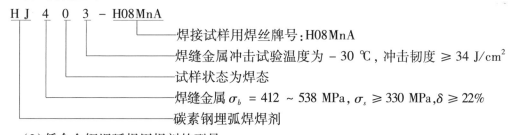

(2)低合金钢埋弧焊用焊剂的型号

2003 年国家颁布了 GB/T12470-2003《埋弧焊用低合金钢焊丝和焊剂》,这标准替代了 GB/T12470-1990《低合金钢埋弧焊用焊剂》。两者相比,新标准增加了对焊丝要求的内容,也即低合金钢埋弧焊焊剂是根据焊剂和焊丝组合的熔敷金属力学性能和热处理状态来划分的。此外焊剂型号不再按渣系类型来划分。

GB/T12470-2003 标准的焊剂型号的表示方法如下:

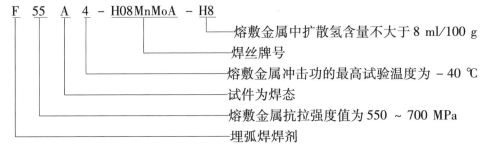

F 55 A 4 - H08MnMoA - H8

- 熔敷金属中扩散氢含量不大于8 ml/100 g
- 焊丝牌号
- 熔敷金属冲击功的最高试验温度为-40 ℃
- 试件为焊态
- 熔敷金属抗拉强度值为550～700 MPa
- 埋弧焊焊剂

①字母 F 表示焊剂。

②F 后两位数字表示焊丝－焊剂组合的熔敷金属抗拉强度的最小值,有 48,55,62,69, 76,83 六个等级,级差为 7 MPa。表 2－8 为低合金钢埋弧焊用焊剂－焊丝组合的熔敷金属 的拉伸力学性能。

表 2－8 低合金钢埋弧焊焊剂－焊丝组合的熔敷金属的拉伸力学性能

焊剂型号	抗拉强度/MPa	屈服强度/MPa	伸长率/%
F48×× - H×××	480～660	≥400	≥22
F55×× - H×××	550～700	≥470	≥20
F62×× - H×××	620～760	≥540	≥17
F69×× - H×××	690～830	≥610	≥16
F76×× - H×××	760～900	≥680	≥15
F83×× - H×××	830～970	≥740	≥14

③两数字后的字母"A"或"P","A"表示试件为焊态;"P"表示试件为焊后热处理状态。

④A,P 后的数字表示熔敷金属冲击功不小于 27 J 的最高试验温度。表 2－9 为低合金 钢埋弧焊用焊剂－焊丝组合的熔敷金属冲击试验温度。

⑤短划线"－"后表示组合的焊丝牌号。

⑥如果对熔敷金属中扩散氢含量有要求时,则可加上后缀"H×"来表示。

表 2－9 低合金钢埋弧焊用焊剂－焊丝组合的熔敷金属冲击试验温度

焊 剂 型 号	试验温度/℃	冲击吸收功/J
F×××0 - H×××	0	
F×××2 - H×××	-20	
F×××3 - H×××	-30	
F×××4 - H×××	-40	
F×××5 - H×××	-50	≥27
F×××6 - H×××	-60	
F×××7 - H×××	-70	
F×××10 - H×××	-100	
F×××Z - H×××	不要求	

（3）埋弧焊用不锈钢焊剂的型号

根据 GB/T17854 – 1999《埋弧焊用不锈钢焊丝和焊剂》的规定，埋弧焊用不锈钢焊丝和焊剂的熔敷金属中铬含量应不小于11%，镍含量应小于38%。不锈钢焊剂是根据焊丝–焊剂组合的熔敷金属化学成分、力学性能等进行分类的。

不锈钢埋弧焊焊剂型号的表示方法如下：

F　308　L　–　H00Cr21Ni10
- 不锈钢焊丝牌号
- 熔敷金属含碳量较低
- 熔敷金属种类代号
- 焊剂

①字母 F 表示焊剂。

②F 后的数字表示熔敷金属种类代号，如有特殊要求的化学成分，该化学成分用元素符号表示，放在数字的后面。

③短划线"–"前的 L 字母表示熔敷金属的碳含量较低，无 L 字母的碳含量较高。

④短划线"–"后表示组合焊丝的牌号。

表 2 – 10 为埋弧焊用不锈钢焊剂型号熔敷金属的化学成分和力学性能。

表 2 – 10　埋弧焊用不锈钢焊剂型号熔敷金属的化学成分和力学性能

焊剂型号	化学成分/%									力学性能	
	C	Si	Mn	P	S	Cr	Ni	Mo	其他	抗拉强度/MPa	伸长率/%
F308 – H××	≤0.08	≤1.00	0.50 ~ 2.50	≤0.040	≤0.030	18.0 ~ 21.0	9.0 ~ 11.0	—	—	≥520	≥30
F308L – H××	≤0.04									≥480	
F309 – H××	≤0.15					22.0 ~ 25.0	12.0 ~ 14.0			≥520	≥25
F309Mo – H××	≤0.12							2.00 ~ 3.00		≥550	
F310 – H××	≤0.20			≤0.030		25.0 ~ 28.0	20.0 ~ 22.0	—		≥520	
F316 – H××	≤0.08					17.0 ~ 20.0	11.0 ~ 14.0	2.00 ~ 3.00		≥480	≥30
F316L – H××	≤0.04										
F316CuL – H××								1.20 ~ 2.75	Cu:1.00 ~ 2.50		
F317 – H××	≤0.08			≤0.040		18.0 ~ 21.0	12.0 ~ 14.0	3.00 ~ 4.00	—	≥520	≥25
F347 – H××							9.0 ~ 11.0		Nb:8 × C% ~1.0		
F410 – H××	≤0.12		≤1.20			11.0 ~ 13.5	≤0.60	—	—	≥440	≥20
F430 – H××	≤0.10					15.0 ~ 18.0				≥450	≥17

2. 埋弧焊焊剂的牌号

实际生产中,习惯使用的是焊剂牌号。国家机械工业委员会 1987 年编制的《焊接材料产品样本》中对埋弧焊焊剂牌号编制方法做了如下说明。

（1）熔炼焊剂牌号

熔炼焊剂牌号的表示方法为

$$HJ \times_1 \times_2 \times_3$$

①HJ 表示埋弧焊熔炼焊剂,HJ 是"焊剂"两字拼音的首位字母。

②第一位数字（$\times_1$）表示焊剂中氧化锰（MnO）的含量,以 1,2,3,4 表示,1 为无锰焊剂,4 为高锰焊剂,详见表 2-11。

③第二位数字（$\times_2$）表示二氧化硅（SiO_2）、氟化钙（CaF_2）的含量,以 1,2,…,9 表示,详见表 2-12。

④第三位数字（$\times_3$）表示同一类焊剂的序号,以 0,1,…,9 顺序排列。

⑤同一牌号焊剂生产两种颗粒度时,在细颗粒焊剂牌号后面加"X"字,是"细"字拼音的首位字母。

表 2-11　熔炼焊剂牌号中第一位数字（$\times_1$）的含义

焊剂牌号	焊剂类型	氧化锰（MnO）含量/%
HJ1 $\times_2 \times_3$	无锰	<2
HJ2 $\times_2 \times_3$	低锰	2~15
HJ3 $\times_2 \times_3$	中锰	15~30
HJ4 $\times_2 \times_3$	高锰	>30

表 2-12　熔炼焊剂牌号第二位数字（$\times_2$）的含义

焊剂牌号	焊剂类型	二氧化硅（SiO_2）含量/%	氟化钙（CaF_2）含量/%
HJ $\times_1$ 1 $\times_3$	低硅低氟	<10	<10
HJ $\times_1$ 2 $\times_3$	中硅低氟	10~30	<10
HJ $\times_1$ 3 $\times_3$	高硅低氟	>30	<10
HJ $\times_1$ 4 $\times_3$	低硅中氟	<10	10~30
HJ $\times_1$ 5 $\times_3$	中硅中氟	10~30	10~30
HJ $\times_1$ 6 $\times_3$	高硅中氟	>30	10~30
HJ $\times_1$ 7 $\times_3$	低硅高氟	<10	>30
HJ $\times_1$ 8 $\times_3$	中硅高氟	10~30	>30
HJ $\times_1$ 9 $\times_3$	其　他	—	—

例　熔炼焊剂的牌号

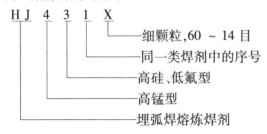

```
H J  4  3  1  X
              └── 细颗粒,60~14 目
           └── 同一类焊剂中的序号
        └── 高硅、低氟型
     └── 高锰型
  └── 埋弧焊熔炼焊剂
```

（2）烧结焊剂牌号

烧结焊剂牌号的表示方法为

$$SJ \times_1 \times_2 \times_3$$

①字母 SJ 表示烧结焊剂，是"烧结"两字拼音的首位字母。

②第一位数字（$\times_1$）表示焊剂熔渣渣系，以 1，2，…，6 表示，详见表 2-13。

表 2-13　烧结焊剂牌号中第一位数字（$\times_1$）的含义

焊剂牌号	熔渣渣系类型	主要组成范围
SJ1$\times_2 \times_3$	氟碱型	CaF_2 的含量不少于 15%；CaO，MgO，MnO，CaF_2 的含量和大于 50%；SiO_2 的含量不少于 20%
SJ2$\times_2 \times_3$	高铝型	Al_2O_3 的含量不少于 20%，Al_2O_3，CaO，MgO 的含量和大于 45%
SJ3$\times_2 \times_3$	硅钙型	CaO，MgO，SiO_2 的含量和大于 60%
SJ4$\times_2 \times_3$	硅锰型	MnO，SiO_2 的含量和大于 50%
SJ5$\times_2 \times_3$	铝钛型	Al_2O_3，TiO_2 的含量和大于 45%
SJ6$\times_2 \times_3$	其他型	

③第二、第三位数字（$\times_2 \times_3$）表示同一渣系类型中几个不同的牌号，按 01，02，…，09 顺序编排。

例　烧结焊剂的牌号

国内常用的熔炼焊剂和烧结焊剂的组成成分及其用途分别列于表 2-14 和 2-15 中，使用最广泛的熔炼焊剂是 HJ43× 和 HJ35×，其中 HJ43× 是高锰高硅低氟熔炼焊剂，HJ35× 是中锰中硅低氟熔炼焊剂。使用较广的烧结焊剂是 SJ101 和 SJ501，其中 SJ101 是氟碱型渣系，SJ501 是铝钛型渣系。

四、焊剂的选用

埋弧焊选用焊丝和焊剂时，通常是先选定焊丝后选焊剂，选用焊剂的原则：（1）母材的钢种和选定焊丝的成分和性能，对于不同的母材钢种和焊丝，选用的焊剂是有所不同的，不过焊剂的牌号远少于焊丝的牌号，也就是说焊剂的通用性大。要向焊缝中渗入较多的合金元素（如耐热钢、低温钢、不锈钢焊缝中的 Cr，Ni，Mo 等），主要由焊丝提供，焊剂是起些辅助作用。（2）焊接接头坡口型式，对于不开坡口对接焊缝，由于埋弧焊的焊丝在焊缝中所占的比例小，这时就可求助于焊剂渗入焊缝较多的合金。例如选用低碳无锰焊丝（H08A），配用高锰高硅焊剂 HJ43×，由焊剂来提供锰、硅，渗入焊缝，使焊缝金属具有较好的力学性能。对于开坡口对接焊缝，焊丝熔敷金属在焊缝中所占的比例大，可直接由焊丝渗入合金，焊剂适量补充。（3）焊缝层数，厚板多层埋弧焊时，脱渣工作影响着生产效率，可选用脱渣性能良好的焊剂，如高碱度的烧结焊剂 SJ101。

表 2-14 国产熔炼型埋弧焊剂牌号，成分及其范围

牌号	成分类型	SiO₂	CaF₂	CaO	MgO	Al₂O₃	MnO	FeO	K₂O+Na₂O	S	P	其他	用途	配用焊丝	适用电源种类
HJ130	无锰高硅低氟	35~40	4~7	10~18	14~19	12~16	—	0~2	—	≤0.05	≤0.05	TiO₂ 7~11	低碳钢，低合金钢	H10Mn2	交直流
HJ131	无锰高硅低氟	34~38	2.5~4.5	48~55	—	6~9	—	≤1.0	1.5~3.0	≤0.05	≤0.08	—	镍基合金（薄板）	Ni基焊丝	交直流
HJ150	无锰中硅中氟	21~23	25~33	3~7	9~13	28~32	—	≤1.0	≤3	≤0.08	≤0.08	—	轧辊堆焊（薄板）	2Cr13	直流
HJ151	无锰中硅中氟	24~30	18~24	≤6	13~20	22~30	—	≤1.0	≤3	≤0.07	≤0.08	—	奥氏体不锈钢焊接或堆焊	奥氏体钢不锈钢焊丝	直流
HJ172	无锰低硅高氟	3~6	45~55	2~5	—	28~35	1~2	≤0.8	≤3	≤0.05	≤0.05	ZrO₂ 2~4 NaF2 ~3	高铬铁素体钢	相应钢种焊丝	直流
HJ173	无锰低硅高氟	≤4	45~58	13~20	—	22~33	—	≤1.0	—	≤0.05	≤0.04	ZrO₂ ~4	锰、钼高合金钢	相应钢种焊丝	直流
HJ230	低锰中硅中氟	40~46	7~11	8~14	10~14	10~17	5~10	≤1.5	—	≤0.05	≤0.08	—	低碳钢，低合金钢	H08MnA，H10Mn2	交直流
HJ250	低锰中硅中氟	18~22	23~30	4~8	12~16	18~23	5~8	≤1.5	—	≤0.05	≤0.05	—	低合金高强度钢	相应钢种焊丝	直流
HJ251	低锰中硅中氟	18~22	23~30	3~6	14~17	18~23	7~10	≤1.0	≤3	≤0.08	≤0.05	—	珠光体耐热钢	Cr-Mo钢焊丝	直流
HJ252	低锰中硅中氟	18~22	18~24	2~7	17~23	22~28	2~5	≤1.0	—	≤0.07	≤0.08	—	低合金高强度钢	H06Mn2NiMoA，H08Mn2MoA，H10Mn2	直流
HJ253	低锰中硅中氟	20~24	24~30	—	13~17	12~16	6~10	≤1.0	—	≤0.08	≤0.05	TiO₂ 2~4	低合金高强度钢（薄板）	相应钢种焊丝	直流
HJ260	低锰高硅中氟	29~34	20~25	4~7	15~18	19~24	2~4	≤1.0	—	≤0.07	≤0.07	—	不锈钢，轧辊堆焊	不锈钢焊丝	直流
HJ330	中锰高硅低氟	44~48	3~6	≤3	16~20	≤4	22~26	≤1.5	≤1	≤0.08	≤0.08	—	重要低碳钢及低合金钢	H08MnA，H10Mn2	交直流
HJ350	中锰中硅中氟	30~35	14~20	10~18	—	13~18	14~19	≤1.0	—	≤0.06	≤0.07	—	重要低合金高强度钢	Mn-MoMnA 及 含Ni高强度钢焊丝	交直流
HJ351	中锰中硅中氟	30~35	14~20	10~18	—	13~18	14~19	≤1.8	—	≤0.04	≤0.05	TiO₂ 2~4	锰钼、锰硅及含镍的低合金钢	相应钢种焊丝	交直流
HJ430	高锰高硅低氟	38~45	5~9	≤6	—	≤5	38~47	≤1.8	—	≤0.10	≤0.10	—	重要低碳钢及低合金钢	H08A，H08MnA	交直流
HJ431	高锰高硅低氟	40~44	3~6.5	≤5.5	5~7.5	≤4	34.5~38	≤1.8	—	≤0.10	≤0.10	—	重要低碳钢及低合金钢	H08A，H08MnA	交直流
HJ433	高锰高硅低氟	42~45	2~4	≤4	—	≤3	14~47	≤1.8	0.3~0.5	≤0.15	≤0.10	—	低碳钢	H08A	交直流
HJ434	高锰高硅低氟	40~45	4~8	3~9	≤5	≤6	35~40	≤1.5	—	≤0.05	≤0.05	TiO₂ 1~8	低碳钢，低合金钢	H08A，H08MnA，H10MnSi	交直流

表 2-15 国产烧结焊剂牌号、成分及其使用范围

牌号	渣系类别	碱度	主要成分（质量分数，%）						配用焊丝	用 途	适用电源种类
			SiO_2+TiO_2	$CaO+MgO$	Al_2O_3+MnO	CaF_2	S	P			
SJ101	氟碱	1.8	25	30	25	2.0	≤0.06	≤0.08	H08MnA，H08MnMoA	多层焊、多丝焊	交流、直流反接
SJ102		3.5	10~15	35~45	15~25	20~30			H08Mn2MoA，H10Mn2		直流反接
SJ104		2.7	30~35	20~25	20~25	20~25			H08Mn2，H08MnMoTi		
SJ105		2.0	16~22	30~34	18~20	18~25			H08MnA	窄间隙双单焊	交流、直流反接
SJ301	硅钙	1.0	25~35	20~30	25~40	5~15			H08A，H08MnA	双层焊、多丝焊	直流反接
SJ302		1.1	20~25	20~25	30~40	8~20			H08MnMoA	双单焊	
SJ401	硅锰	<1	45	10	40	—			H08A	常规单丝焊	
SJ402		0.7	35~45	40~50	5~15	—			H08A	薄板较高速焊	
SJ403		—	≥45	≥20	≥20	—	≤0.04	≤0.04	H08A	耐磨堆焊	
SJ501	铝钛	0.5~0.8	25~40	45~60	25~40	—		0.08	H08A，H08MnA，H08MnMoA	多丝高速焊	
SJ502		<1	45	30	≤10	5	≤0.06		H08A	薄板较高速焊	
SJ503		0.7~0.9	25~35	45~60	10	≤17			H08A，H08MnA	常规单丝焊	
SJ601	其他	1.8	5~10	30~40	6~10	40~50			H00C21Ni10，H0C21NiTi	多道焊不锈钢	
SJ604		1.8	5~8	30~35	4~8	40~50	≤0.06	≤0.06			
SJ641		2.0	20~25	20~22	15~20	20~25					
CHF602		3.0~3.2	(SiO_2) 8~12	(MgO) 24~30	(Al_2O_3) 8~12	20~25	$(BaCO_3)$ 38~21		H08MnNiMoA，H10Cr2Mo1A	厚壁压力容器	直流反接
CHF603		2.3~2.7	(SiO_2) 6~10	(MgO) 22~28	18~23	15~20	$(CaCO_3)$ 20~24		H13Cr2Mo1A，H11CrMoA H04Ni13A，H08Mn2Ni2A	Cr-Mo 钢 Ni 钢	交流、直流反接

对于碳钢埋弧焊,通常用低锰或无锰焊丝 H08A,则可配用高锰、高硅焊剂 HJ430 或 HJ431,两者相比,HJ430 因含 CaF_2 较多,抗锈能力强,但有害气体多,电弧稳定性较差,还有熔渣熔点和粘度低,不利于小直径环缝焊。对于低合金结构钢埋弧焊,常用锰钼钢焊丝,为了防止冷裂纹,首先考虑碱度较高的低氢型焊剂 HJ25×。对于低合金耐热钢埋弧焊,焊缝中含锰的质量分数 w_{Mn} 从 0.6% 增加到 2.0%,其强度和韧性同时提高,但 w_{Mn} 超过 2.0% 后,焊缝金属强度仍有提高,而韧性降低。故焊接耐热钢通常采用中锰中硅焊剂 HJ350 或 SJ101。对于不锈钢埋弧焊,焊剂的主要任务是防止铬、镍合金成分的过量氧化烧损,应该选用氧化性较小的焊剂。不锈钢埋弧焊常用低锰高硅中氟型焊剂 HJ260,其仍有一定的氧化性,故需配用铬镍含量较高的不锈钢焊丝。氟钙型烧结焊剂 SJ103 用于焊接不锈钢,不仅能保证焊缝金属有足量的 Cr、Ni、Mo,而且具有良好的工艺性,脱渣容易,焊缝成形美观。

埋弧焊的焊缝成分是由焊丝、焊剂及母材共同确定的。埋弧焊的焊接电流大,熔深大,焊缝中母材熔化金属占的比例大,母材成分对焊缝影响大。在选择埋弧焊焊丝时,既要考虑母材成分,也要考虑焊剂成分。为了要达到所要求的焊缝成分,焊丝和焊剂的配合可以有几种答案,而不是惟一的答案,即一种焊丝可以分别和几种焊剂配合,一种焊剂也可分别用于几种焊丝。对于给定的焊接结构,应根据母材钢种成分、板厚、结构刚性、对焊缝性能的要求及焊接工艺参数等进行综合分析之后,通过焊接工艺评定后,才能确定所选用的焊丝和焊剂。

第四节　焊丝和焊剂的管理及消耗量估算

焊接材料的严格管理是确保焊接质量的重要环节。生产中用错焊丝和焊剂,会造成重大的废品返工事故,所以要重视焊丝和焊剂的保管和使用。焊接施工时,估算焊丝和焊剂的需用量也是相当重要的一项工作,如果估算不正确,实际用量比估算量大得多,将造成工程经费不足和多次采购,有时会影响工程的进度;反之估算量过大,会造成材料的积压和浪费。

一、焊丝和焊剂的保管和使用

1. 焊丝的保管和使用

(1)焊丝应有生产厂的质量保证书,每包焊丝中必须有产品说明书和检验产品合格证。

(2)焊丝应堆放在通风良好、干燥的库房内,库房的室温在 10 ℃~15 ℃以上,最大相对湿度为 60%。

(3)要按焊丝类别、规格分别堆放,要避免混放,防止发错、用错。

(4)堆放焊丝时,不允许直接放在地面上,堆放焊丝的架子或垫板应离开地面、墙壁不小于 300 mm。

(5)在搬运焊丝时,要避免乱扔乱放,防止包装破坏。切勿滚动,防止焊丝乱散。

(6)开包后的焊丝应在 2 天内用完。当焊丝未用完,需放在焊机上过夜时,要用塑料纸或其他物品将焊丝盘罩住,以减少焊丝与潮气接触。

(7)对于 3 天以上不用的焊丝,要将焊丝连同焊丝盘取下,退回材料仓库保管。

(8)使用焊丝时,应防止焊丝吸潮、生锈、沾污。

(9)若发现焊丝有明显机械损伤或过量的锈斑,应将焊丝退库。

(10)焊前没有必要烘干焊丝。但对于受潮严重的焊丝,可采用 120 ℃~150 ℃烘干 1~2 h。

2. 焊丝的除锈

埋弧焊焊丝由于保管不妥或时间过长,焊丝表面会生铁锈。若使用生锈焊丝,焊缝会产生气孔等缺陷。焊前必须对生锈焊丝进行除锈处理。通常使用焊丝除锈机对焊丝进行除锈,如图2-2所示。

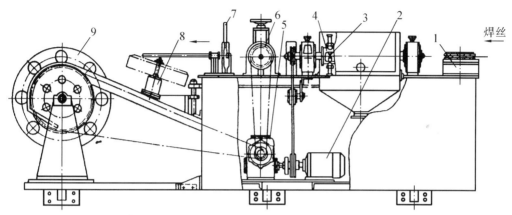

图2-2 焊丝除锈卷丝机

1—校直轮;2—三相电动机;3—砂轮块;4—去锈转筒;5—送丝减速器;6—送丝轮;7—剪丝刀;8—内卷焊丝盘;9—外卷焊丝盘

盘状或捆状焊丝先经过校直轮1进行校直后,送入去锈转筒4,穿过高速旋转的砂轮块3,砂轮块就清除掉焊丝上的锈,除锈后的焊丝就进入卷丝盘8或9,待卷丝满盘后,利用剪丝刀7将焊丝剪断。

若是内卷焊丝盘,只需要将焊丝送入盘内,借焊丝推动盘的力,使焊丝卷入,经整齐排丝,由大圈逐渐成小圈最后卷满。若是外卷焊丝盘,则需要焊丝盘主动旋转,拉焊丝入盘,经整齐排丝,由小圈逐渐成大圈,卷满焊丝。

3.焊剂的保管和使用

(1)焊剂应有生产厂的质量保证书,每包焊剂必须有检验产品合格证。

(2)焊剂应放置在通风良好、干燥的库房内。

(3)搬运焊剂切莫乱扔乱放,防止包装破损,焊剂流散而沾污。

(4)焊剂必须按规定的标准进行焙烘,常用焊剂的焙烘温度和时间可参照表2-16。

(5)烘干的焊剂要避免受潮、沾污、混杂。

(6)对现场未使用完的焊剂,在大气中置放时间不允许超过规定的极限时间(熔炼焊剂为24小时,烧结焊剂为10小时)。若超过极限时间,必须对焊剂进行再焙烘。

(7)焊前坡口两侧各20 mm范围内应清扫干净,避免回收焊剂时混入铁锈等杂质。

(8)正确使用焊剂回收装置,同时要防止其他杂物混入。

(9)有的场合需要两种焊剂均匀混合使用时,如焊接15MnMoVN钢,采用H08Mn2Mo焊丝、HJ250+HJ350(2:1)焊剂,则应该事先将焊剂按比例均匀混合后,再倒入焊剂斗。切勿在焊剂斗内混合。

(10)从库房领取的焊剂应放入焊剂保温箱(5 kg容量)内,使用时倒入焊机的焊剂斗内。

二、焊丝和焊剂消耗量计算

1.焊接材料总消耗量的估算

焊剂类型	焊剂牌号	焙烘工艺参数			焊剂类型	焊剂牌号	焙烘工艺参数		
		温度/℃	时间/h	保存温度/℃			温度/℃	时间/h	保存温度/℃
熔炼焊剂	HJ130,HJ131,HJ150	250 左右	2	120～150	烧结焊剂	SJ101	300～350	2	120～150
	HJ151	250～300	2			SJ103	350	2	
	HJ152	350 左右	2			SJ104	400	2	
	HJ172	300～400	2			SJ105	300～400	1	
	HJ211	350±10	1			SJ107,SJ201	300～350	2	
	HJ230	250 左右	2			SJ202	300～350	1～2	
	HJ250,HJ251	300～350	2	冷至100℃以下出炉		SJ203	250 左右	2	
	HJ252	350 左右	2			SJ301,SJ302,SJ303	300～350	2	
	HJ260	300～400	2			SJ401	250 左右	2	
	HJ330	250 左右	2			SJ403,SJ501	300～350	2	
	HJ331	300	2			SJ502,SJ504	300	1	
	HJ350,HJ351	300～400	2	120～150		SJ503,SJ522	300～350	2	
	HJ360	250 左右	2			SJ524	350～400	1～2	
	HJ380	300～350	2			SJ570,SJ601,SJ602	300～350	2	
	HJ430,HJ431,HJ433	250 左右	2			SJ605,SJ606	350～400	2	
	HJ434	300	2			SJ607,SJ608,SJ608A	300～350	2	
						SJ671	400	2	
						SJ701	300～400	2	

大型工程焊接材料的总消耗量,通常是按工程钢结构的总吨位参照经验数据进行总的估算的

$$W_W = K_W \cdot H_W$$

式中　W_W——焊接材料总消耗量,t;

　　　K_W——焊接材料消耗系数,可参考表2－17;

　　　H_W——焊接钢结构工程的总投入钢量,t。

2. 单条焊缝埋弧焊焊丝消耗量的计算

(1) 简单图形的面积计算

埋弧焊熔敷金属截面的形状,可以看作是若干简单几何图形组成,现将简单几何图形的面积计算公式列于表2－18中。

(2) 典型坡口熔敷金属面积计算

埋弧焊的坡口形式较多,现列出典型坡口,对其熔敷金属面积进行计算,精确的计算公

表 2－17　焊接材料消耗系数

焊接钢结构工程	焊接材料消耗系数 K_W
万吨级干杂货船	0.017～0.023
沿海拖轮	0.025～0.028
客船	0.024～0.027
内河驳船	0.018～0.022
压力容器	0.025～0.026
锅炉	0.030～0.049
机械设备	0.040～0.090

式列于表 2-19 中。为了方便估算熔敷金属的面积,将这些精确的计算公式进行简化,估算熔敷金属面积公式也列于表 2-19 中。

表 2-18 简单几何图形的面积计算公式

几何图形							
面积计算	$b\delta$	$\frac{1}{2}\delta^2\tan\frac{\alpha}{2}$		$\frac{1}{2}\pi R^2$	$\frac{1}{2}K^2$	$\frac{2}{3}Ba$	$\frac{1}{2}\delta(B_1+B_2)$
α	90°	70°	60°	50°	45°	40°	30°	20°
$\tan\frac{\alpha}{2}$	1	0.700	0.577	0.466	0.414	0.364	0.268	0.176

表 2-19 典型焊缝熔敷金属面积计算公式

坡口及焊缝形式	熔敷金属面积 精确计算公式	熔敷金属面积 估算公式	注
	$bS+\frac{4}{3}Ba$	9δ	
	$b\delta+(\delta-p)^2\tan\frac{\alpha}{2}+$ $\frac{2}{3}B_1a_1+\frac{2}{3}B_2a_2$	$5\delta+(\delta-p)^2\tan\frac{\alpha}{2}$	δ:板厚,mm; p:钝边,mm; b:间隙,mm; α:坡口角度,(°); R:根部半径,mm; β:U 形坡口角度,(°); K:焊脚,mm; B:熔宽,mm; a:焊缝余高,mm; h:角焊缝熔深,mm; 面积单位为 mm²
	$b\delta+2\left(\frac{\delta}{2}-\frac{p}{2}\right)^2\tan\frac{\alpha}{2}+$ $\frac{4}{3}Ba$	$5\delta+2\left(\frac{\delta}{2}-\frac{p}{2}\right)^2\tan\frac{\alpha}{2}$	
	$b\delta+\frac{1}{2}\pi R^2+2R(\delta-p-R)+(\delta-p-R)^2\tan\beta+\frac{2}{3}B_1a_1+\frac{2}{3}B_2a_2$	$2R\delta+\delta^2\tan\beta$	
	$bh+\frac{1}{2}K^2$	$1.2K+\frac{1}{2}K^2$	

①I 形坡口对接熔敷金属面积的估算

I 形坡口对接熔敷金属面积精确计算公式为 $F = b \cdot \delta + \dfrac{4}{3}Ba$。估算时取间隙 $b = 1$ mm,

熔宽 $B \approx 2\delta$, 余高 $a \approx 3$ mm, 于是估算公式可写成 $F = b\delta + \dfrac{4}{3}Ba = 1 \cdot \delta + \dfrac{4}{3} \cdot 2\delta \cdot 3 =$

$1\delta + 8\delta = 9\delta$。式中板厚 δ 以毫米计, F 单位为平方毫米。

②V 形坡口对接熔敷金属面积的估算

V 形坡口对接熔敷金属面积精确计算公式为 $F = b\delta + (\delta - p)^2 \tan \dfrac{\alpha}{2} + \dfrac{2}{3}B_1 a_1 + \dfrac{2}{3}B_2 a_2$。

估算时取 $B_1 + B_2 = 2\delta, a_1 = a_2 = 3$ mm, $b = 1$ mm, 于是估算公式可写成 $F = 1 \cdot \delta + (\delta - p)^2 \tan$

$\dfrac{\alpha}{2} + \dfrac{2}{3} \cdot 2\delta \cdot 3 = 5\delta + (\delta - p)^2 \tan \dfrac{\alpha}{2}$。板厚 δ 以毫米计, 钝边 p 以毫米计, 坡口角度 α 以度

计, 面积 F 以平方毫米计。

③X 形坡口对接熔敷金属面积的估算

X 形坡口对接熔敷金属面积精确计算公式为 $F = b\delta + 2\left(\dfrac{\delta}{2} - \dfrac{p}{2}\right)^2 \tan \dfrac{\alpha}{2} + 2 \cdot \dfrac{2}{3}Ba$。估

算时取 $b = 1$ mm, $B = \delta, a = 3$ mm, 于是估算公式可写成 $F = 1 \cdot \delta + 2\left(\dfrac{\delta}{2} - \dfrac{p}{2}\right)^2 \tan \dfrac{\alpha}{2} + 2 \cdot \dfrac{2}{3} \cdot$

$\delta \cdot 3 = 5\delta + 2\left(\dfrac{\delta}{2} - \dfrac{p}{2}\right)^2 \tan \dfrac{\alpha}{2}$。

④U 形坡口对接熔敷金属面积的估算

U 形坡口对接熔敷金属面积精确计算公式为 $F = b\delta + \dfrac{1}{2}\pi R^2 + 2R(\delta -$

$p - R) + (\delta - p - R)^2 \tan\beta + \dfrac{2}{3}B_1 a_1 + \dfrac{2}{3}B_2 a_2$。估算时将其简化成梯形面积, 下底为 $2R$, 上底

为 $2R + 2\delta\tan\beta$, 高为 δ, 估算公式 $F = \dfrac{1}{2}\delta(2R + 2R + 2\delta\tan\beta) = 2R\delta + \delta^2\tan\beta$。板厚 δ 以毫米

计, 根部半径 R 以毫米计, 坡口面角度 β 以度计, 面积 F 以平方毫米计。

⑤角焊缝熔敷金属面积的估算

角焊缝熔敷金属面积精确计算公式为 $F = bh + \dfrac{1}{2}K^2$。估算时取 $b = 1$ mm, $h = 0.4K$, 还

考虑焊缝略有余高, 增加焊丝消耗, 取 $0.8K$, 于是估算公式 $F = 1 \times 0.4K + \dfrac{1}{2}K^2 + 0.8K =$

$1.2K + \dfrac{1}{2}K^2$。焊脚 K 以毫米计, 面积 F 以平方毫米计。

以上是典型坡口熔敷金属面积估算公式, 也列于表 2 - 19 中。如加大间隙或坡口不对称, 则应另行估算。

(3)单条焊缝焊丝消耗量的计算

埋弧焊焊丝消耗量计算公式为

$$G = FL\rho \times \dfrac{1}{\eta} \times K_q$$

式中　G——焊丝消耗量, g;

　　　F——焊缝熔敷金属面积, cm²;

L——焊缝长度,cm;

ρ——熔敷金属的密度,碳钢为 7.8 g/cm^3,不锈钢为 7.9 g/cm^3;

η——熔敷率,考虑到引弧板、熄弧板的焊丝消耗,埋弧焊的熔敷率为 0.91~0.98,一般可取 0.94;

K_q——清根系数,反面不清根 $K_q = 1$,反面碳刨清根 $K_q = 1.1~1.2$。

例 1 板厚 10 mm,I 形坡口对接埋弧焊,间隙 0~1 mm,焊缝长 1 m,不清根,试估算焊丝消耗量。(取熔敷率 $\eta = 0.94$)

解 熔敷金属估算面积 $F = 9\delta = 9 \times 10 = 90$ mm$^2 = 0.9$ cm^2。

$\rho = 7.8$ g/cm^3,$L = 1$ m $= 100$ cm,$\eta = 0.94$,$K_q = 1$

$G = FL\rho \times \dfrac{1}{\eta} \times K_q = 0.9 \times 100 \times 7.8 \times \dfrac{1}{0.94} \times 1 = 747$ g ≈ 0.75 kg。

例 2 V 形坡口对接,板厚 $\delta = 20$ mm,坡口角度 $\alpha = 50°$,间隙 $b = 0~1$ mm,钝边 $p = 6$ mm,反面清根,试估算 5 m 长焊缝的焊丝消耗量。(取 $K_q = 1.1$,$\eta = 0.91$)

解 熔敷金属估算面积 $F = 5\delta + (\delta - p)^2 \tan\dfrac{50°}{2} = 5 \times 20 + (20 - 6)^2 \tan 25° = 100 + 196 \times 0.466 = 191.34$ mm$^2 = 1.91$ cm^2

$L = 500$ cm,$\rho = 7.8$ g/cm^3,$\eta = 0.91$,$K_q = 1.1$,

焊丝消耗量 $G = F\rho L \dfrac{1}{\eta} \cdot K_q = 1.91 \times 500 \times 7.8 \times \dfrac{1}{0.91} \times 1.1 = 9\ 000$ g $= 9$ kg。

例 3 角焊缝焊脚 $K = 8$ mm,试估算 10 m 长焊缝的焊丝消耗量。(取 $\eta = 0.93$)

解 角焊缝熔敷金属估算面积 $F = 1.2K + \dfrac{1}{2}K^2 = 1.2 \times 8 + \dfrac{1}{2} \times 8^2 = 41.6$ mm$^2 = 0.416$ cm^2。

$L = 1\ 000$ cm,$\rho = 7.8$ g/cm^3,$\eta = 0.93$。

焊丝消耗量 $G = FL\rho \dfrac{1}{\eta} = 0.416 \times 1\ 000 \times 7.8 \times \dfrac{1}{0.93} = 3\ 489$ g ≈ 3.5 kg。

3. 焊剂消耗量的估算

埋弧焊的焊剂消耗量可按焊丝消耗量的一定比例进行估算,其计算公式如下:

$$G_剂 = CG$$

式中 $G_剂$——埋弧焊的焊剂消耗量,kg;

G——埋弧焊的焊丝消耗量,kg;

C——比例常数,取 0.8~1.2,多层多道焊的 C 比单层单道焊的大;单面焊的 C 比双面焊的小,薄板焊的 C 比厚板焊的大。

第三章 埋弧自动焊机

第一节 埋弧焊机分类

埋弧焊机可分为自动焊机和半自动焊机。半自动焊机是指给送焊丝是机械化的,而电弧沿焊接方向移动是手工操作的。如果电弧沿焊接方向移动也是机械化的,这种焊机称为自动焊机。埋弧半自动焊机由于焊枪笨重、添加焊剂麻烦、析出气体离焊工太近,目前已很少生产埋弧半自动焊机。通常简称的埋弧焊机都是指埋弧自动焊机。埋弧自动焊机按不同点分类。

一、按焊接电源分

按焊接电源分交流(弧焊变压器)、直流(弧焊整流器)和交、直流两用。通常大电流埋弧焊机多采用交流电源,而直流电源用于小电流和对焊接工艺参数稳定要求较高的场合。

二、按用途分

按用途分专用和通用两种,通用焊机广泛应用于各种结构的对接接头、T形接头、纵缝和环缝的焊接。而专用焊机是用来焊接特定的焊缝和构件,如埋弧自动角焊机、T形梁焊机、螺旋钢管焊机、埋弧堆焊机等。

三、按电极形状和数目分

按电极形状可分为丝极埋弧焊机和带极埋弧焊机。

按丝极数目可分为单丝、双丝、三丝及四丝焊机。生产中应用最广泛的是单丝焊机,多丝焊机生产效率高,获得推广,现已有双丝、三丝焊机投入生产。

四、按送丝方式分

按送丝方式可分为等速送丝和变速送丝。等速送丝宜用于细焊丝、大电流密度的焊接;变速送丝能适应各种场合的焊接。变速送丝焊机的构造比较复杂,价格也高。

五、按工件的运动分

按焊丝和工件的相对运动可分为焊车式和悬挂式。焊车式是装有焊接机头的小车行走而工件不动;悬挂式是焊接机头不动而工件行走。

六、按焊车导轨构造分

按焊车导轨构造可分为:平板式导轨、悬挂式导轨、门架式导轨、车床式导轨及悬臂式导轨等。平板式导轨利用两根平板式导轨可以焊接相当长的直线焊缝。悬挂式导轨可以焊接大型结构件的对接焊缝和外环缝。门架式导轨适用于大型结构件的对接焊缝、角焊缝及筒体的外环缝和纵缝。车床式导轨适用于小直径筒体的环缝及轴辊的表面堆焊。悬臂式导轨可以焊接圆筒体的内外环缝和纵缝。常见的埋弧自动焊机型式如图3-1所示。国产常用埋弧自动焊机的主要技术特性见表3-1。

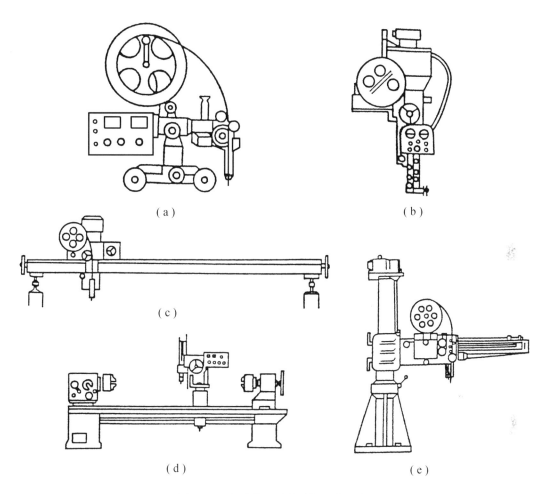

图3-1 常见的埋弧自动焊机的型式
(a)焊车式;(b)悬挂式;(c)门架式;(d)车床式;(e)悬臂式

应用最广的是焊车式埋弧自动焊机(平板式导轨),这种埋弧自动焊机(按各部分功能)可由四部分组成:(1)焊接电源,供应电弧能量;(2)焊接机头,实施给送焊丝进入电弧区;(3)小车,使电弧沿焊接方向移动,小车的移动速度就是焊接速度;(4)控制系统,控制焊接电源的接通、焊丝的进给及小车的行走。通常焊接机头装在小车上,于是形成了埋弧自动焊机的三大件:焊接电源、焊车、控制箱,如图3-2所示。如果将控制箱和焊接电源合并在一起,或控制装置和焊车合并在一起,则埋弧自动焊机只有两大件。

电弧焊的过程包括引燃电弧、焊接和熄弧三个阶段。埋弧自动焊机就是将三项工作用机械化来完成。

表 3-1 国产埋弧自动焊机的主要技术特性

型号	送丝方式	焊机结构特点	焊接电流/A	焊丝直径/mm	送丝速度/(m/h)	焊接速度/(m/h)	电流种类	送丝速度调节方法	焊车重量/kg	同类产品型号
MZ$_1$-1000	等速	焊车	200~1 000	1.6~5	52~403	16~126	直流或交流	调换齿轮	45	
MZ-1000	弧压反馈变速给送	焊车	400~1 200	3~6	30~120（弧压 35 V）	15~70	直流或交流	电位器调节	65	
MZ-1-1000	弧压反馈变速给送	焊车	200~1 000	3~6	30~120	15~70	直流	晶闸管无级调速	70	MZ-1000-1 型
MZ$_2$-1250	等速、变速给送	焊车	250~1 250	3~6	27.5~225	15~90	直流		160	
MZ$_2$-1500	等速	悬挂式机头	400-1 500	3~6	28.5~225	13.5~112	直流或交流	减速齿轮	160	
MZ$_3$-500	等速	电磁爬行小车	180~600	1.6~2	108~420	10~65	直流或交流	自耦变压器无级调速	13	
MZ-630	弧压反馈变速给送、等速	焊车	60~630	1.2~2	100~450	15~70	直流或交流	晶闸管无级调速	30	MZ-630-2 型
MZ-2×1600	前丝等速 后丝弧压反馈变速给送	焊车	直流 1 600 交流 1 600	3~6	30~250	10~86	前丝直流 后丝交流		165	
MU$_1$-1000-1	弧压反馈变速给送	带极堆焊焊车	400~1 000	带厚 0.4~0.6 极宽 20~60	15~60	7.5~35	直流	电位器无级调速	65	

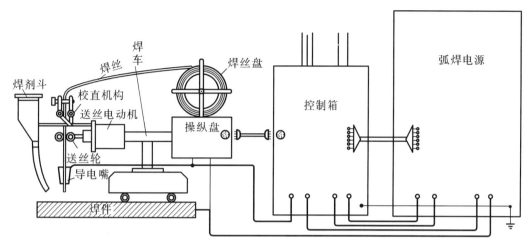

图 3－2　焊车式埋弧焊机

1.引燃电弧

一般先使焊丝与焊件接触短路,按启动按钮后,接通焊接电源并使焊丝上抽,引燃电弧。引弧后焊丝下送,进入正常焊接阶段。

2.焊接

焊接阶段,焊丝等速或变速(随电弧电压高低而变)进入电弧区,焊车使电弧沿焊接方向移动,并保持焊接工艺参数稳定。

3.熄弧

先切断焊丝电动机的电源,焊丝靠惯性缓慢下降一段距离,电弧熔化焊丝而逐渐拉长,接着切断焊接电源,焊车停止,焊接工作结束。这样可避免焊丝粘在熔池上。如果焊接电源和焊丝电动机电源同时切断,则电弧立即熄灭,而焊丝靠惯性下送,进入液态熔池,于是焊丝就粘在熔池上。

第二节　埋弧焊用的焊接电源

一、对焊接电源的要求

焊接电源是供应埋弧焊电弧能量的设备。埋弧焊电源基本原理和焊条电弧焊电源是相同的,但由于焊接电流大,电弧自动调整速度要迅速,所以对埋弧焊的焊接电源提出以下几点要求。

1.合适的降压电源外特性

电源外特性是指在稳定工作状态下,焊接电源的输出电压和输出电流之间的关系。

焊接电源的外特性有水平的和降压的,降压的又有陡降和缓降之分,如图3－3所示。埋

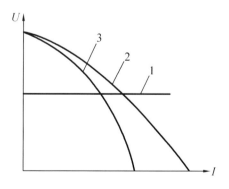

图 3－3　三种不同的电源外特性
1—水平的;2—缓降的;3—陡降的

弧焊的焊接电源采用的是降压的(随输出电流增大而输出电压下降)。对于等速送丝的焊机,变动的弧长恢复主要是靠熔化焊丝速度变动来实施电弧自身调整功能,故要求电源外特性以缓降为佳。而变速送丝的焊机,由于有电弧强迫调节焊丝给送速度的作用,电源的外特性可略陡降,这样焊接过程中电流波动较小,也即增大了焊接电流的稳定性。但在短路时($U \approx 0$),仍要求有较大的短路电流,有利于引弧。

2. 良好的动特性

电弧是个变动的负载,长弧、短弧、短路、引弧、熄弧等时刻有变化。焊接电源随电弧负载变动而迅速改变输出电压和输出电流的性能,称为电源动特性。具体来讲,若电弧突然拉长,电源应立即升高输出电压,才能维持电弧燃烧。如果电源升高电压的速度太慢,则电弧就熄灭。在短路上抽焊丝引弧过程中,先将焊丝和焊件短路,这就要求电源有较大的输出电流来加热焊丝和工件之间的空气隙,使其有足够热量电离空气,接着上抽焊丝,就需要电源输出较高电压,使金属中逸出的自由电子的运动速度迅速加快,高速电子撞击空气,使空气电离产生电弧。如果短路电流太小或上抽焊丝时输出电压太低,这就引不燃电弧。良好的动特性还能使电弧稳定燃烧,并保持电压、电流参数稳定。

3. 足够大的电源容量

埋弧焊是大电流工作的,且连续焊接长焊缝,焊接电源应供给相当大的电流,所以容量要大。焊接电源还要有足够宽的电流调节范围,以适应不同直径焊丝的焊接。

4. 有远距离调节电流装置

对于埋弧焊来说,熄弧后调节电流和电压形成的焊缝接头是件麻烦的事,因此埋弧自动焊机必须有远距离调节焊接电流和电弧电压的装置,焊接过程中随时可以调节焊接电流和电弧电压。

埋弧焊焊接电源的分类,埋弧焊采用的焊接电源有交流和直流。通常使用的有:(1)串联电抗器式弧焊变压器(BX$_2$系列);(2)增强漏磁式弧焊变压器(BX$_1$系列);(3)磁放大器式弧焊整流器;(4)晶闸管式弧焊整流器。至于逆变(将直流电变成交流电)式弧焊电源由于容量较小,目前还未在埋弧焊生产中推广使用。常见埋弧焊焊接电源的主要技术特性见表3-2。埋弧焊的焊接电源是个独立的部件,一台焊接电源可以用于不同型号的埋弧自动焊机,一台埋弧自动焊机也可以选用不同型号的焊接电源。

二、串联电抗器式弧焊变压器

1. 基本结构

串联电抗器式弧焊变压器的基本结构如图3-4所示,它是由固定铁芯、变压器一次绕组、二次绕组、电抗绕组、活动铁芯及其传动装置等组成。电抗绕组和二次绕组是串联的,电抗绕组和活动铁芯组成可调电抗大小的电抗器。BX$_2$-1000型弧焊变压器属此种型式。

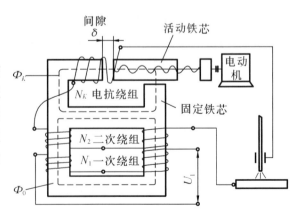

图3-4 串联电抗器式弧焊变压器的基本结构

表3-2 常见埋弧焊电源的主要技术特性

型号	BX₁-1000型 增强漏磁式弧焊变压器	BX₂-1000型 串联电抗器式弧焊变压器	ZX-1000型 磁放大器式弧焊整流器	ZX₅-630型 晶闸管式弧焊整流器	ZX₅-1000型 晶闸管式弧焊整流器	ZX₅-1250型 晶闸管式弧焊整流器	ZD-1250型 晶闸管弧焊整流器	SQW-1000型 晶闸管调压方波交流弧焊电源
电源电压/V	380	380	380	380	380	380	380	380
相数	1	1	3	3	3	3	3	1
频率/Hz	50	50	50	50	50	50	50	50
空载电压/V	75	69~78	90/80	65	80	70	55	92
工作电压/V	44	30~44	24~44	44	24~44	44	20~44	26~55
额定焊接电流/A	1 000	1 000	1 000	630	1 000	1 250	1 250	1 000
电流调节范围/A	300~1 200	400~1 200	100~1 000	100A/23V~630A/44V	100~1 000	250~1 250	250~1 250	
额定负载持续/%	60	60	60	60	60	60	100	100
额定输入容量/KVA	77.75	76	100	43	82.3	110	70	84
重量/kg	510	560	820	280	400	650	500	450
外形尺寸(长×宽×高)/mm	820×636×1 280	744×950×1 220	1 100×700×1 200	810×620×1 020	1 016×565×762	1 030×740×1 240	780×595×1 440	838×857×1 016
同类焊接电源型号	BX1-1000-1		ZXG-1000型 ZXG-1000R型 ZDG-1000R型					美国米勒引进

2. 降压原理

串联电抗器式弧焊变压器可以看成是一只普通降压变压器和一只电抗器串联的电路,如图3-5所示。变压器的二次电压 u_2 可以看作是固定的,电流通过电抗器要产生电压降,忽略其电阻,电抗器的电压降为 $i_{焊} X_{电抗}$($X_{电抗}$为电抗器的电抗),于是弧焊变压器的输出电压 $u_{出}$ 为

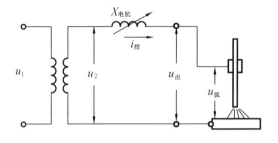

图3-5 串联电抗器式弧焊变压器的电路原理

$$u_{出} = u_2 - i_{焊} X_{电抗}$$

即变压器的二次电压 u_2 减去电抗器的电压降 $i_{焊} X_{电抗}$。空载时焊接电流为零,$i_{焊} X_{电抗} = 0$,$u_{出} = u_2$,空载时输出电压较高,利于引弧。焊接时焊接电流 $i_{焊}$ 增大,$i_{焊} X_{电抗}$ 增大,于是输出电压 $u_{出}$ 就下降,即获得了降压的外特性。

3. 调节电流原理

利用移动电抗器的可动铁芯来调节焊接电流。当可动铁芯和固定铁芯的间隙增大时,即电抗器的电抗 $X_{电抗}$ 减小,$i_{焊} X_{电抗}$ 电压降作用减弱,于是焊接电流就增大;反之,铁芯间隙减小,焊接电流减小。

4. 调节电流装置

调节电流装置的电气原理如图3-6所示。利用三相电动机 M_1 驱动减速箱,旋转蜗杆蜗轮而使铁芯转动。电动机正反转就可使可动铁芯拉出或送进,改变焊接电流。按增流按钮 SB_3,交流继电器 KA_2 线圈有电,三个常开触头 KA_{2-2} 闭合,电动机 M_1 正转,可动铁芯拉出,焊接电流增大。同时常闭触头 KA_{2-1} 断开,防止交流继电器 KA_1 线圈同时有电。按减流按扭 SB_5,交流继电器 KA_1 线圈有电,三个常开触头 KA_{1-2} 闭合,电动机 M_1 反转,铁芯送进,焊接电流减小。同时常闭触头 KA_{1-1} 断开,防止交流继电器线圈 KA_2 同时有电。控制增减电流按钮有两套;一套在弧焊变压器的上侧;另一套在焊车的操纵盘上。两套按钮都能自由

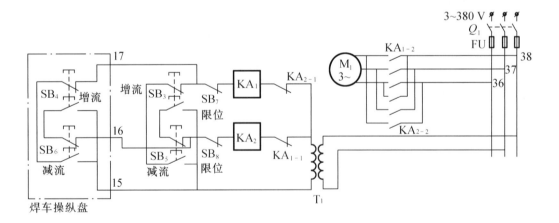

图3-6 BX$_2$-1000型弧焊变压器调节电流装置的原理图

M_1—调节电流用电动机;KA_1,KA_2—交流继电器;T_1—辅助变压器;SB_3,SB_4—增流按钮;SB_5,SB6—减流按钮;SB_7,SB_8—限位按钮

地调节焊接电流。电流增减按钮、继电器 KA_1 和 KA_2 都是连锁的,不可能使两继电器 KA_1 和 KA_2 同时有电。假如两继电器 KA_1 和 KA_2 线圈(没有各自的常闭触头)同时有电,同时闭合各自的三个常开触头,这时三相电源立即被短路,熔断器被烧断。当铁芯移动到两端极限位置时,碰撞限位按钮 SB_7 或 SB_8,使交流继电器 KA_1 或 KA_2 立即断电,电动机 M_1 即停止,防止事故发生。

5. 空载电压的调节

BX_2 – 1000 型弧焊变压器的电气原理图如图 3 – 7 所示。弧焊变压器还能调节空载电压,改变变压器一次绕组的接线就可获得 78 V 或 69 V 的空载电压。在较小电流焊接时,用高的空载电压,以利引弧。

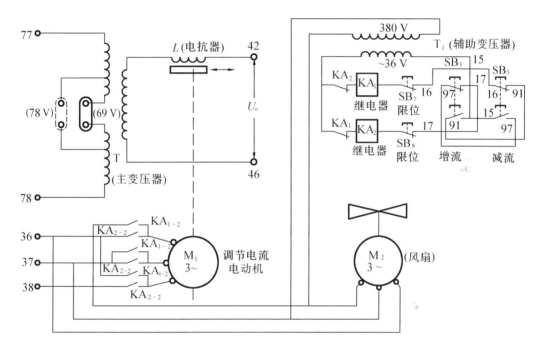

图 3 – 7　BX_2 – 1000 型弧焊变压器电气原理图

三、增强漏磁式弧焊变压器

1. 基本结构

增强漏磁式弧焊变压器的基本结构如图 3 – 8 所示。它是一个具有三铁芯柱的降压变压器,中间的铁芯柱是可动的,也称可动铁芯。在两旁的固定铁芯柱上绕有一次绕组和二次绕组。由于中间可动铁芯的加入,大大增加了变压器的漏磁通。

2. 降压原理

分析一下增强漏磁式弧焊变压器的磁通,

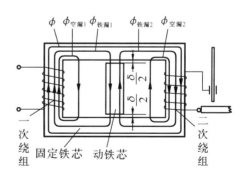

图 3 – 8　增强漏磁式弧焊变压器的基本结构

除了变压器产生的对一次、二次绕组有共同作用的主磁通 ϕ 外,还存在 $\phi_{空漏1}$,$\phi_{空漏2}$,$\phi_{铁漏1}$,$\phi_{铁漏2}$ 四个漏磁通:$\phi_{空漏1}$ 是一次绕组产生磁通,通过空气漏掉的磁通;$\phi_{空漏2}$ 是二次绕组产生磁通,通过空气漏掉的磁通;$\phi_{铁漏1}$ 是一次绕组产生磁通,通过可动铁芯漏掉的磁通;$\phi_{铁漏2}$ 是二次绕组产生磁通,通过可动铁芯漏掉的磁通。

当有电流通过一次、二次绕组时,分别产生漏抗,$X_{空漏1}$,$X_{空漏2}$,$X_{铁漏1}$,$X_{铁漏2}$,这些漏抗合成为变压器的总漏

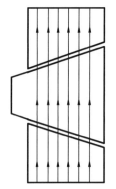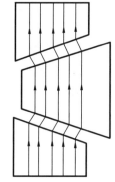

间隙小,漏磁大,焊接电流小　　间隙大,漏磁小,焊接电流大

图 3 – 9　移动铁芯,改变漏磁,调节电流

抗 $X_{漏总}$,这个总漏抗就相当于串联电抗器变压器中的电抗 $X_{电抗}$。焊接时有焊接电流通过,产生漏抗压降,于是二次输出电压就下降。焊接电流越大,电弧电压越低。由于漏抗产生压降,获得了降压外特性。

3. 调节电流原理

改变中间可动铁芯的位置,将可动铁芯送进,减小铁芯间的气隙,使漏磁通增大,漏抗压降作用增大,于是焊接电流就减小;反之,将可动铁芯拉出,增大铁芯间的气隙,漏磁通减小,焊接电流增大。移动可动铁芯改变漏磁通调节焊接电流的情况如图 3 – 9 所示。

4. 调节电流装置

BX_1 – 1000 型弧焊变压器的电气原理图如图 3 – 10 所示。利用单相交流电动机 M_2 的正反转,可使铁芯拉出或送进,改变间隙,

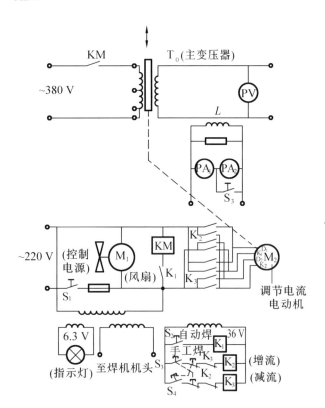

图 3 – 10　BX_1 – 1000 型弧焊变压器的电气原理图

改变漏磁,改变焊接电流。按增流按钮 S_3,交流继电器 K_2 有电动作,使电动机 M_2 正转,铁芯拉出,焊接电流增大;按减流按钮 S_4,交流继电器 K_3 有电动作,使电动机 M_2 反转,铁芯送进,焊接电流减小。电路图中 L 为电流互感器测量交流焊接电流用,PA 为安培表,PV 为伏特表。交流接触器 KM 接通焊接电源主变压器 T_0 的电源用。单相交流电动机 M_1 作风扇,冷却变压器用。

四、磁放大器式弧焊整流器

1. 基本结构

磁放大器式弧焊整流器(见图3-11)由四大部分组成:三相降压变压器(主变压器)、磁放大器、整流器、输出电抗器。它们的作用如下:

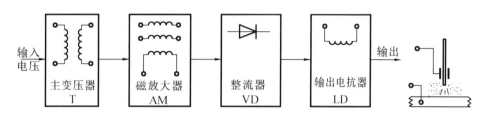

图3-11 磁放大器或弧焊整流基本组成框图

(1)三相降压变压器,将三相网路电压降为焊接用的空载电压;

(2)磁放大器,控制电源输出外特性与调节焊接电流;

(3)整流器,将变压器次级交流电转变成直流电;

(4)输出电抗器,减小输出电流的波动程度,并能改善动特性。

2. 工作原理

(1)整流原理

二极管具有单向导电特性,将二极管接入单相交流电路,由于负半周交流电不能通过二极管,故形成的波形如图3-12(a)所示。将四个二极管接成桥式整流电路,不仅有正半周输出的波形,还有负半周输出的波形,如图3-12(b)所示。将六个二极管接成三相桥式整流电路、整流电路输出的波形如图3-12(c)所示,这样就能得到波动性很小的直流电,满足了埋弧焊的要求。

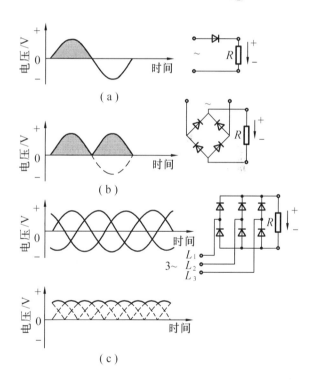

图3-12 整流电路及波形图
(a)单管整流;(b)单相桥式整流;(c)三相桥式整流

(2)降压和调节电流原理

①饱和电抗器

从前面的串联电抗器式弧焊变压器可以得知 $u_出 = u_2 - i_焊 X_{电抗}$,这个 $X_{电抗}$ 取决于电抗绕组的状态。现在我们将这个电抗绕组的铁芯上再绕一个直流控制绕组,就可组成磁饱和电抗器,如图3-13所示。调节控制绕组中的电流,就可改变铁芯的磁化状态。调节使铁芯达到磁饱和状态,也即铁芯中磁通

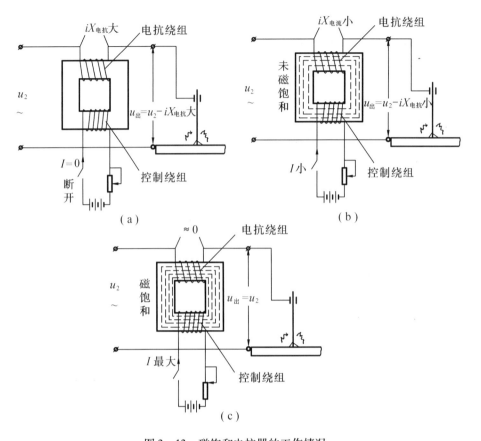

图 3-13 磁饱和电抗器的工作情况

(a)控制电流 $I=0$,$X_{电抗}$最大;(b)有控制电流 I,$X_{电抗}$减小 (c)控制电流 I 最大,磁饱和,$X_{电抗}\approx 0$

固定不变了,当交流焊接电流通过电抗绕组时,而铁芯中磁通仍不变,电抗绕组就不可能产生自感电动势,不产生感抗压降,于是输出电压 $u_{出}=u_2$,不论焊接电流变动,$u_{出}$ 总是等于 u_2,这就是水平的外特性。当控制绕组没有电流时,控制绕组产生的磁通为零,这就成为普通的电抗绕组,焊接电流通过产生压降 $iX_{电抗}$ 很大,输出电压很低,也就是陡降的外特性。如果调节控制绕组中的电流,使铁芯的磁化程度改变,则就可改变电源外特性和调节焊接电流。增大控制绕组电流,使接近磁饱和,可获得趋向水平的外特性;减小控制绕组电流,可获得趋向较陡的外特性。

②三相磁放大器的工作原理

三相磁放大器的外形如图 3-14 所示,它由三组双口形铁芯、六只工作绕组和二只控制绕组组成,其每相的基本结构如图 3-15(a)所示。

双口形铁芯是两个独立的磁路,分别绕有工作绕组 N_{j1} 和 N_{j2},它们按电源的正负半周分别交替串联在输出回路中,两绕组分别输出电流的同时,也产生磁通使铁芯增磁,这样就可获得接近水平的外特性和输出较大的电流。

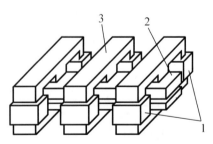

图 3-14 三相磁放大器外形

1—工作绕组;2—控制绕组;3—铁芯

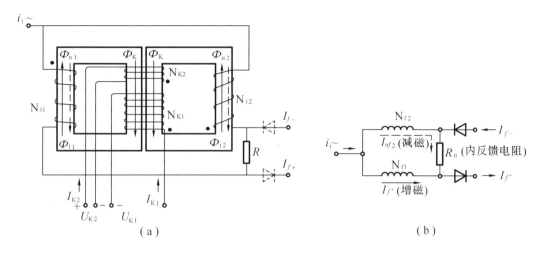

（a）

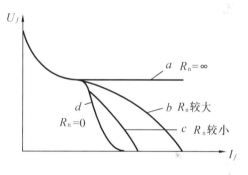

（b）

图 3-15　单相磁放大器的基本结构和内反馈电阻线路

（a）基本电磁结构；（b）工作绕组的增、减磁

为了能控制电源外特性，电路中安置了"内反馈电阻"R_n，其作用是在另一半周时，使工作绕组通入部分反向电流（见图 3-15（b）），

产生减磁作用，这样输出特性变为下降形状。这样一个工作绕组在一个半周时增磁，而在另一半周时减磁，两者作用相反。当 $R_n = 0$ 时，减磁作用大，输出特性为陡降的；当 $R_n = \infty$（断路）时，无减磁作用，输出特性为水平的。R_n 由小逐渐增大，则输出特性由陡降逐渐变为缓降。调节 R_n 可以获得所需要的电源外特性，磁放大器式弧焊整流器的电源外特性如图 3-16 所示。

③调节电流

图 3-16　磁放大器式弧焊整流器的电源外特性

为了调节输出电流，电路中还设置了两个控制绕组 N_{K1} 和 N_{K2}，两控制绕组通电后产生的磁通方向是相反的。N_{K1} 产生增磁作用；N_{K2} 产生减磁作用。N_{K2} 减磁作用的结果是使磁放大器输出最小的电流。N_{K1} 绕组的激磁电流可调节，用来改变铁芯的磁饱和程度，借此调节输出电流。

ZXG-1000R 型磁放器式弧焊整流器的电气原理如图 3-17 所示。三相磁放大器是接在三相降压变压器和整流电路之间，六个工作绕组 $FD_1 \sim FD_6$，两个控制绕组 FK_1 和 FK_2，其中 FK_1 绕组的激磁电流由稳压器 TW 和整流器 UXZ_1 供电，并由电位器 RP_1 调节。FK_2 绕组具有调节输出电流作用外，也有电网补偿作用。电路中有风扇电动机 M 作冷却变压器及整流器等用，并有风压开关，如果风扇电动机不转动，风压开关不接通，三相降压变压器不会接通。

五、晶闸管式弧焊整流器

1. 晶闸管式弧焊整流器的组成

晶闸管是可以控制的整流元件，晶闸管有三个极，阴极和阳极接入整流电路，控制极接

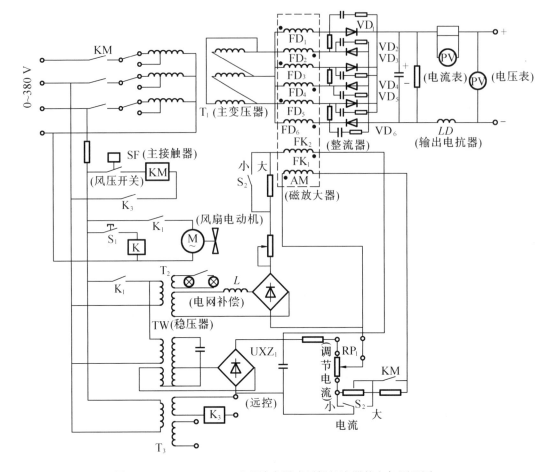

图 3-17 ZXG-1000R 型磁放大器式弧焊整流器的电气原理图

上触发电路,借触发电路来控制半个交流周期内晶闸管的导通时间和阻断时间,将时间折算成电角度,θ(导通角)+α(阻断角)=180°(半个周期),调节触发电路的触发时间,就可改变晶闸管的导通角,即改变晶闸管整流电路的输出电压大小。晶闸管式弧焊整流器的基本组成框图如图 3-18 所示。它由三相主变压器、晶闸管整流器组、晶闸管的触发器、输出电抗器、特性控制电路组成。

2. 工作原理

晶闸管式焊接电源的整流电路如图 3-19 所示,三相主变压器 T_1 是一个降压变压器,其二次绕组接成双反星形接法。晶闸管整流器由六个晶闸管 VD1～VD6 组成三相整路电路,六个晶闸管的控制极 G_1～G_6 分别与六个触发器相接(图上未画出)。这种整流电路实际上是由正极性和反极性两个三相半波整流电路并联而成,接入平衡电抗器 L_1,使两组半波整流电路互不干扰。触发器是由六个相同的触发单元电路组成,按相位不同,依次序输出触发脉冲信号,使晶闸管依次序导通。

图 3-18 中的"特性控制电路"将整个弧焊整流器连接成一个闭环系统。由与焊接电路串联的 R_I 电阻取出电流反馈信号 U_{fI},由和电弧电压并联的 R_V 电阻取出电压反馈信号 U_{fV}。这两个反馈信号分别要随焊接电流或电弧电压的变化而变化。在电路中还设立了电

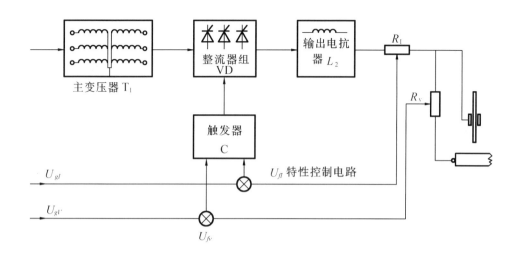

图 3 – 18　晶闸管式弧焊整流器的基本组成框图

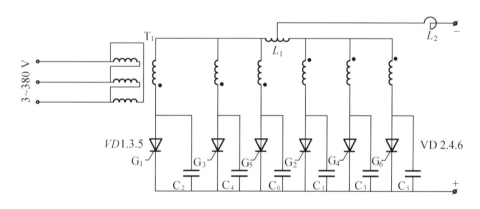

图 3 – 19　晶闸管式弧焊整流器的整流电路

T_1—三相变压器；VD1 ~ VD6—晶闸管；G_1 ~ G_6—控制极；L_1—平衡电抗器；L_2—输出电抗器；C_1 ~ C_6—电容器

流给定值(U_{gI})和电压给定值(U_{gV})。通过电流给定值 U_{gI} 和电流反馈信号 U_{fI} 的比较来控制整流器的输出电流，可以做到恒流特性。通过电压给定值 U_{gV} 和电压反馈信号 U_{fV} 的比较来控制整流器的输出电压，可以做到恒压特性(平特性)。通过调节 R_1 和 R_V，形成不同的 U_{fI} 和 U_{fV} 组合，这样可以获得多种形状的电源外特性，如图 3 – 20 所示。

　　ZX5 – 1000 型弧焊整流器属晶闸管式弧焊整流器，它的电气原理图如图 3 – 21 所示。

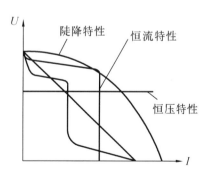

图 3 – 20　晶闸管式弧焊整流器的
多种电源外特性

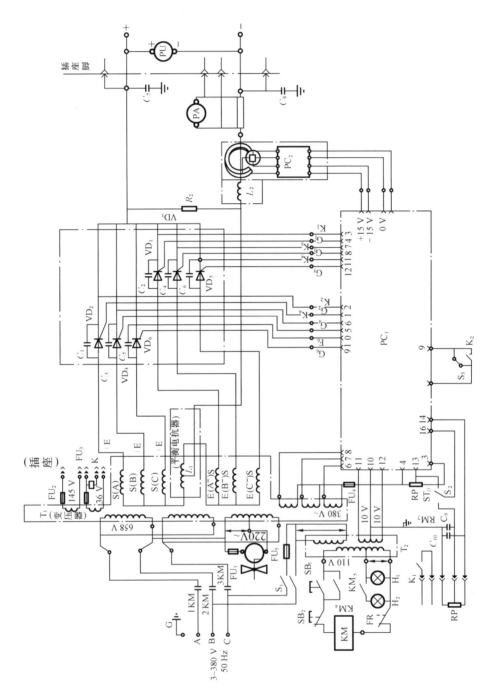

图3-21 ZX5-1000型晶闸管式弧焊整流器电气原理图

第三节　埋弧焊电弧的自身调整

一、电弧静特性

电弧不是一个普通电阻负载,它的电压和电流不是成正比的。电弧静特性是指在焊丝直径和电弧长度固定的情况下,电弧稳定燃烧,焊接电流和电弧电压变化之间的关系。埋弧焊的电弧静特性曲线基本上是水平的,如图 3 - 22 所示,即当电流超过一定数值后,要增大焊接电流,并不需要升高电弧电压。

当电弧长度拉长时,电弧静特性曲线就由下向上移,这时电弧电压要高些;反之,电弧长度缩短,电弧静特性曲线向下移,电弧电压降低。

图 3 - 22　电弧静特性曲线
弧长:$l_2 > l_1$

二、电弧长度的变动

埋弧焊过程中,电弧长度是看不见的,但可从测量电弧电压的值,了解到电弧长度的情况。电弧长度的变动是难免的,电弧长度的变动主要取决于焊丝给送速度($V_给$)和焊丝熔化速度($V_熔$),当 $V_熔 = V_给$ 时,电弧长度不变动;当 $V_熔 > V_给$ 时,电弧长度增长;当 $V_熔 < V_给$ 时,电弧长度减短(表 3 - 3)。

表 3 - 3　电弧长度的变动

$V_熔 = V_给$	$V_熔 < V_给$	$V_熔 > V_给$
电弧长度不变	电弧长度减短	电弧长度增长

埋弧焊焊丝粗细不匀会引起熔化速度的不均匀。受网路电压波动,焊丝给送电动机转速波动会引起给送焊丝速度不均匀。还有电弧遇到高凸的定位焊缝或钢板局部低凹处,也会引起电弧长度的变动。

焊丝熔化速度主要由焊接电流和电弧电压而定。焊丝给送速度由焊丝给送方式而定。焊丝给送方式有两种:等速给送焊丝制;变速给送焊丝制,通常是随电弧电压变速给送焊丝,电弧电压升高,焊丝给送速度加快。

三、电弧的燃烧点

电弧的特性是电弧静特性。电弧的能量由焊接电源供给,电源的特性是焊接电源外特性。电弧在什么电流和电压下燃烧,就由两者特性决定,电弧燃烧点就是电弧静特性曲线和焊接电源外特性曲线的交点,如图 3 - 23 所示。

电源外特性不变,电弧长度变动,则

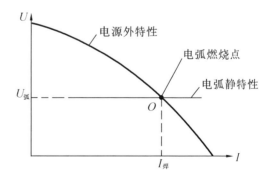

图 3 - 23　电弧燃烧点

电弧燃烧点要变动。如电弧拉长，电弧静特性曲线向上移，电弧燃烧点沿焊接电源外特性向上移，由 O_0 点移到 O_1（电弧静特性曲线 l_1 和电源外特性曲线的交点），焊接电流减小，电弧电压升高，如图 3 – 24 所示。电弧长度减短时，电弧静特性曲线 l_2 和焊接电源外特性曲线 l_2 的交点下移到 O_2，O_2 点为电弧长度减短后的电弧燃烧点，焊接电流增大，电弧电压降低，如图 3 – 24 所示。

若电弧长度不变，焊接电源外特性改变，则电弧燃烧点也要改变。如果焊接电源外特性曲线向外移，如图 3 – 25 所示，电弧静特性曲线是水平的，则电弧燃烧点变动后，由 O_0 移到 O_1，焊接

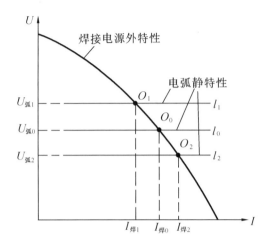

图 3 – 24　电弧长度改变，电弧燃烧点改变

弧长：$l_1 > l_0 > l_2$

电流增大，而电弧电压几乎不变。如果焊接电源外特性向内移，则 O_0 移到 O_2，焊接电流减小，电弧电压不变。

四、焊丝等熔化速度曲线

我们做一个实验，选定焊丝直径和焊丝给送速度（例 $\phi = 5$ mm，$V_{给} = 68.5$ m/h），保持不变，同时选定一条电源外特性曲线，进行埋弧焊，电弧稳定燃烧，记载下 $I_{焊}$ 和 $U_{弧}$（例 $I_{焊1} = 625$ A，$U_{弧1} = 34$ V），画在 I,U 坐标轴上，这点是电弧稳定燃点，也是电源外特性和电弧静特性的交点。接着

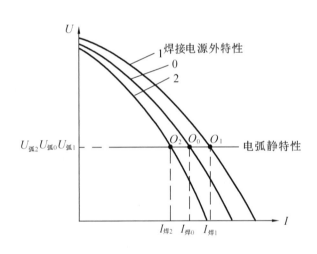

图 3 – 25　焊接电源外特性改变，电弧燃烧点改变

调节电源外特性，电弧稳定燃烧，也可记下 $I_{焊}$ 和 $U_{弧}$（例 $I_{焊2} = 675$ A，$U_{弧2} = 36$ V）。每调节一次电源外特性，就有一组 $I_{焊}$ 和 $U_{弧}$ 的值。多次调节电源外特性，可以得到多个电弧稳定燃烧点（$I_{焊}$ 和 $U_{弧}$）。将这些电弧燃烧点连接成一条曲线 C_1，这条曲线就是焊丝等熔化速度曲线（图 3 – 26 中的 C_1）。如果把选定的送丝速度增大（例 $V_{给} = 81$ m/h），则又可绘出一条向右移的等熔化速度曲线（图 3 – 26 中的 C_2）。根据不同的焊丝给送速度，可画出一系列的等熔化速度曲线。焊丝等熔化速度曲线是略向右倾斜的直线。由此可知，电弧电压不变而增大焊接电流，焊丝熔化速度增大。焊接电流不变而提高电弧电压，焊丝熔化速度反而减小。这是由于提高电弧电压（即拉长电弧），电弧的热利用率降低，加热熔化焊丝的热量减小的缘故。比

较两者,焊接电流对焊丝熔化速度影响很大,而电弧电压影响是很小的。如果较粗略的话,可以看作焊丝熔化速度正比于焊接电流。

五、等速送丝制的电弧自身调整

以等速送丝方式制造的埋弧自动焊机,焊前设定好一个焊丝给送速度,在焊接过程中,不论弧长变动,焊接电流和电弧电压的波动,甚至焊丝和焊件短路,焊丝总是以一个固定不变的速度送下。这就牵连到等速给送焊丝能否进行电弧调整,能否使电弧稳定燃烧。下面就讨论等速送丝制的电弧自身调整。

埋弧焊过程中,弧长变动是难免的。如埋弧焊原电弧长度 l_1,电弧在 O_1 点稳定燃

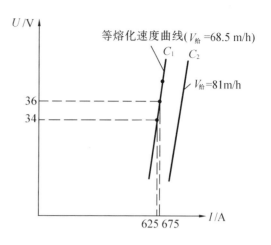

图 3-26　焊丝等熔化速度曲线

烧,遇到钢板下凹处或深坡口处,电弧突然从 l_1 拉长到 l_2,如图3-27所示,电弧燃烧点就从 O_1 点移到 O_2 点,焊接电流从 $I_{焊1}$ 减小到 $I_{焊2}$,而电弧电压从 $U_{弧1}$ 升高到 $U_{弧2}$。然而电弧在 O_2 点燃烧是不稳定的,由于焊接电流的减小和电弧电压的升高,使焊丝熔化速度减慢,而焊丝给送速度是固定不变的,于是 $V_熔 < V_给$,电弧长度就要逐渐缩短,电弧燃烧点从 O_2 点沿着外特性曲线回到原来的 O_1 点,恢复了原来电弧长度稳定燃烧;反之,若电弧长度突然缩短,电弧燃烧点下移,焊接电流增大,电弧电压降低,使 $V_熔$ 增大,于是 $V_熔 > V_给$,电弧要拉长,也回复到原电弧燃烧点。等速送丝制拉长电

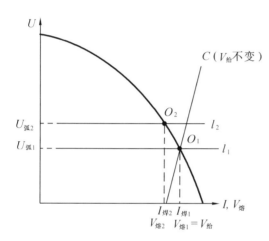

图 3-27　等速制弧长变化时,电弧的自身调整
$l_弧 \uparrow, I_焊 \downarrow, V_熔 \downarrow < V_给, l_弧 \downarrow$

弧的调整过程可简要表达如下:

$$O_1 \text{点} \Rightarrow l_弧 \uparrow \Rightarrow (l_1 \rightarrow l_2) \Rightarrow (O_1 \rightarrow O_2) \Rightarrow \begin{pmatrix} I_焊 \downarrow \\ U_弧 \uparrow \end{pmatrix} \Rightarrow V_熔 \downarrow \Rightarrow (V_熔 < V_给) \Rightarrow l_弧 \downarrow \Rightarrow O_1 \text{点}$$

电弧长度发生改变时,会引起焊接电流和电弧电压的变化,从而引起焊丝熔化速度的变动,产生焊丝熔化速度和焊丝给送速度的差异,于是使电弧恢复到原来的长度而稳定燃烧,这就是电弧的自身调整。

六、随弧压变化送丝速度曲线

埋弧焊中受干扰,电弧长度突然变动,等速送丝制只是借 $V_熔$ 的变动而达到恢复弧长的稳定。如果拉长电弧时,不仅要借 $V_熔$ 的减小,还应设法提高 $V_给$,这样弧长的调整速度就可加快,迅速稳定弧长。为此,我们把电弧长度的参考量——电弧电压这个物理量反馈到焊丝

给送系统电路中去,这就构成了闭环控制电路,弧长闭环控制框图如图3−28所示。从焊丝和工件取出电弧电压 $U_弧$,经采样电路转换成反馈电压信号 $U_反$,然后和给定电压信号 $U_给$ 进行比较,得到一个差值 ε,再经放大环节放大后输出电压 $U_{电机}$,驱动送丝电动机 M,使 $V_给$ 变动,弧长得到调整,这就是变速送丝的闭环控制,实现了弧长的闭环控制。

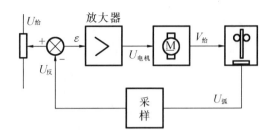

图3−28 弧长的闭环控制

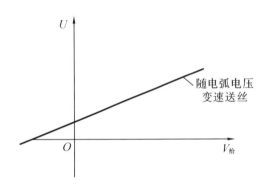

图3−29 随弧压变速送丝曲线

的状态时,$V_给 = V_熔$,$V_给$ 的大小看成 $V_熔$ 的大小,而 $V_熔$ 是和 $I_焊$ 有很大的关系,我们可以近似地认为 $V_熔$ 正比于 $I_焊$,这样可以将 $V_熔$ 折算成 $I_焊$,于是随弧压变化送丝速度曲线也可画在 I,U 坐标轴上。把焊接电源外特性曲线,随弧压变化送丝速度曲线和电弧静特性曲线三者画在一起,三曲线的交点就是电弧的稳定燃烧点,如图3−30所示。这时的 $I_焊$ 和 $U_弧$,使 $V_熔 = V_给$,电弧长度是稳定的。

七、变速送丝制的电弧自身调整

在给定电压信号 $U_给$ 设定后,电弧电压 $U_弧$ 的变化,$V_给$ 也随之变动,可以画出一条随电弧电压变化的送丝速度曲线,如图3−29所示。改变给定电压信号 $U_给$ 值,也可以画在一系列的随弧压变化的送丝速度曲线。从这曲线还可以看出,当 $U_弧 = 0$(焊丝和工件短路)时,$V_给$ 为负值,就是焊丝不是下送而是上抽,立即变短路为燃弧。这就改变了等速送丝制在短路时仍继续下送焊丝的不良工作状态。

不论变速送丝或等速送丝,在弧长稳定

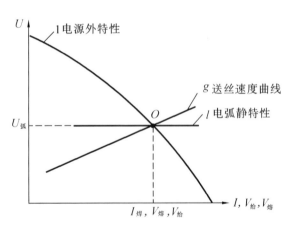

图3−30 随弧压变速送丝的电弧稳定燃烧点

电弧原在 O_1 点稳定燃烧,如图3−31所示,这时的 $V_{熔1} = V_{给1}$,现遇到定位焊,电弧突然缩短,由 l_1 变为 l_2,电弧燃烧点由 O_1 移到 O_2,这时焊接电流就从 $I_{焊1}$ 增大到 $I_{焊2}$,焊丝熔化速度增大到 $V_{熔2}(>V_{熔1})$;而电弧电压从 $U_{弧1}$ 降低到 $U_{弧2}$,焊丝给送速度减小到 $V_{给2}(<V_{给1})$,结果是 $V_{给2} \ll V_{熔2}$,电弧长度很快被拉长,电弧从 O_2 点沿电源外特性向上移回复到 O_1 点,电弧长度回复到原来长度,使 $V_{熔1} = V_{给1}$,电弧稳定燃烧。当弧长被突然拉长时,电弧燃烧点向上移,焊接电流减小,$V_熔$ 减小;同时电弧电压升高,$V_给$ 增大,于是 $V_给 \gg V_熔$,电弧要缩短,回复到原电弧燃烧点。随弧压变速送丝制缩短电弧时的调整过程可简要表达如下:

$$O_1 \text{点} \Rightarrow l_{弧} \downarrow \Rightarrow (l_1 \rightarrow l_2) \Rightarrow (O_1 \rightarrow O_2) \Rightarrow \left. \begin{cases} I_{焊} \uparrow \Rightarrow V_{熔} \uparrow \\ U_{弧} \downarrow \Rightarrow V_{给} \downarrow \end{cases} \right\} \Rightarrow (V_{熔} \gg V_{给}) \Rightarrow l_{弧} \uparrow \Rightarrow O_1 \text{点}$$

显而易见,随弧压变速送丝制的电弧自身调整,其调整速度快于等速送丝制。

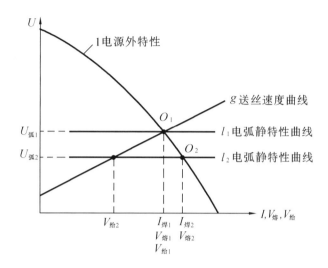

图 3 – 31 随弧压速送丝制电弧缩短时电弧的自身调整

第四节 MZ₁ – 1000 型埋弧自动焊机

MZ$_1$ – 1000 型埋弧自动焊机是根据电弧自身调整原理而设计的等速送丝制埋弧自动焊机。焊接电源可用交流或直流。焊机仅有一台电动机,执行给送焊丝和焊车前进两个任务。送丝速度和焊接速度是利用更换齿轮做有级调速的。焊机可用于焊接对接焊缝、船形角焊缝、平角焊缝及搭接焊缝,还适宜焊接圆筒体的内环缝(最小直径为 1.2 m)。焊机结构简单、体积小、重量轻、送丝速度调节范围大。

一、焊机构造

MZ$_1$ – 1000 型埋弧自动焊机由焊车、控制箱和焊接电源三大部分组成。焊接电源可选用交流 BX$_2$ – 1000 型或 BX$_1$ – 1000 型弧焊变压器,也可用晶闸管式弧焊整流器。使用时的外部接线有较大的区别。

1. MZ$_1$ – 1000 型埋弧自动焊机焊车

焊车如图 3 – 32 所示,它由一台三相感应电动机(2 780 r/min,0.2 kW)作为送丝机构和行走机构的共同驱动源,一台电动机两头出轴,一头传动送丝机构减速器输送焊丝,另一头传动行走机构减速器驱动小车。焊车的前车轮(从动)和后车轮(主动)装有橡皮轮,和车体绝缘。焊车托架是能转角度的,托架上装有焊剂斗、焊丝盘、操纵按钮盒、焊丝校直机构和导电嘴等,还装有大扇形蜗轮,用调整手轮可调节焊丝的横向移位。

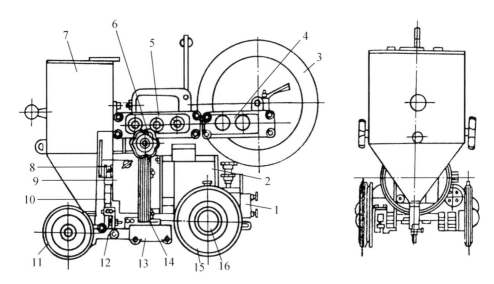

图 3 - 32　MZ$_1$ - 1000 型埋弧自动焊机的焊车

1—焊速减速机构;2—电动机;3—焊丝盘;4—电压电流表;5—操纵盒;6—调整手轮;7—焊剂斗;8—压轧轮;9—送丝减速机构;10—导电嘴;11—前车轮;12—滑杆;13—前底架;14—扇形蜗轮;15—后车轮;16—离合器手轮

（1）焊车行走和焊丝给送

焊车的传动系统如图 3 - 33 所示，电动机前头出轴传动送丝机构,送丝机构由蜗轮、蜗杆、可换齿轮对（主动轮和从动轮）、给送轮、压轧轮组成,焊丝由给送轮传动通过导电嘴送入电弧区。根据所选用的焊丝直径不同,借调节压轧轮的弹簧压力来调节给送轮与压轧轮之间的距离。更换可换齿轮对能调节送丝速度,范围为 52 ~ 403 m/h。送丝速度和可换齿轮的关系见表 3 -5。

电动机后头出轴传动焊车的行走机构,由蜗轮、蜗杆、可换齿轮对及带有橡皮的主动后车轮组成。可换齿轮对用来调节焊接速度,范围为 16 ~ 126 m/h。后车轮的轴和蜗轮之间装有

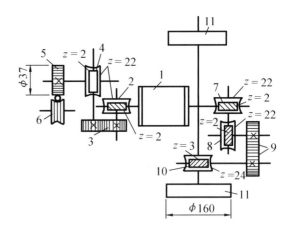

图 3 - 33　MZ$_1$ - 1000 型埋弧自动焊机焊车的传动图

1—电动机;2—蜗轮蜗杆;3—可换齿轮对;4—蜗轮蜗杆;5—焊丝给送轮;6—压轧轮;7,8—蜗轮蜗杆;9—可换齿轮对;10—蜗轮蜗杆;11—主动后车轮

摩擦式离合器,旋转后车轮一侧的手轮,可使离合器合上或分离。离合器合上,电动机才能带动焊车行走;离合器分离时,焊工可以用手自由地移动焊车,用以对准焊丝的纵向位置。焊接速度和可换齿轮的关系见表 3 -4。

（2）导电嘴

导电嘴的作用是将焊接电流传导给焊丝,并导送焊丝到电弧区。导电嘴的结构有三种形式（见图 3 -34）:滚轮式、夹瓦式、管式。

①滚轮式导电嘴是供直径 3 ~ 5 mm 和焊接电流 1 000 A 以下时使用的。在导电嘴下部

装有两个耐磨铜滚轮,焊丝就从滚轮中间滑过。两接触滚轮间的距离可以用螺钉来调整弹簧的压力。这种导电嘴通常用于焊接对接焊缝和船形角焊缝。

②夹瓦式导电嘴是由两个带槽的铜夹瓦组成,两夹瓦用弹簧和螺钉夹紧。调节弹簧压力可使夹瓦和焊丝紧密接触,导电良好。在两夹瓦的槽沟间有可换衬瓦,可换衬瓦是耐磨铬铜合金制成,有不同的衬瓦尺寸供不同直径焊丝用,磨损后可更换。夹瓦导电嘴适用大电流焊接。

表 3-4 MZ_1-1000 型自动埋弧焊机可换齿轮齿数和送丝速度、焊接速度的关系

主动轮齿数	从动轮齿数	送丝速度/(m/h)	焊接速度/(m/h)	主动轮齿数	从动轮齿数	送丝速度/(m/h)	焊接速度/(m/h)
14	39	52.0	16.0	27	26	150	47.0
15	38	57.0	18.0	28	25	162	50.5
16	37	62.5	19.5	29	24	175	54.5
17	36	68.5	21.5	30	23	189	59.0
18	35	74.5	23.0	31	22	204	63.5
19	34	81.0	25.0	32	21	221	69.0
20	33	87.5	27.5	33	20	239	74.5
21	32	95.0	29.5	34	19	260	81.0
22	31	103	32.0	35	18	282	88.0
23	30	111	34.5	36	17	307	96.0
24	29	120	37.5	37	16	335	104
25	28	129	40.5	38	15	367	114
26	27	139	43.5	39	14	403	126

③管式导电嘴是供细焊丝(1.6 mm 和 2.0 mm)和焊接电流小于 600 A 使用的。管式导电嘴是将导电杆和导电嘴用螺母连接而成。导电管的中心线和导电嘴的中心线不是同心的(约 5 mm 偏心),通过导电管的焊丝在导电嘴的进丝端受到强制弯曲,而焊丝的弹性使焊丝在导电杆和导电嘴内接触良好。此导电嘴适宜用倾斜焊丝的平角焊。导电嘴也是铬铜合金制成,有不同的直径尺寸,供不同直径焊丝用。

(3)焊接四种焊缝时焊车的构造

①焊接不开坡口对接焊缝焊机的构造如图 3-32 所示,在和前底架 13 连接的滑杆 12 上装两个直径相同包橡胶的前车轮 11,前车轮和导电嘴(焊丝)之间距离根据焊件结构及焊缝形状而定。

②焊接开坡口(或带有 2 mm 以上间隙)对接焊缝焊机的构造如图 3-35 所示,在前底架的一个滑杆上装双滚轮导向轮,焊接时导向轮嵌入焊丝前面的坡口接缝内,引导焊丝沿坡口接缝线前行。在另一个滑杆上装前车轮,前车轮放在最短的距离内,轮子的位置应在焊接时不接触焊件,而只是在焊接将结束时,由于导向轮已离开坡口缝,于是前车轮和焊件接触,用来完成终端焊缝的工作。

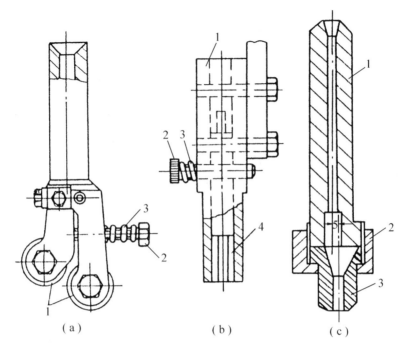

图 3 – 34　导电嘴的结构形式

(a)滚轮式:1—导电滚轮;2—螺钉;3—弹簧

(b)夹瓦式:1—接触夹瓦;2—螺钉;3—弹簧;4—可换衬瓦

(c)管式:1—导电杆;2—螺母;3—导电嘴

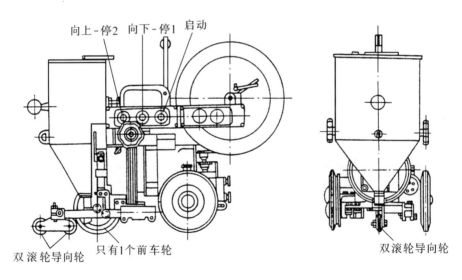

图 3 – 35　MZ$_1$–1000 型焊机焊接有坡口(或间隙)对接焊缝时焊车的构造

　　③焊接船形角焊缝,转动调整手轮,借大扇形蜗轮转动带动导电嘴和焊剂斗转 45°,在前底架上专用导杆上装导向轮,并在主动后轮后面固定一个支撑滚轮,就可使焊车施行船形角焊。

④焊接倾斜丝平角焊,将导电嘴转45°,并接长导电嘴,装上靠模导轮,还在焊车前后装上支撑滚轮,这样就可使焊车焊接倾斜焊丝的平角焊缝。

(4)焊丝校直装置

焊丝盘放出来的焊丝是有弧度的,必须校直后才能送入电弧区。校直装置是根据三点弯曲的原理,设置三个校直轮,两个是固定的,中间一个是可以滑动的,利用旋转螺钉来调整滑动校直轮的位置,能使不同直径焊丝获得校直后送入电弧区。

(5)调整手轮

调整手轮(图3-32中的6)连同蜗杆转动,使大扇形蜗轮偏转,能使焊丝作横向移动(微小角度的转动),以达到焊丝能对准接缝中心的要求。同时还能使焊丝给送机械、操纵盒、焊丝盘一起作横向倾斜,最大的倾斜角为±45°,以适应船形角焊缝、搭接焊缝、平角焊缝的焊接要求。

(6)焊剂斗

焊剂斗是用来引送焊剂到电弧前方区。焊机备有两种可拆卸的焊剂斗:一种是焊接对接焊缝和船形角焊缝,焊接时焊丝是在垂直位置的(图3-32中的7);另一种是焊平角焊缝和搭接焊缝,焊接时焊丝是处在倾斜位置的。

焊剂斗下装有一根焊剂斗管,上下移动这根管子,可以调节焊剂层的厚度。管子上装有一个指示器,指示器上有指示针。指示针指示焊丝即将到达的位置。焊前指示针和焊丝必须同在接缝线上。指示针要和焊机各部绝缘,以免发生短路或烧坏指示针。

(7)焊丝盘

焊丝盘是一个薄铁皮制成的圆形盘,它被安置在操纵盒一侧的悬臂小轴上,利用横销防止焊丝盘从小轴上滑出。每台焊机备有两只焊丝盘,交替使用,保证焊接工作的正常进行。

(8)操纵盒

操纵盒是用来操纵焊机工作的。在操纵盒上有三个按钮:"向上-停2"、"向下-停1"及"启动"。这三个按钮都是双层的,也即由两个按钮上下叠加组成,其中一个是常开按钮,另一是常闭按钮,当按下按钮时,常开按钮闭合,而常闭按钮断开。焊接前按"向下-停1"按钮,焊机动作是焊丝向下,焊接时按"向下-停1"按钮,焊机切断焊丝电动机电源,完成"停1"动作。

(9)电流表和电压表

为了测量焊接电流和电弧电压,焊车上装有电流表和电压表。电压表的量程为0~100 V,电流表的量程为1 000 A。交流表和直流表是不能混用的。

2. 控制箱

控制箱内装有以下电气器械:

(1)交流接触器,它有一个电磁线圈,电磁线圈有电,它的主触头和辅助触头动作。两个常开主触头用于接通焊接电源电路;一个常开辅助触头和两个常闭辅助触头,用于控制焊车电动机的正反转等用。

(2)三个继电器,第一个继电器主要用作接通电动机 M,正转使焊丝向上;第二个继电器主要用作接通电动机 M,反转使焊丝向下;第三个继电器主要用作接通交流接触器 KM。

(3)控制变压器,电压为380/36 V,供交流焊车电动机及控制电路的电源。

(4)测量电流用的分流器(直流)或互感器(交流)。

(5)三相熔断器。

在控制箱外壳上装有三相电源开关,接通控制箱用的三相交流电源,还有供外部接线用的接线板。

二、MZ₁−1000 型埋弧自动焊机的操作

1. 焊前准备

(1)接通网路电源,合上控制箱上的三相电源开关。

(2)装上焊丝盘,将焊丝送入焊丝校直装置,通过导电嘴送出,调整焊丝伸出长度,导电嘴下端与焊件距离约为 40～50 mm。

(3)按照焊接工艺规程的 I,U,V,选好送丝速度和焊接速度(选择可换齿轮对),调整好焊接电源的外特性。必要时可在试板上试焊,予以调整工艺参数。

(4)将焊车推到焊件接缝线上,横移焊车或用调整手轮使焊丝横移对准接缝线,同时把指示针对准接缝线。

(5)按"向上−停1"和"向上−停2"按钮,使焊丝与焊件良好接触,但不能使焊丝顶得太紧,以推动焊车能划出金属光泽痕迹为准。

(6)旋紧后车轮侧的离合器手轮。

(7)打开焊剂斗闸门,将焊剂撒在焊丝周围,焊剂层高度达 30～60 mm。

2. 启动

焊机采用焊丝短路−抽丝引弧。

(1)按下"启动"按钮不放松,焊接电源接通,焊丝上抽,引燃电弧,持续 0.5～1 s。

(2)松开"启动"按钮,电弧继续燃烧,焊丝下送,焊车前行,开始正常焊接。如果松开启动按钮太迟,则电弧拉得太长,会烧坏导电嘴。

3. 焊接

(1)观察焊车行走情况,注意接焊车的电缆线是否会阻碍焊车行走。

(2)观察电压表和电流表的读数是否符合工艺规程的要求,可以适当调节电源外特性,使焊接电流和电弧电压略有变动,但焊接时送丝速度和焊接速度是无法调节的。

(3)随时注意指示针是否对准接缝线,用调整手轮可以使其对准。

(4)注意焊剂斗内的焊剂量,及时添加焊剂。同时要关注焊丝盘内的焊丝量。回收焊剂时,要防止焊渣落入焊剂斗内。

4. 停止

停止采用双按钮法,即先按"停1",后按"停2"。

(1)在离熄弧点前 50～100 mm 处关闭焊剂斗闸门,停止给送焊剂。

(2)按"向下−停1"按钮,焊丝停止给送,焊车停止前行。这时焊接电源未切断,焊丝因惯性而继续下送一段长度,于是电弧仍继续燃烧并拉长,焊丝熔化填入弧坑。

(3)在按"向下−停1"按钮1～2 s后,再按下"向上−停2"按钮,于是焊接电源被切断,焊接工作停止。按住"向上−停2"不放,则焊丝向上抽,离开焊剂。

(4)松开焊车离合器手轮,推开焊车移至它处焊接。

(5)回收未熔化的焊剂,敲去焊渣,检查焊缝外形质量。

5. 调节焊接工艺参数

(1)调节焊接速度

停止焊机,改变行走机构减速器的主动轮和从动轮的齿数,增大主动轮的齿数和减小从

动轮的齿数,焊接速度增快;反之,焊接速度减慢,具体数值见表 3-4。

（2）调节焊接电流

停止焊机,改变送丝机构减速器的主动轮和从动轮的齿数,增大主动轮的齿数和减小从动轮的齿数,送丝速度加快,焊接电流增大;反之,焊接电流减小。送丝速度增大,即焊丝熔化速度增大,由于电源外特性未调节,所以增大焊接电流后,电弧电压略有下降,如图 3-36 所示。

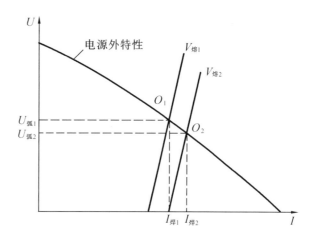

图 3-36 等速制调节焊接电流原理

（3）调节电弧电压

调节电弧电压的方法是调节焊接电源外特性,将外特性曲线向外移（按弧焊变压器上的增流按钮）,电弧电压就升高,同时焊接电流也略有增大;反之,外特性曲线向内移,电弧电压下降,焊接电流也减小,其原理如图 3-37 所示。

三、MZ₁-1000 型埋弧自动焊机电气工作原理

图 3-38 为 MZ₁-1000 型埋弧自动焊机电气原理图,此图是采用交流焊接电源,焊接电源为 BX₂-1000 型弧焊变压器。焊车上有一台三相 36 V 感应电动机、两只电表和三只按钮,其他电气控制装置都安置在控制箱内。MZ₁-1000 型埋弧自动机的电气控制是简单的,它的任务是控制焊接电源的接通和焊车电动机的正转、反转、停止。这些动作都是由三个按钮（启动、向下-停1、向上-停2）来操纵的。

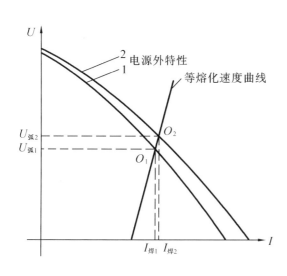

图 3-37 等速制调节电弧电压原理

1. 焊前焊丝上下

（1）焊丝向上

按下"向上-停2"SB_2 按钮,常开按钮 SB_{2-1} 闭合,继电器 KA_1 线圈接通电路,使其常开触头 KA_{1-1} 和 KA_{1-2} 被吸闭合,电动机 M 通电,电动机 M 旋转,使焊丝向上。常闭触头 KA_{1-3} 断开,使继电器 KA_2 线圈不可能有电,实现继电器 KA_1 和 KA_2 的连锁（两线圈不可能同时有电）。同时常闭按钮 SB_{2-2} 断开,继电器 KA_3 线圈不可能有电。

松开"向上-停2"SB_2 按钮,常开按钮 SB_{2-1} 复位断开,继电器 KA_1 线圈断电,其常开触头 KA_{1-1} 和 KA_{1-2} 复位断开,电动机 M 断电而停止,焊丝停止。

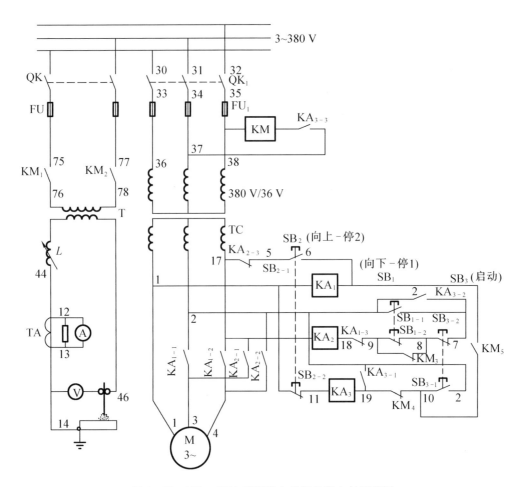

图 3 – 38 MZ₁ – 1000 型埋弧自动焊机的电气原理图

M—三相交流电动机;KA₁,KA₂,KA₃—继电器;KM—接触器;SB₁—"向下 – 停 1"按钮;SB₂—"向上 – 停 2"按钮;SB₃—"启动"按钮;QK,QK₁—刀开关;FU,FU₁—熔断器;T—焊接变压器;L—电抗绕组;TA—互感器;TC—控制变压器;A—电流表;V—电压表

(2)焊丝向下

按下"向下 – 停 1"SB₁ 按钮,常开按钮 SB₁₋₁ 闭合,继电器 KA₂ 线圈通电,其常开触头 KA₂₋₁ 和 KA₂₋₂ 被吸闭合,电动机 M 通电而反转,使焊丝向下。常闭触头 KA₂₋₃ 被吸断开,继电器 KA₁ 线圈不可能有电,实现连锁。

松开"向下 – 停 1"SB₁ 按钮,常开按钮 SB₁₋₂ 复位断开,继电器 KA₂ 线圈断电,其常开触头 KA₂₋₁ 和 KA₂₋₂ 复位断开,电动机 M 断电而停止,焊丝停止。

焊前调整焊丝和焊件的接触紧密程度,推动焊车使焊丝能在钢板上划出痕迹。

2. 启动

启动分两步进行:①按下"启动"SB₃ 按钮,接通焊接电路,焊丝上抽,引燃电弧;②松开"启动"SB₃ 按钮,焊丝下送,正常焊接。

(1)按下"启动"按钮

按下"启动"SB₃ 按钮,常开按钮 SB₃₋₁ 闭合,继电器 KA₃ 线圈通电,其常开触头 KA₃₋₁ 被吸闭合,实现自锁(松开"启动"按钮时 KA$_3$ 线圈仍有电)。常开触头 KA$_{3-2}$ 被吸闭合,为接通 KA$_2$(焊丝向下)线圈做准备。常开触头 KA$_{3-3}$ 被吸闭合,交流接触器 KM 线圈通电,其两个常开主触头 KM$_1$ 和 KM$_2$ 被吸闭合,焊丝和焊件接通焊接电路,即呈短路状态。常闭触头 KM$_3$ 被吸打开,使"向下 - 停 1"SB$_{1-2}$ 常闭按钮在"停 1"时起作用。常开触头 KM$_5$ 被吸闭合、常闭触头 KM$_4$ 被吸打开和常开按钮 SB$_{3-1}$ 闭合,使继电器 KA$_1$ 线圈有电,常开触头 KA$_{1-1}$ 和 KA$_{1-2}$ 被吸闭合,电动机 M 通电旋转,焊丝向上。焊接电源接通,焊丝上抽,引燃电弧。

(2)松开"启动"按钮

松开"启动"SB$_3$ 按钮,常开按钮 SB$_{3-1}$ 复位断开,继电器 KA$_1$ 线圈断电,常开触头 KA$_{1-1}$ 和 KA$_{1-2}$ 复位断开,电动机 M 断电而停,焊丝停。常闭按钮 SB$_{3-2}$ 复位闭合,常开触头 KA$_{3-2}$ 已闭合,使继电器线圈 KA$_2$ 通电,其常开触头 KA$_{2-1}$ 和 KA$_{2-2}$ 被吸闭合,电动机 M 反转,焊丝下送。焊接电源仍接通,焊丝下送,焊接工作正常进行。

3.停止

停止分两步进行,分别按两次按钮:①先按"向下 - 停 1"SB$_1$ 按钮,焊丝停;②后按"向上 - 停 2"SB$_2$ 按钮,焊接电源切断。

(1)先按"向下 - 停 1"SB$_1$ 按钮

先按"向下 - 停 1"SB$_1$ 按钮,常闭按钮 SB$_{1-2}$ 断开(常闭触头 KM$_3$ 已断开),继电器 KA$_2$ 线圈断电,其常开触头 KA$_{2-1}$ 和 KA$_{2-2}$ 复位断开,电动机 M 断电而停,焊丝停止。焊接电源仍有,电弧被拉长。

(2)后按"向上 - 停 2"SB$_2$ 按钮

后按"向上 - 停 2"SB$_2$ 按钮,常闭按钮 SB$_{2-2}$ 断开,继电器 KA$_3$ 线圈断电,常开触头 KA$_{3-3}$ 复位断开,交流接触器 KM 线圈断电,KM$_1$ 和 KM$_2$ 主触头复位打开,焊接电源切断,焊接工作停止。

(3)按住"向上 - 停 2"SB$_2$ 按钮未放松,常开按钮 SB$_{2-1}$ 闭合(常闭触头 KA$_{2-3}$ 已复位闭合),接通继电器 KA$_1$ 线圈,其常开 KA$_{1-1}$ 和 KA$_{1-2}$ 被吸闭合,电动机 M 通电而转,焊丝向上。放开"向上 - 停 2"按钮,焊丝停。

表 3 - 5 为 MZ$_1$ - 1000 型埋弧自动焊机的常见机械故障及处理方法。表 3 - 6 为 MZ$_1$ - 1000 型埋弧自动焊机的常见电气故障及处理方法。

表 3 - 5　MZ$_1$ - 1000 型埋弧自动焊机的常见机械故障及处理方法

故障现象	可能产生的原因	处理方法
焊丝给送不均匀,电弧不稳	1.焊丝给送压轧轮已磨损; 2.焊丝被卡住; 3.焊丝给送机构有故障	1.更换焊丝给送滚轮及压轧轮; 2.清理焊丝,防止过度弯曲; 3.检查和修复焊丝给送机构
焊丝在导电嘴中摆动,焊丝不时发红,电弧不稳	1.导电嘴被磨损严重; 2.导电不良	1.更换导电嘴; 2.清除焊丝的油污与锈蚀
焊接过程中,机头或导电嘴的位置时有改变	焊车有关部分存在游隙	检查消除游隙或更换磨损零件
焊接过程中,焊剂停止输送或输送量很小	1.焊剂已用完; 2.焊剂斗被焊渣或杂物堵塞	1.添加焊剂; 2.疏通焊剂斗

表 3-5(续)

故障现象	可能产生的原因	处理方法
焊缝外形中间凸起,两边凹陷,成形不良	导电嘴过低,使铺设焊剂的焊剂圈过低,而造成拖带高温熔渣	调高焊剂圈和导电嘴高度,焊剂层高度 30～40 mm
焊丝还未和焊件接触,而焊接回路已接通	焊车车轮和焊件之间绝缘损坏	检查车轮绝缘,修复或更换车轮
焊车行走中断	1. 台车的离合器未合紧; 2. 车轮被焊接电缆卡住	1. 将离合器合紧; 2. 拉开焊接电缆并将其拉直

表 3-6 MZ₁-1000 型埋弧自动焊机的常见电气故障及处理方法

故障现象	可能产生的原因	处理方法
按焊丝向下和焊丝向上,焊丝动作相反	三相感应电动机的三相接线错误	将三相感应电动机的输入接线任意二相对换
按"向下-停 1"和"向上-停 2"按钮,电动机不动作	1. 电动机线路损坏; 2. 电动机有故障	1. 检查修复线路; 2. 修理电动机
启动后,焊丝上下,电弧未引燃,焊丝顶起焊车	1. 焊接电源未接通; 2. 焊丝未和焊件接触	1. 检查熔断器及焊接电路,修复; 2. 清洁焊丝和焊件接触部位,使焊丝和焊件短路
启动后,焊丝粘住在焊件上,焊丝顶焊件	1. 焊丝和焊件接触太紧; 2. 按住"启动"按钮的时间太短	1. 使焊丝和焊件轻微接触; 2. 延长按压"启动"按钮时间
导电嘴末端与焊丝一起熔化	1. 电弧太长,焊丝伸出长度太短; 2. 焊接电流太大; 3. 送丝停止和焊车停止,电弧仍在燃烧	1. 增加焊丝伸出长度; 2. 减小焊接电流; 3. 检查电动机停止的原因,并排除
焊机无故障,焊丝末端周期性地粘住焊件	1. 电弧电压太低,焊接电流太小; 2. 网路电压太低	1. 增加焊接电流和电弧电压; 2. 改善网路负荷状态
焊机无故障,电弧经常熄灭	1. 电弧电压太高,焊接电流太大; 2. 网路电压太高	1. 减小焊接电流和电弧电压; 2. 改善网路负荷状态
焊接停止后,焊丝与焊件粘住	不按"停 1",而直接按"停 2"	应先按"停 1",待熄弧后,再按"停 2"

第五节 MZ-1000 型埋弧自动焊机

MZ-1000 型埋弧自动焊是根据随电弧电压变速送丝原理设计的,焊机的自动调整灵敏度较高,对送丝速度和焊接速度的调节比较方便,不需要停机。焊机可用于焊接对接焊缝、船形角焊缝及倾斜焊丝平角焊缝。

一、焊机构造

MZ-1000 型埋弧自动焊机由焊车、控制箱和焊接电源三大部分组成。焊接电源可用交流,也可用直流。电源外特性以陡降的为佳。

1. MZ－1000 型埋弧自动焊机的焊车

MZ－1000 型埋弧自动焊机的焊车如图 3－39 所示。它由焊接机头 1、台车 2、操纵盘 3、焊丝盘 4 及焊剂斗 5 组成。

（1）焊接机头

焊接机头的功用:给送焊丝到电弧区,校直焊丝,传导焊接电流给焊丝。焊接机头如图 3－40 所示,它由送丝机构、焊丝校直装置及导电嘴等组成。

①送丝机构

送丝机构的传动如图 3－41 所示。有一台直流电动机 1

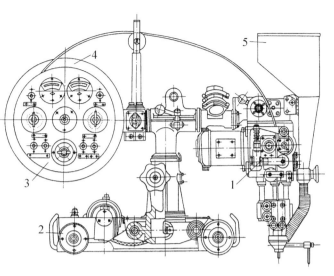

图 3－39 MZ－1000 型埋弧自动焊机的焊车
1—焊接机头;2—台车;3—操纵盘;4—焊丝盘;5—焊剂斗

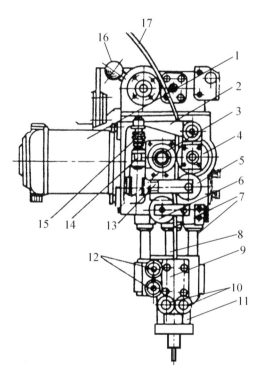

图 3－40 MZ－1000 型焊机的焊接机头
1—送丝电动机;2—摇杆;3—给送轮;4—压轧轮;5,6—校直轮;7—圆柱导轨;8—螺杆;9—导电嘴;10—螺钉(压紧导电块用);11—导电嘴;12—螺钉(接焊接电缆);13—螺钉(调整校直轮用);14—调节螺母;15—弹簧;16—手柄(调节机头转角用);17—焊丝

(40 W,2 850 r/min),经齿轮和蜗轮蜗杆 3 减速,传动给送轮 4,焊丝 6 被夹紧在给送轮和压轧轮 5 之间,夹紧力的大小可通过图 3－40 中的摇杆 2 和弹簧 15 来调节,以适应不同直径的焊丝。焊丝送出后,由图 3－40 中的校直轮 5,6 校直,再通过导电嘴 9 送入电弧区。导电嘴的高低位置可以用机头上方的手轮来调节,以适应焊丝伸出长度变化的要求。

②导电嘴

导电嘴通常采用夹瓦式,内有可换衬瓦,可供不同直径焊丝使用,它能很好地导引焊丝的方向,并允许有较大的磨损。

导电嘴的左侧有两个螺钉(图 3－40 中的 12)是用来连接焊接电缆用的。

③焊接机头的活动范围

为了适应焊接各种类型焊缝,焊接机头需要在一定范围内移动或转动,如图 3－42 所示。焊接机头可随同立柱横向移动 ±30 mm;机头可绕立柱转动,顺、反转各 90°;机头能绕水平横梁轴顺、反转动各 90°;机头可以向外转动 45°,向内可转动 15°。还加上导电嘴可以上下

85 mm。这样能适应焊接各种焊缝的焊丝和导电嘴所需位置。

（2）台车

台车主要由直流电动机、减速器、离合器及四个橡皮车轮组成，台车的传动系统如图3-43所示。台车电动机1（40 W，2 850 r/min）传动两套蜗轮与蜗杆2,3减速后，带动台车的两只车轮4（主动轮）行走。中间有爪形离合器6操纵车轮行走与否。板动手柄5，离合器脱离时，台车不随电动机转，但可以用手推动台车行走。

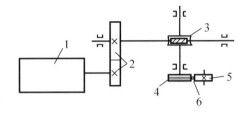

图3-41　MZ-1000型焊机的送丝机构的传动系统
1—送丝电动机；2—圆柱齿轮；3—蜗轮蜗杆；4—主动给送轮；5—从动压轧轮；6—焊丝

合上离合器，焊接时台车行走，台车的速度（焊接速度）可调节，范围为15～70 m/h。台车有四个橡皮轮，其中一侧的两只橡皮轮带有槽的，另一侧两只橡皮轮是平的。把带槽的橡皮轮，置在轨道上，台车便沿着轨道前进。

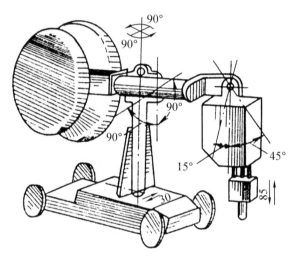

图3-42　MZ-1000型焊机焊接机头的活动范围

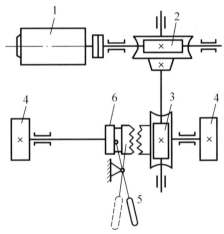

图3-43　台车的传动系统
1—行走电动机；2,3—蜗轮蜗杆；4—行走车轮；5—手柄；6—爪形离合器

（3）操纵盘

操纵盘如图3-44所示，它装有大部分的操纵按钮、开关、电位器等，焊机大部分的控制动作是由操纵盘来完成的。操纵盘上装有"电压表"和"电流表"，测量焊接电流和电弧电压。"电弧电压调节器"、"焊速调节器"供调节用。远距离调节电流有"增大"电流和"减小"电流两个按钮。焊前调节用焊丝"向上"和焊丝"向下"两个按钮。"启动"和"停止"两按钮分别安置在左上方和右上方。操纵盘的中部有两只转换开关，一个是"焊接"、"空载"台车行走转换开关；另一个是台车"向前"、"向后"、"停止"转换开关，可操纵台车行走方向或停止。值得指出的是"停止"按钮是双层的，由两个常闭按钮组成。

（4）焊丝盘

焊丝盘是圆形的铁盘，焊丝在盘内靠自己的弹性而压紧在盘边。借送丝机构拉动焊丝之力，焊丝被拉出盘外，进入送丝机构。焊丝盘的实际容量可达17 kg（50 kg焊丝分成三盘)。焊丝盘和焊剂斗安置在左右两侧,焊丝盘和操纵盘安置在前后两侧,这是为了求得重力分布平衡。焊接时焊丝是导电的,焊丝盘是通焊丝的,所以焊接时切勿使盘和焊件相碰,引起短路,妨碍了正常焊接。

（5）焊剂斗

焊剂斗是装在焊接机头的外侧,并用可伸缩的金属软管与小漏斗相接,用手轮的转动阀门可控制焊剂的给送。焊剂斗上盖有金属筛网,以防止焊渣和其他杂物混入斗内。小漏斗和焊丝是同心的,焊剂是撒在焊丝的周围。小漏斗侧装有指示针,指示焊丝是否对准接缝线。

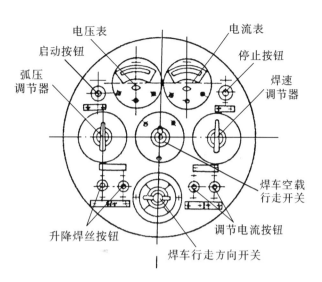

图 3-44　MZ-1000 型焊机的操纵盘

2. 控制箱

焊机中较大的电气器械多数安装在控制箱内。在控制箱内部装有下列电气器械:

（1）电动发动机组,一台三相感应电动机(2 850 r/min)驱动两台直流发电机。一台焊接机头发电机供送丝电动机用电,另一台供台车电动机用。

（2）交流接触器,有一个电磁线圈,两个常开主触头接通焊接电源用;四个常开辅助触头和两个常闭辅助触头供控制电路用。

（3）直流继电器,接通交流接触器的电磁线圈用,直流继电器有一个电磁线圈,两个常开触头。

（4）控制变压器,供控制电路和整流器电源用。

（5）单相桥式整流器两组:一组主要供电给直流电动机和直流发电机的激磁绕组用;另一组主要将交流电弧电压整流成直流电压反馈信号给焊接机头发电机,控制送丝电动机,实现变速送丝。

（6）50 Ω 的镇定电阻两个:一个接在焊接机头发电机的电弧激磁绕组电路内;另一个接在送丝电动机的电路内。

（7）电流互感器(交流用)或分流器(直流用)。

（8）三相熔断器,过载保护用。

在控制箱的外部装有下列电气器械:

（1）三相电源开关,接通三相网路用。

（2）电弧电压粗调节开关。

（3）控制电缆插座,连接控制箱和焊车的控制线。

（4）接线板,接通三相电源;接通单相焊接电源的网路;接通弧焊变压器或弧焊整流器;接通焊车的焊接电缆线。

二、MZ-1000 型埋弧自动焊机的电气工作原理

图 3-45 为 MZ-1000 型埋弧自动焊机的电气原理图。它比 MZ₁-1000 型埋弧自动焊的电气原理图复杂得多,焊机的焊丝给送和焊车的行走都是以直流电动机调速来实现的。焊接过程中送丝速度是随电弧电压变化的。变速送丝制的弧长自动调整的速度要比等速制的灵敏度高,焊接过程工艺参数较稳定。焊机工艺参数(I,U,V)的调节方便,不需要停机。

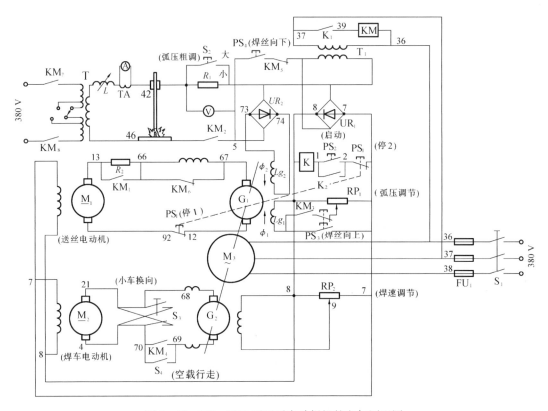

图 3-45 MZ-1000 型埋弧自动焊机的电气原理图

M₁—送丝电动机;M₂—焊车电动机;M₃—三相电动机;G₁,G₂—直流发电机;UR₁,UR₂—整流器;

K—直流继电器;KM—交流接触器;S₁—三相电源开关;FU₁—熔断器;S₂—弧压粗调节开关;S₃—焊车换向开关;

S₄—焊车空载行走开关;PS₁—停止按钮;PS₂—启动按钮;PS₃—焊丝向上按钮;PS₄—焊丝向下按钮;R_1,R_2—电阻;

T₁—降压变压器;T—焊接变压器;L—电抗绕组;TA—互感器;A—电流表;V—电压表

1. 发电机-电动机的调速

MZ-1000 型埋弧自动焊机采用一台三相感应电动机驱动两台直流发电机,直流发电机供电给直流电动机,两直流电动机驱动焊车行走和输送焊丝。直流电动机和直流发电机的激磁绕组均由整流器供电。利用电位器改变电阻使直流发电机激磁绕组中的电流变化,产生直流发电机电势的变化,从而改变直流电动机的电枢电流,由此获得直流电动机转速的变化。利用这个原理实现焊车速度和送丝速度的调节。

2. 焊车速度的调节和焊车前进方向的改变

焊车的行走是由直流电动机 M₂ 来实现的,直流电动机 M₂ 的电枢是由直流发电机 G₂

供电的。利用电位器 RP_2 改变直流发电机 G_2 的激磁绕组中的电流,就可获得焊车速度的改变。增大 G_2 的激磁电流,焊车速度就增大;反之,则减小。焊车速度调节范围为 $15 \sim 70 \ m/h$。

焊接或空载时如要改变焊车的行走方向,可旋转接入电动机 M_2 电枢线路中的焊车换向转换开关 S_3,转换开关 S_3 位置的改变,就改变了直流电动机 M_2 电枢电流方向,使电动机 M_2 转向改变,即焊车方向改变。

若要焊车在空载时行走,则要将焊车空载行走转换开关 S_4 合上即可。

3. 焊前焊丝上下

焊前要调整焊丝上下位置,使焊丝和焊件适度接触。

(1)焊丝向下

按压"焊丝向下"PS_4 按钮,直流发电机 G_1 的激磁绕组 Lg_2 和整流器 UR_2 跟控制变压器 T_1 接通电路,激磁绕组 Lg_2 中有激磁电流通过,产生磁通 ϕ_2,使发电机 G_1 发出电势,供电给直流电动机 M_1,电动机转,焊丝向下。

(2)焊丝向上

按压"焊丝向上"PS_3 按钮,直流发电机 G_1 的另一激磁绕组 Lg_1 和整流器 UR_1 接通,激磁绕组 Lg_1 中有激磁电流通过,产生磁通 ϕ_1,其方向和 ϕ_2 反向,发电机 G_1 发出电势使直流电动机 M_1 反转,焊丝向上。

4. 随弧压变速送丝

直流发电机 G_1 有两个激磁绕组 Lg_1 和 Lg_2,两者产生的磁通 ϕ_1 和 ϕ_2 是反向的,它们的合成磁通 $\phi_合 = \phi_2 - \phi_1$,当 $\phi_2 > \phi_1$ 时,发电机 G_1 输电给电动机 M_1,使 M_1 正转,焊丝向下;当 $\phi_2 < \phi_1$ 时,发电机 G_1 输电给电动机 M_1,使 M_1 反转,焊丝向上。正常埋弧焊时,$\phi_2 > \phi_1$,焊丝是向下给送的。直流电动机 M_1 的转速和合成磁通 $\phi_合$ 成正比。

焊接时,激磁绕组 Lg_2 接入电弧电压电路,电弧电压高低直接影响到激磁电流产生的磁通 ϕ_2;而激磁绕组 Lg_1 接入给定电压(又称指令电压)电路,产生给定的磁通 ϕ_1。焊接过程中如果电弧长度突然增长,则电弧电压升高,引起磁通 ϕ_2 的增大,结果合成磁通 $\phi_合$ 增大,于是焊丝下送速度加快,使 $V_给 > V_熔$,电弧长度要缩短,最后回复到原电弧长度(原电弧燃烧点)。

5. 电弧电压调节

(1)电弧电压细调节

电弧电压细调节是借助电位器 RP_1 来实现的,直流发电机 G_1 的激磁绕组 Lg_1 并接在电位器上,电位器上的电压降低,激磁绕组 Lg_1 中的电流减小,磁通 ϕ_1 减小,而合成磁通 $\phi_合$ ($\phi_2 - \phi_1$)则增大,直流电动机 M_1 转速增大,送丝速度增大,电弧电压降低。增大电位器上的电压,激磁绕组 Lg_1 中的电流增大,要引起电弧电压升高。调节电位器 RP_1 即能获得一定范围内电弧电压。应该指出电弧电压调节器(RP_1)上的刻度并非指示电压值,而只能作为刻度定位参考。

(2)电弧电压粗调节

为了增加电弧电压的调节范围,在激磁绕组 Lg_2 电路中,和电弧串接一只附加电阻 R_1,并联一只电弧电压粗调节开关 S_2,可用开关 S_2 闭合将电阻 R_1 短路。打开开关 S_2,电阻 R_1 接入电路时,激磁绕组 Lg_2 中的电流减小,产生磁通 ϕ_2 减小,合成磁通 $\phi_合$ 减小,直流电动机 M_1 转速减慢,送丝速度减慢,电弧电压升高;将电弧电压粗调节开关 S_2 闭合,电弧电压显著降低,实现电弧电压的粗调节。电弧电压粗调节开关 S_2 是设置在控制箱的面板上。

调节电弧电压实质上是调节变速送丝速度曲线,如果焊接电源外特性不变,则调高电弧电压时,焊接电流略有减小,如图 3-46 所示。

6. 焊接电流调节

调节焊接电流的方法是调节焊接电源外特性,按压操纵盘上的"增大"电流按钮,就使电源外特性向外移,则焊接电流增大,同时电弧电压也略有提高,如图 3-47 所示。按压"减小"电流按钮,焊接电流减小。

7. 启动

启动前应使焊丝和焊件适度接触,转动焊剂斗阀门手柄,撒下焊剂,把焊车行走方向转换开关 S_3 转到所需位置,断开焊车空载行走开关 S_4。

按下启动按钮 PS_2,直流继电器 K 线圈接通电,其常开触头 K_2 被吸闭合,实现自锁;常开触头 K_1 被吸闭合,接通接触器 KM 线圈电路,其两个常开主触头 KM_7 和 KM_8 相吸闭合,焊丝和焊件接通焊接电源。同时四个常开辅助触头 $KM_1 \sim KM_4$ 被吸闭合和两个常闭辅助触头 KM_5 和 KM_6 被吸断开。

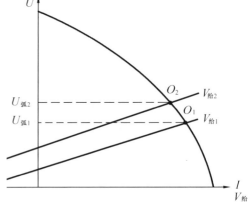

图 3-46 电源外特性不变,调高给送焊丝速度曲线电弧电压升高

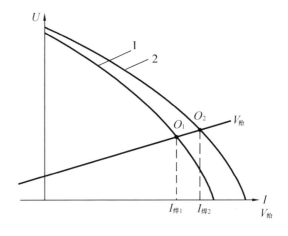

图 3-47 焊接电源外特性外移,焊接电流增大

KM_1 闭合,短接送丝电动机 M_1 电路中的电阻 R_2。R_2 作用是消耗发电机 G_1 因剩磁而产生的电势,避免空载时焊丝的蠕动。焊接时 R_2 被短接,使电动机 M_2 的工作性能改善。

KM_2 闭合,激磁绕组 Lg_2 和电弧电压接通,发电机 G_1 电势随电弧电压而变,电动机 M_1 变速送丝。

KM_3 闭合,激磁绕组 Lg_1 接通电位器 RP_1 的给定电压。

KM_4 闭合,接通电动机 M_2 电路,焊车行走。

KM_5 断开,使变压器 T_1 和整流器 UR_2 间的电路断开,避免在焊接过程中因误按向下按钮 PS_4 而破坏弧压自动调整的作用。

KM_6 断开,发电机 G_1 的串激绕组被接入,使发电机 G_1 具有较硬的外特性,从而保证焊丝给送速度的稳定。

在启动的瞬时,由于焊丝已先与焊件接触短路,故电弧电压为零,发电机 G_1 的激磁绕组 Lg_2 中的电流为零,ϕ_2 为零,发电机 G_1 仅有激磁绕组 Lg_1 产生磁通 ϕ_1,电动机 M_1 旋转使焊丝向上。焊丝一向上抽就引燃电弧,电弧拉长,电弧电压升高,于是 ϕ_2 开始由零逐渐增大,

在 ϕ_2 仍小于 ϕ_1 的情况下,电动机 M_1 旋转仍使焊丝上抽,电弧继续拉长,拉长速度逐渐减慢。当电弧电压增大到某一值时,使 $\phi_2 = \phi_1$,这时合成磁通 $\phi_合 = 0$,电动机 M_1 停止,焊丝停止,而焊接电源电路仍接通,所以电弧继续燃烧,电弧拉长,电弧电压升高,于是 $\phi_2 > \phi_1$,合成磁通 $\phi_合$ 就反了一个方向,电动机 M_1 转向改变使焊丝向下,电弧继续燃烧,直至焊丝向下输送的速度等于焊丝熔化速度,电弧稳定燃烧,引弧过程结束,转入正常焊接。

8. 停止

停止分两步进行,一只停止按钮是双层的,由两只常闭按钮组成。由此分出停1和停2。

(1)按下停1

先按停止按钮 PS_1 一半,即按下停1常闭按钮(12 和 92 断开),电动机 M_1 电枢电路切断,M_1 停,焊丝停止给送,电弧被拉长。

(2)按下停2

再将停止按钮 PS_1 按到底,即按下停2常闭按钮(7 和 2 断开),中间继电器 K 线圈断电,其两个常开触头复位断开,于是接触器 KM 线圈断电,其两个主触头复位断开,焊接电源被切断,同时六个辅助触头恢复到初始状态。其中 KM_4 常开触头复位到断开状态,电动机 M_2 的电枢电路被切断,焊车停止行走。

如果将停止按钮快速一按到底,这样焊丝给送停止和焊接电源切断同时,而由于电动机的惯性会使焊丝继续下送,焊丝就插入尚未凝固的熔池中,焊丝和熔池发生"粘住"现象。

当发生焊丝粘住在熔池上后,可将焊丝截去,也可用电弧熔断焊丝,其方法是先用一手按停止按钮一半(即按停1),然后用另一手按启动按钮,这时焊接电源接通焊丝和焊件,而送丝电动机 M_1 电枢电路被停1按钮切断,焊丝不动,大的短路电流,将焊丝端头熔断,并产生电弧,最后将停止按钮按到底,停2按钮作用,使焊接电源切断。

表 3-7 为 MZ-1000 型埋弧自动焊机的常见电气故障及处理方法。

表 3-7 MZ-1000 型埋弧自动焊机的常见电气故障及处理方法

故障现象	可能产生原因	处理方法
接通三相电源开关,电动机 M_3 不转	1. 三相电源开关损坏 2. 熔断器熔断 3. 网路电源未接通	1. 更换开关 2. 更换新的熔断器 3. 接通电源
按压焊丝向上、向下按钮,焊丝不动作或动作不对	1. 变压器有故障 2. 整流器损坏 3. 按钮开关接触不好 4. 三相感应电动机 M_3 转向不符 5. 发电机或电动机电刷接触不良	1. 检查并修复变压器 2. 检查并调换整流器 3. 检查并修复或调换按钮 4. 改换三相电源输入线接法 5. 检查并修复之
按启动后熔断器立即熔断	1. 控制线路短路 2. 弧焊变压器初级绕组短路	1. 检查修复 2. 检查修复
按启动后,电弧未引燃,焊丝一直向上轴	1. 焊接电源未接通 2. 电弧反馈46号线未接或断开 3. 接触器 KM 的主触头 KM_7 或 KM_8 接触不良	1. 接通焊接电源 2. 将 46 号线接好,弧压能反馈给 Lg_2 3. 修复接通

表 3 - 7(续)

故障现象	可能产生原因	处理方法
启动后,电弧未引燃,焊丝顶焊件	焊丝和焊件接触不良	清理焊丝和焊件的接触部位,使焊丝和焊件适度接触
启动后,电弧引燃,但立即熄灭,焊丝继续上抽	接触器常开辅助触头 KM₂ 接触不良	修复接通
焊接停止后,焊丝粘在焊件上	按下停止按钮的速度太快	停止按钮先按下一半,待电弧熄灭后,再按到底
焊机启动后,焊丝末端周期性地和焊件粘住,或常常断弧	1. 焊接工艺参数不当,小电流低电压引起粘住;大电流高电压引起断弧 2. 网路电压偏高或偏低,偏高引起断弧,偏低引起粘住	1. 调整好焊接工艺参数 2. 改善网路负荷状态

第六节 MZ - 1 - 1000 型埋弧自动焊机

MZ - 1 - 1000 型埋弧自动焊机是根据随电弧电压变速送丝原理而设计制成的,焊机配用直流弧焊整流器,焊机可以焊接开坡口或不开坡口的对接焊缝和角焊缝。焊机采用电子线路来控制送丝速度和焊车速度,它具有电弧稳定,调节方便及调整速度快的特点。

二、焊机构造

MZ - 1 - 1000 型埋弧焊机是由焊车和焊接电源两大部分组成。

1. 焊接电源

焊机的焊接电源选用晶闸管式弧焊整流器,其型号有 ZXG - 1000R,ZD5 - 1000 型等。

晶闸管式弧焊整流器由三相变压器、晶闸管整流电路、电抗器、控制板及冷却用风扇等组成。弧焊整流器的面板上装有:①启动按钮,用于接通弧焊整流器的电网;②停止按钮,用于切断弧焊整流器电源;③电流调节旋钮,用于调节电源输出外特性;④近控 - 远控转换开关,把转换开关拨至"远控"位置,可在焊车的控制盒上调节电源输出外特性,达到远距离调节焊接电流的要求;⑤电压表,测量焊接电源的输出电压;⑥电流表,测量焊接电流;⑦指示灯,指示电源。

ZXG - 1000R 型弧焊整流器是具有下降外特性的电源,而 ZD5 - 1000 型弧焊整流器不仅具有下降外特性,还具有平的外特性(可供等速送丝用)。

2. 焊车

MZ - 1 - 1000 型焊机的焊车如图 3 - 48 所示,它的机械结构基本上和 MZ - 1000 型的焊车相似,这里不再赘述。其最大的区别在于控制盒。MZ - 1 - 1000 型焊机没有独立的控制箱,而全部电气控制器件都装在焊车的控制盒内。在控制盒的面板上装有下列控制电器:

(1)电压表(V) 测量焊丝和焊件间的电压。

(2)电流表(A) 测量焊接电流。

图 3 - 48　MZ - 1 - 1000 型埋弧自动焊机的焊车

（3）启动按钮（SB_1）　用于引弧，可以进行抽丝引弧，或慢速送丝刮擦引弧。

（4）停止按钮（SB_2）　用于熄弧，先停止送丝拉长电弧，然后切断焊接电源。

（5）焊丝向上按钮（SB_4）　焊前调整焊丝上下位置用，按按钮，焊丝点动向上。

（6）焊丝向下按钮（SB_3）　按按钮，焊丝点动向下。

（7）焊接电流调节器（RP_3）　用来调节焊接电流。使用时，弧焊整流器面板上的"近控 - 远控转换开关"必须安置在"远控"位置上。

（8）焊接电压调节器（RP_1）　用来调节电弧电压，实际上是调节送丝速度，旋钮向低值处旋时，送丝速度加快，电弧电压下降；反之，送丝速度减慢，而电弧电压升高。

（9）焊接速度调节器（RP_2）　用来调节焊车行走速度，即焊接速度。

（10）焊车方向转换开关（S_5）　用于改变焊车行走方向，使焊车向前或向后行走。

（11）焊车空载行走开关（S_2）　可使焊车在未焊接时行走。

（12）焊机调试开关（S_4）　由于焊机是电子线路，控制电路对工作点有一定的要求，在维修或更换电子元件时，会发生工作点的变化而使特性改变。为了保证焊机的正常工作及焊接质量，工作点需要调整，就要用上这只开关。

（13）急停按钮（SB_5）　遇意外事故紧急停止用。

二、MZ - 1 - 1000 型埋弧焊机电气工作原理

MZ - 1 - 1000 型埋弧自动焊机电气原理如图 3 - 49 所示。它的电路工作框图可以用图 3 - 50 所示，下面对几个问题加以叙述。

1. 直流电动机的供电

焊机有两台直流电动机，送丝电机 M_1 和焊车电机 M_2，均为他激电机，它们的激磁绕组 LM_1 和 LM_2 由整流器 VD_{34-37} 直接供电。M_1 和 M_2 的电枢是由整流器 VD_{20-23} 和 VD_{27-30} 分别通过分别通过晶闸管 V_{T1} 和 V_{T2} 供电的，改变晶闸管的导通角就可以改变电动机的电枢电流，获得电动机转速的改变。

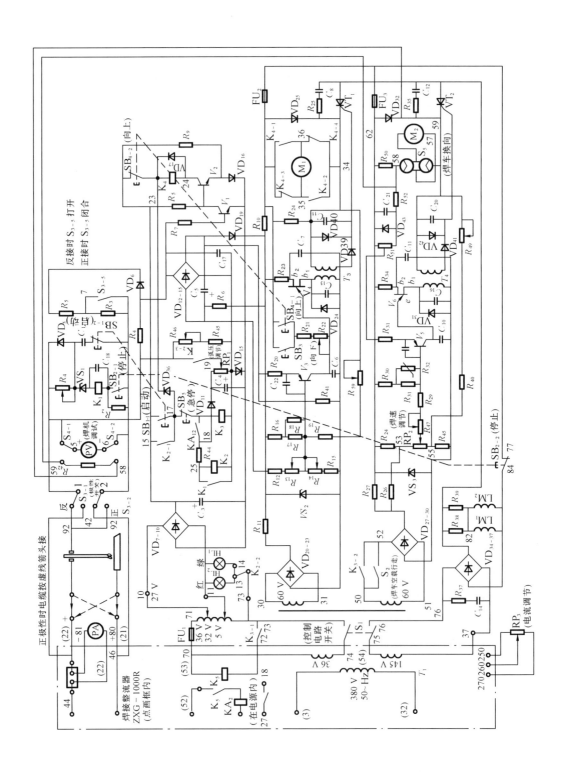

图 3-49　MZ-1-1000 型埋弧自动焊机的电气原理图(配直流焊接电源)

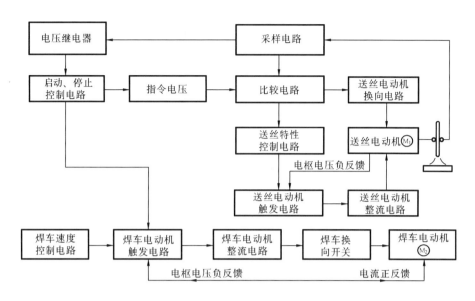

图 3 - 50   MZ - 1 - 1000 型埋弧自动焊机电路工作框图

2. 焊速调节

控制盒面板上的"焊接速度调节器"RP_2 电位器是用来调节焊速的,调节 RP_2 的电阻值,可改变晶体管 V_5 的基极电流,使双基极管 V_6 和脉冲变压器 T_4 组成的焊车电机触发电路改变晶闸管 VT_2 的导通时间,从而改变晶闸管 VT_2 输给焊车电机 M_2 的电枢电流,获得焊车电机 M_2 转速的改变。

3. 焊车方向的改变

改变"焊接方向"转换开关 S_5 的位置,可使输入焊车电机 M_2 电枢电流方向改变,焊车电机 M_2 转向改变,即改变焊车的走向。

4. 弧压反馈变速送丝

R_3,R_5 等元件组成"采样电路",将电弧电压加到 R_4 两端。这一电压与"电弧电压调节器"RP_1 电位器上的指令电压(其大小随 RP_1 电位器调节)反向串联(比较)后送到整流器 VD_{12-15},这一整流器的交流端与直流端各有一电压分别控制晶体管 V_1、V_2 和继电器 K_4 等元件组成的"送丝电机换向电路"及由晶体管 V_3、双基极管 V_4 和脉冲变压器 T_3 组成的"送丝电机触发电路"。触发电路控制了晶闸管 VT_1 和二极管 VD_{25} 等组成的"送丝电机单相晶闸管整流装置",整流后的直流电馈电给送丝电机 M_1,实现变速送丝动作。

焊接过程中电弧拉长,采样电路中电弧电压加到 R_4 上的电压升高,经比较电路、送丝特性控制电路、送丝电机触发电路及整流电路等电路使送丝电机转速加快,送丝速度加快,大于焊丝熔化速度,使弧长减短,实现了弧压反馈变速送丝。

5. 调节电弧电压

改变"电弧电压调节器"RP_1 电位器的电阻值,也即改变指令电压值,经比较电路等电路改变了送丝电机 M_1 的转速,就可改变送丝速度,实现电弧电压的调节。

6. 短路抽丝引弧

先使焊丝和焊件良好接触,按下启动按钮 SB_1,继电器 K_3 线圈通电,其常开触头 K_{3-1} 闭合,接通继电器 K_5 线圈,其常开触头 K_5 闭合,接触器线圈 KA_2 通电,焊接电源电路接通。这时短路电压为零,R_4 上只有 RP_1 电位器的指令电压,整流器 VD_{12-15} 交流端上正下负,于是晶体管 V_1 导通,而晶体管 V_2 截止,继电器 K_4 线圈为断路状态,其常闭触头 K_{4-3} 和 K_{4-4} 闭合。同时整流器 VD_{12-15} 的直流端也输出一个电压,这个电压使晶体管 V_3 导通,触发电路工作,晶闸管 VT_1 导通,使送丝电机整流电路供电给送丝电机 M_1,M_1 旋转使焊丝上抽,电弧引燃,产生电弧电压加到 R_4 电阻上,这一电压和 RP_1 电位器电压反向。随弧长逐渐增长,电弧电压逐渐升高,则整流器 VD_{12-15} 上电压逐渐降低,晶体管 V_3 导通电流逐渐减小,送丝电机 M_1 的抽丝速度减慢。当电弧电压升高到某一值时,使整流器 VD_{12-15} 上的电压为零,晶体管 V_3 截止,不触发晶闸管 VT_1,送丝电机 M_1 停止送丝。电弧继续燃烧,晶体管 V_1 也随之截止,而晶体管 V_2 导通,继电器 K_4 线圈导通,K_4 的常开触头 K_{4-1} 和 K_{4-2} 闭合,使送丝电机 M_1 处于准备焊丝下送的位置。随电弧电压继续升高,整流器 VD_{12-15} 的交流端变成上负下正,晶体管 V_3 截止,晶体管 V_2 导通,继电器 K_4 仍吸合。而整流器 VD_{12-15} 直流端电压开始上升,晶体管 V_3 又开始导通,并逐渐增大电流,送丝电机 M_1 的送丝速度由零速逐渐加快,直到送丝速度和焊丝熔化速度相等时,电弧电压就稳定在这一数值上,引弧过程结束。

7. 焊丝慢速刮擦引弧

焊丝与焊件不接触或接触不良时,也能引弧。电路中继电器 K_2 线圈和继电器 K_1 的常开触头是并联的。当按下启动按钮 SB_1 不立即松开,由于焊丝与焊件不接触,焊丝与焊件之间是空载电压,高的空载电压使稳压管 VS_1 被击穿,继电器 K_1 线圈有电,K_1 的常开触头闭合,使继电器 K_2 线圈无电,不能动作。讯号电压经 R_{43},R_{46} 使晶体管 V_3 输入端得到整流器 VD_{12-15} 输出的控制电压很小,因此送丝电机 M_1 仅以很慢的速度向下送丝,而这时继电器 K_3 线圈有电,常开触头 K_{3-2} 闭合,使焊车电机 M_2 前进,于是形成了焊丝刮擦引弧。电弧引燃后,松开启动按钮 SB_1,焊机就进入正常焊接工作。

8. 定电压熄弧

按停止按钮 SB_2,其常闭按钮 SB_{2-2} 断开,切断了整流器 VD_{34-37} 供电给送丝电机 M_1 和焊车电机 M_2 的电路,于是焊丝和焊车停止,但焊接电源还未切断。同时其常开按钮 SB_{2-1} 闭合,接通继电器 K_1 线圈电路(此时没有电流,不能动作)。由 R_1,R_2,K_1,VS_1,VD_5,C_1 等元件组成定电压熄弧电路。由于送丝停止焊接电源未切断,电弧仍继续燃烧,电弧电压升高,当升高到约 52 V 时,稳压管 VS_1 被击穿导通,继电器 K_1 线圈有电流后动作,常开触头 K_1 闭合,使继电器 K_2 线圈短路,常开触头 K_{2-1} 复位断开,继电器 K_3 线圈断电,常开触头 K_{3-1} 复位断开,焊接电源切断,电弧熄灭。这种定压熄弧,没有停 1 和停 2 两个动作,也不会发生焊丝粘于熔池的现象。

9. 紧急停止

如遇事故,必须立即停止焊接,可按"紧急停车"按钮 SB_5,继电器线圈 K_3 断电,常开触头 K_{3-1} 断开,焊接电源被切断。同时常开触头 K_{3-2} 断开,整流器 VD_{27-30} 被切断电源,焊车电机 M_2 停止。同时电路工作也使焊丝电机 M_1 停止。紧急停止往往使焊丝粘住在熔池上。

表 3 - 8 为 MZ - 1 - 1000 型埋弧自动焊机的常见电气故障及处理方法。

表 3 - 8   MZ - 1 - 1000 型埋弧自动焊机的常见电气故障及处理方法

故障现象	可能产生原因	处理方法
电源无法启动,风扇声音异常	1. 三相电源进线缺相 2. 焊接电源中继电器 K_5 损坏 3. 焊接电源中接触器 KM 损坏 4. 控制箱中继电器 K_3 损坏	1. 补接上三相线 2. 修复继电器 3. 修复接触器 4. 修复继电器
通电后送丝电动机 M_1 爬行,熔断器 UF_2 易熔断	焊接电源 ZD_5 - 1000 中变压器 B_3 低压端有接地线	拆除该接地线
启动后线路工作不正常,焊丝给送速度反常或不能引弧	1. 送丝电动机 M_1 有故障 2. 晶体管 V_1、V_2 有损坏,不能上抽或翻转 3. 晶闸管有损坏或送丝回路触发部分不正常	1. 检查修复电动机 2. 更换晶体管 3. 修复触发电路
焊接电源回路良好,按焊丝向上、向下按钮时,送丝动作不正常,送丝电动机 M_1 只上不下或只下不上	1. 送丝电动机 M_1 电枢电源不通或熔断器 UF_2 断 2. 触发电路中元件损坏或虚焊 3. 晶闸管损坏 4. 电动机 M_1 电刷接触不良 5. 电动机 M_1 磁场供电不正常 6. 向上、向下按钮或继电器 K_4 触点接触不良 7. 电机绝缘损坏,电压串入控制系统,击穿元件	1. 接通电枢电源或更换熔断器 UF_2 2. 检查更换元件 3. 更换晶闸管 4. 修复电刷 5. 检查修复激磁电路 6. 修复按钮、继电器触点 7. 修复电机绝缘及损坏元件
焊车不动作或行走不正常	1. 电动机 M_2 电枢电流不通,熔断器 UF_3 断 2. 触发电路元件损坏或虚焊 3. 晶闸管损坏 4. 电动机 M_2 电刷接触不良 5. 电动机 M_2 磁场供电不正常 6. 焊车方向转换开关损坏	1. 接通电枢电源或更换熔断器 UF_3 2. 检查更换元件 3. 更换晶闸管 4. 修复电刷 5. 检查修复激磁电路 6. 修复转换开关
焊机可以启动,焊接电流无法调整	1. 电源三相同步变压器有缺相 2. 电源主接触器吸合不好或接头脱落使主变压器缺相 3. 电源控制板损坏	1. 检查修复变压器缺相 2. 检查修复接触器 3. 更换控制板

第七节   MZ - 630 型埋弧自动焊机

MZ - 630 型埋弧自动焊机是轻型的埋弧焊机,它使用细焊丝(ϕ 为 1.2 ~ 2.0 mm),焊接中、薄板平角焊缝及平对接焊缝等。焊机采用电子线路来控制送丝速度和焊接速度,送丝可以是等速制,也可以是随弧压变速送丝制。焊机具有导向跟踪装置,可以不用导轨自动跟踪接缝进行焊接。焊机擅长焊接曲线形 T 形接头平角焊缝。

一、MZ-630型埋弧自动焊机构造

MZ-630型埋弧自动焊机由ZD₅-630型晶闸管式弧焊整流器和MZ-630型焊车两部分组成。其控制系统设置在焊车的控制箱内。

1. 焊接电源

焊接电源是ZD₅-630型晶闸管式弧焊整流器,它的主要组成部分是三相主变压器、晶闸管整流器组、晶闸管触发器及电抗器等。ZD₅-630型整流器是多用途的外特性(恒压、恒流、陡降、缓降)。焊接电源的面板上设有焊接电流调节器,可调节电源外特性。面板上还设有"远/近控制"开关,将开关拨到"远控"位置,插上远控盒和控制箱连接,即可在焊车上进行远控调节,改变焊接电源外特性,改变焊接电流和电弧电压。

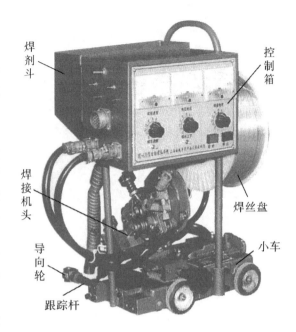

图3-51　MZ-630型焊车

焊接电源还设置了推力电路和引弧电路。推力电流就是在小焊接工艺参数焊接时,如输出电压低于15 V,电源就增加输出电流,当输出端短路时,短路电流增加很大,使焊丝不易粘住于熔池。推力电流可调节,过大的推力电流会引起飞溅。

引弧电流是在每次焊接引弧时,短时间内增加给定电压值,使引弧电流增大,便于引弧。同时电弧热量增加,有利于焊缝端头熔透良好。

焊接电源对网络电压的变化具有较强的补偿能力。

(2)焊车

MZ-630型焊车(见图3-51)的构造由小车、焊接机头、控制箱、焊丝盘及焊剂斗组成。

(1)小车

小车是由40 W电动机驱动,经四级齿轮降速,通过离合器传动车轮,四个车轮通过链条连成一体,完成四轮的联动,小车的调速范围为0.1~1.2 m/min 小车前后各有一跟踪杆,装有导向轮,前后跟踪杆可设置有3°的倾斜,如图3-52所示。在焊接T形接头平角焊缝时,导向轮靠着垂直板向前行进,完成跟踪导向的任务。利用跟踪杆和导向轮可使焊车在45°斜面上稳定行走,实施船形位置焊接。

(2)焊接机头

送丝机构是由75 W电动机驱动,经三级齿轮降速,输送焊丝进入导电嘴,送丝速度为1.5~15 m/min。校直焊丝也采用三点弯曲原理制成校直装置。

采用管式导电嘴,以适应细焊丝焊接。应根据焊丝直径选用匹配的导电嘴和给送滚轮。

焊接机头可以实施上下、左右及转动角度的调节。

(3)控制箱

焊接电源、焊车行走、焊丝给送的控制电器都安装在控制箱内,其操纵开关、按钮、调节器、电表等都设置在控制箱的面板和侧板上,如图3-53所示。

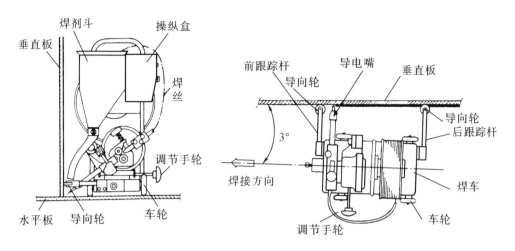

图 3－52　MZ－630 型焊车焊平角焊缝时的跟踪导向

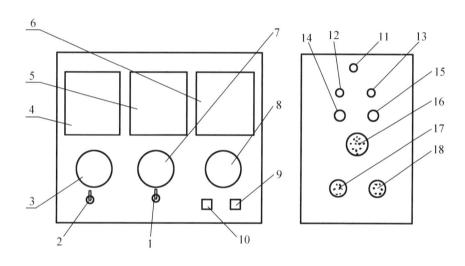

图 3－53　MZ－630 型焊机控制箱面板和侧板上的控制电器

1—焊丝上下点动开关;2—焊车向前向后点动开关;3—焊速调节电位器;4—焊接速度表;5—电压表;6—焊接电流表;7—弧压调节电位器;8—电流调节电位器;9—停止按钮;10—启动按钮;11—控制箱电源开关;12—接缝引导灯或 CO_2 焊电磁阀(改装成 CO_2 焊机)的开关;13—等压/等速送丝开关;14,15—熔断器;16—控制电缆插座(接 ZD_5 型品闸管弧焊整流器);17—小车电动机插座;18—送丝电动机插座

(4)焊丝盘

焊丝盘架固定于控制箱右侧,盘有个摩擦装置可防滑,可根据不同直径焊丝进行调节。

(5)焊剂斗

焊剂斗设置于控制箱背面,使用时金属软管的端部要套上耐热的橡胶软管,以防短路。

二、MZ－630 型埋弧自动焊机的操作

1. 焊前准备

(1)合上焊接电源上的三相电源开关和控制箱上电源开关。

（2）将焊接电源面板上的"远/近控制"开关拨到"近控"位置，旋转焊接电流调节器，电压表应在 32～52 V 范围内，表示焊接电源可正常工作。

（3）再将"远/近控制"开关拨到"远控"位置，这样就可在焊车控制箱上调节电流和电压。

（4）焊丝装入导电杆，调节压轧轮的压力，焊丝直径不大于 1.2 mm，压力指示刻度在 3～5 处，焊丝直径不小于 1.6 mm 的指示刻度在 5～6 处。

（5）按接缝形式调整导电杆的倾斜角度和导电嘴离接缝的距离。焊倾斜焊丝平角焊缝时，若需要跟踪导向，应装上前后跟踪杆和导向轮，导向轮应紧靠垂直板，并有 3°的倾斜。

（6）选择焊车向前向后点动开关，松开小车的离合器，旋转焊速调节器。焊接速度表指示每分钟行走厘米数，此值应符合工艺规程要求。将焊车行走方向开关拨在所需要的位置。

（7）拔动焊丝上下点动开关，使焊丝上下运动，最后停在工件上，使之接触良好。

（8）选定"等速/变速"送丝开关，通常细丝（φ≤1.2 mm）用等速送丝。

（9）打开焊剂斗闸门，撒下焊剂。合上小车离合器。

2. 启动

（1）按"启动"按钮，焊接电源接通，焊丝慢速下送形成短路，很大的短路电流将细焊丝熔断而形成电弧，焊车行走，焊接工作开始。

（2）引弧后，立即将焊接电流和电弧电压调节至所需要的工艺参数。

（3）启动后，由于焊丝上下是手动和自动连锁的，若人为拔动焊丝上下点动开关，这是无效的。

3. 焊接

（1）焊接过程中观察电流表、电压表、焊速表是否符合工艺规程要求，若不符合可作适当调节。

（2）观察焊丝和接缝的相对位置，如发现偏差，用手轮做适当调节。

（3）注意焊车行走和导向轮滚动是否畅通，发现有障碍应及时清除。

4. 停止

（1）关闭焊剂斗闸门，停止给送焊剂。

（2）按停止按钮，焊丝停止给送，焊车停止前行，焊接电源未切断（指示灯未灭），电弧拉长，待电弧电压达到一定值时，自行切断焊接电源。

（3）松开焊车离合器，推移焊车离开焊缝。回收未熔化的焊剂，敲去焊渣，检验焊缝外表。

第八节　其他型号埋弧自动焊机

一、MZJ－1000 型埋弧自动焊机

MZJ－1000 型埋弧自动焊机是 MZ－1000 型埋弧自动焊机的改进产品。焊机是由焊车和焊接电源（配用含控制线路的 BX_1－1000 型弧焊变压器）两大部件组成。焊机能焊接各种坡口的对接焊缝、角焊缝及搭接焊缝，焊缝与水平面的倾角不大于 10°。

焊机的送丝机构和小车均由直流电动机驱动，采用晶闸管无级调速，调速方便，运行稳定。采用弧压反馈的变速送丝，电子调节电路的灵敏度与调整速度能使弧长更为稳定。引

弧可以采用短路抽丝引弧或刮擦引弧,还能根据弧长自动熄弧。焊接过程中的引弧、送丝、维持弧长、熄弧等工作稳定可靠,保证焊缝质量,操作简单。

焊机适用的焊丝直径为 3~6 mm,焊接电流为 300~1 200 A。

二、MZ - 1250 型自动埋弧焊机

MZ - 1250 型自动埋弧焊机是台多功能的通用焊机。焊机的基础结构是小车,通过一些组件的"积木式"搭配,如电动十字拖板、自动跟踪装置及焊剂回收装置等,可以适应各种专业要求进行焊接。焊机还可以扩展成双丝焊、带极堆焊等。

焊机是高新技术产品。采用 VMOS 功率管脉宽调制式速度控制电路,工作频率高达十几千赫,调速速度极快,可实现高精度的电流与速度的控制。使用平特性弧焊电源,引弧容易,弧压稳定,熄弧方便。运用电流负反馈施行送丝变速控制,焊接电流稳定,弧长稳定,焊接质量高。小车驱动采用光电测速反馈,使焊接速度稳定,调速性能好。焊机具有对电弧电压、焊接电流与焊接速度的预选功能,即焊前较精确地预选,焊接时能执行三参数(U,I,V)的值,数字显字,操作方便。

焊机适用的焊丝直径为 3~6 mm,焊接电流为 250~1 250 A。

三、MZ₃ - 1250 型圆管纵缝埋弧自动焊机

MZ₃ - 1250 型埋弧自动焊机是机床式梁型结构,焊机由埋弧焊焊车、滚动拖板、焊缝跟踪装置、控制器、横梁、立柱、电缆滑线装置及晶闸管弧焊电源等组成。焊机主要用于辊筒类工件的焊接,可焊接圆筒类工件的纵缝,也可以焊接环缝。

焊缝跟踪装置由传感器、电动十字滑板、跟踪控制器等组成。传感器内装有电触点接触式传感器;十字滑板具有手动、电动及自动跟踪三种功能;跟踪控制器有方向显示屏。控制器将传感器检测到的偏差信号,经放大并输出带动伺服机构,使滑板向偏差方向移动,直至偏差信号消失,从而使导电嘴移动方向和接缝方向一致。跟踪精度为 ±1.0 mm。

焊机适用的焊丝直径为 3~6 mm,焊接电流为 250~1 250 A。可焊圆管的规格为直径不大于 1.2 m,长度不大于 7.5 m,壁厚不大于 40 mm。

四、MZ - 2 ×1600 型双丝埋弧自动焊机

MZ - 2 ×1600 型双丝埋弧自动焊机是小车式结构,具有两套焊丝矫直装置、两套送丝机构、两只焊丝盘、焊剂斗等部件。焊机的前丝采用直流电源,以保证足够的熔深;后丝采用交流电源,以获得良好的成形。焊机主要适用于厚板的对接焊缝,对于板厚 30 mm 左右的对接焊缝可以一个焊程完成。

两套控制系统安装在一个控制盒内,控制盒安置在小车的一侧。

焊机适用的焊丝直径为 3~6 mm,直流额定焊接电流为 1 600 A,交流额定焊接电流为 1 600 A。前后焊丝调节距离为 60~250 mm。

五、MU₁ - 1000 - 1 型埋弧带极自动堆焊机

MU₁ - 1000 - 1 型埋弧带极自动堆焊机是焊车式结构,由一台焊车和一台控制箱组成。弧焊电源应配置降压外特性的 ZXG - 1000 型弧焊整流器。焊机可用于堆焊高合金钢或不锈钢,修复各种磨损零件,或在普通碳钢上堆焊高合金钢或不锈钢来制造各种机械零件。

焊车和控制箱是仿造 MZ-1000 型自动埋弧焊机的。其中焊接机头的焊丝给送机构和导电嘴部分改装成适用带式电极的。焊剂斗和焊丝盘也作相应的改进。带极也是随弧压变速给送的。焊车的行走电气线路也和 MZ-1000 型的相似。带极堆焊时,因带极在引弧时不易均匀熔化,造成引弧困难。在 $MU_1-1000-1$ 型自动带极堆焊机的控制电路中,增加了一套增大引弧电流与延时加热的电路。停止也是利用双层按钮分两步实施。

堆焊电流范围为 400~1 000 A。带极厚度为 0.4~0.8 mm,带极宽度为 30~80 mm。带极输送速度为 15~60 m/h,堆焊速度为 7.5~35 m/h。

第九节　埋弧焊设备管理及保养

埋弧焊设备是组织焊接生产的重要环节,良好性能的焊接设备是保证焊接质量的一个重要因素。组织焊接生产过程中必须要保持设备处于良好的工作状态。

一、焊接设备管理

(1)埋弧焊设备是固定资产,在选择时必须全面地考虑,要考虑到焊接产品的工艺方法,产品的量是单件还是批量,还要考虑到今后产品的变动。

(2)新焊接设备进厂后,应由设备管理部门会同使用部门对焊接设备进行验收,以确定焊接设备是否完整,性能是否良好。

(3)设备管理部门应对每台设备建立"设备使用情况卡",记录设备的技术性能、损坏情况及检修情况。

(4)根据焊机实用性能的良好程度,可将焊机分成两个等级。性能优良的焊机用于焊接重要结构焊缝;性能尚可的焊机用于非重要结构的焊缝。

(5)对于每台埋弧焊机必须由设备管理部门定期进行检修。

(6)正确使用和维护保养焊机是保证焊机正常运转、延长使用寿命的关键。焊工和维修电工共同担负着维护保养焊机的任务。

二、埋弧自动焊机的保养

1. 焊接电源的保养

(1)焊接电源应安置在通风良好、避高热、防雨水的地方。机身应避免震动,保持平稳。

(2)在网路电压波动大而频繁的场合,须考虑专线供电。

(3)所有的电缆接头应紧密连接,导电良好,防止松动,并有绝缘包布包扎,不允许外露。

(4)经常检查电缆是否破损,发现破损应及时用绝缘包布包扎,避免发生短路现象。

(5)每3至6个月由专业维修人员用压缩空气对焊接电源除尘一次。

(6)焊接电源机壳必须接地。

(7)定期检查和更换可动铁芯减速箱内的润滑油脂。

(8)焊接电源接通三相网路后,风扇必须连续工作,直至关机。

(9)焊接电源不允许超载运行。

(10)定期测量焊接电源的绝缘电阻,应符合规定要求。

（11）定期整理线路,检查电气元件,检验电表,有不合格的应予以更换。

2. 控制箱的保养

（1）控制箱和网路、焊接电源、焊车连接的电缆必须有足够的截面,(可按 5 ~ 7 A/mm² 粗略估算截面)。相互连接的接头必须旋紧,导电良好。电缆接头还应用绝缘包布包扎好。

（2）控制箱机壳必须可靠接地。

（3）经常检查控制箱内电气元件工作是否正常,继电器、接触器的触头有否被"烧毛"情况。发现元件损坏应及时更换。

（4）搬移控制箱时应避免过分的震动,防止内部电气元件的损坏。

（5）每3至6个月用压缩空气对控制箱内部进行一次除尘。

3. 焊车的保养

（1）连接控制箱和焊车的多芯控制线必须连接良好,即插头对准插入插座,要防止松动。禁止拖拉控制线来移动焊车。

（2）经常检查导电嘴的磨损情况,磨损过大时造成接触不良,必须及时更换。

（3）根据焊丝直径调整压轧轮的压力,压力过大焊丝变形,压力过小焊丝打滑。

（4）焊丝给送轮磨损过大,使焊丝给送不稳,必须及时更换。

（5）经常检查电机、电器元件及电表是否正常,如电表读数误差超标应予以更换。

（6）定期检修机械传动装置,更换损坏零件,加润滑油。

4. 多芯控制线的保养

（1）多芯控制线应放在妥当的地方,要避免车轮滚压或重物压叠。

（2）多芯控制线的插头,在插入插座时应特别小心,要防止线头弄断。

（3）发现多芯控制线破损,应用绝缘包布包扎。

（4）多芯控制线不应有过度的弯曲。

第四章 埋弧焊工艺技术

第一节 坡口准备及焊缝形状尺寸

一、埋弧焊的坡口形式和尺寸

埋弧焊是大电流焊接工艺,它获得的熔深是很大的。焊条电弧焊仅能获得 3 mm 左右的熔深,所以板厚超过 6 mm 要开坡口。CO_2 气体保护焊通常板厚超过 10 mm 要开坡口。埋弧焊使用大的电流,通常板厚超过 14 mm 才开坡口。表 4-1 为 GB986-88《埋弧自动焊坡口的基本形式和尺寸》,国家标准规定了碳钢和低合金钢埋弧焊焊接接头的坡口形式和尺寸,可以根据钢板厚度、焊接构件特点及焊接工艺方法来选定。国家标准中的主要坡口形式有:不开坡口 I 形、V 形、X 形、U 形及双 U 形等。V 形和 X 形坡口的组成三要素是坡口角度、间隙、钝边。对于对接接头来说,埋弧焊开坡口的目的有:①对于很厚的钢板,开了坡口可使焊丝伸入坡口根部,保证焊透根部;②对于较厚钢板,埋弧焊大电流(可达 1 200 A 以上)可以达到熔透,但是大电流必然有大量的焊丝熔敷金属堆在不开坡口的钢板表面上,形成很高很宽的焊缝,开坡口就可以把大量的熔敷金属安置在坡口内,使焊缝成形美观;③通常焊丝金属的质量优于母材金属,开了坡口可使焊缝金属中含有较多的焊丝金属成分,改善了焊缝金属的性能。坡口角度通常为 45°~60°。为了保证厚板的焊透,坡口要空间隙,厚板间隙通常为 2 mm 左右。如果厚板有大间隙,也可以不开坡口角度。坡口留钝边是为了防止烧穿,这是大电流埋弧焊必须要考虑的问题,钝边通常不小于 4 mm,厚板坡口的钝边可为 6~8 mm。U 形坡口的坡口角度减小为 20°,即每个坡口面角度为 10°,但坡口的根部制成圆弧形,半径为 8~10 mm。U 形坡口的焊缝截面积减小,焊丝消耗量较少。在相同板厚条件下,X 形坡口的焊缝截面积要比 V 形坡口的减少近一半,但施工时必须将工件翻身才可实施。T 形接头中,在相等的焊缝强度条件下,开坡口可以减小焊缝截面积,减少焊丝消耗量。选择坡口的形状和尺寸时,既要保证焊透,又要使焊缝成形良好。

二、坡口成形加工

坡口成形加工的方法,需根据母材钢种、钢板厚度、坡口形式及施工条件而定。目前工厂中使用的坡口加工方法有:氧气切割、碳弧气刨、刨削、车削及等离子切割等。

1. 氧气切割

利用气体火焰(氧乙炔或液化石油气)将工件切割处预热到金属燃点,然后喷出高速的氧气流,使金属燃烧生成氧化物(熔渣),并放出热量,进而加热下层和割口边缘的金属,使之迅速达到燃点。同时,借助高速氧气流吹去熔渣,形成光洁的割缝。氧气切割的过程:预热—氧化燃烧—去渣。氧气切割设备简单,方法灵活,可以得到任何坡口角度的 V 形或 X 形坡口,又不受工件厚度和零件形状的限制,它被广泛应用于低碳钢和低合金钢的坡口加工,但不能切割不锈钢、高合金钢及有色金属。

表 4 – 1　埋弧自动焊坡口基本形式及尺寸标准（GB986 – 88）

序号	适用厚度/mm	坡口形式	焊缝形式	基本尺寸/mm				标注符号
1	3 ~ 10		$S \geqslant 0.7\delta$	b	0^{+1}			$S\,|b|$
2	3 ~ 14	b，δ		b	0^{+1}			$|b|$
3	6 ~ 24			b	1^{+1} 或加 HD2$^{\pm1}$			$|b|$ HD
4	6 ~ 12			b	2^{+1}			$|b|$ HD TD
5	3 ~ 12	20~40，3~5，b，δ		δ	3 ~ 5	>5 ~ 9	>9 ~ 12	$|b|$
				b	$2^{\pm1}$	$3^{\pm1}$	$4^{\pm1}$	
6	10 ~ 20	$45°\pm5°$，δ，b，P		b	$2^{\pm1}$			$P\,b$ HD TD
				P	$4^{\pm1}$			
				δ	10 ~ 16	>16 ~ 20		$P\,b$
				b	1^{+1}			
				P	$6^{\pm1}$	$8^{\pm1}$		
7	10 ~ 30	$30°\pm5°$，δ，5~10，b，P，30~50		δ	10 ~ 16	>16 ~ 20	>20 ~ 30	$P\,b$
				b	$2^{\pm1}$	$3^{\pm1}$	$4^{\pm1}$	
				P	$3^{\pm1}$			
8	16 ~ 30	$30°\pm5°$，3 ± 1，δ，P，b，10 ± 2		b	$3^{\pm1}$			$P\,b$
				P	$3^{\pm1}$			
9	10 ~ 24	$50°\,^{+10°}_{0}$，δ，b，P		δ	10 ~ 16	>16 ~ 24		$P\,b$ HD TD
				b	2^{+1}	3^{+1}		
				P	3^{+1}	4^{+1}		
10	10 ~ 30			b	2^{+1}	3^{+1}		$P\,b$ HD
				P	5^{+1}	6^{+1}		
11	10 ~ 30	$45°\,^{+10°}_{0}$，δ，5~10，b，P，30~50		δ	10 ~ 16	>16 ~ 20	>20 ~ 30	$P\,b$
				b	2^{+1}	3^{+1}	4^{+1}	
				P	4^{+1}			

表 4 - 1(续)

序号	适用厚度/mm	坡口形式	焊缝形式	基本尺寸/mm			标注符号
12	16~30			b	3^{+1}		
				P	4^{+1}		
13	12~20			b	2^{+1}		
				H	6^{+1}		
14	30~60			b	2^{+1}		
				P	3^{+1}		
				H	10^{+1}		
				a	$70°^{+5°}$		
15	20~30			b	1^{+1}		
				P	6^{+1}		
16	24~60			b	1^{+1}		
				P	$6^{±1}$		
17	50~160			δ	50~100	>100~160	
				a	$10°^{±2°}$	$6°^{+2°}$	
				P	8^{+1}		
				b	0^{+2}		
				R	10^{+1}		
18	50~160			δ	50~70 / >70~100 / >100~160		
				a	$10°^{+2°}$ / $6°^{+2°}$ / $4°^{+2°}$		
				B	0^{+2}		
				H	10^{+1}		
				P	3^{+1}		
				R	10^{+1}		

· 80 ·

表 4 −1（续）

序号	适用厚度/mm	坡口形式	焊缝形式	基本尺寸/mm			标注符号
19	60 ~ 300			β	$2°\ ^{+1°}$		$P \times R$, b, H, SF
				b	$0\ ^{+1}$		
				P	$3\ ^{+1}$		
				H	$10\ ^{+1}$		
				R	$10\ ^{+1}$		
20	6 ~ 14			δ	$6 \sim 9$	$9 \sim 14$	K, b, SF
				b	$0\ ^{+2}$		
				K_{min}	3	4	
21	10 ~ 20			δ	$10 \sim 15$	$>15 \sim 20$	P, b, K, SF
				K_{min}	4	6	
				b	$0\ ^{+2}$		
				P	$2\ ^{+1}$		
22	20 ~ 40			b	$0\ ^{+2}$		P, H, b, SF
				P	$2\ ^{+1}$		
				H	$8\ ^{+1}$		
				K_{min}	4		
23	4 ~ 60			δ	$4 \sim 6$ / $>6 \sim 12$ / $>12 \sim 18$ / $>18 \sim 25$ / $>25 \sim 40$ / $>40 \sim 60$		K
				K_{min}	3 / 4 / 6 / 8 / 10 / 12		
24				b	$0\ ^{+1}$	$0\ ^{+2}$	K
25	10 ~ 24			δ	$10 \sim 15$ / $>15 \sim 20$ / $>20 \sim 24$		P, b, K, SF
				K_{min}	6 / 8 / 10		
				b	$0\ ^{+2}$		
				P	$2\ ^{+1}$		
26	16 ~ 40			b	$0\ ^{+2}$		P, b
				P	$4\ ^{+1}$		

注：SF −手工焊条电弧焊封底；HD −焊剂垫；TD −铜衬垫

δ −板厚；b −间隙；P −钝边；α −坡口角度、坡口面角度；β −坡口面角度；R −根部半径；K −焊脚

2. 碳弧气刨

利用碳棒与工件之间产生电弧的热量,将工件局部加热至熔化状态,借助沿碳棒周围喷出的压缩空气流,把熔融金属和熔渣吹出,形成坡口。碳弧气刨在焊接领域中广泛应用于:双面埋弧焊的清根工作,U 形焊接坡口的刨槽,焊缝表面和内部缺陷的清除,清除装配留下的"马脚"和结构件上的残留焊道等。碳弧气刨可以用于所有的金属,它需要用较大的电流,多使用直流电,也可用交流电。最大的缺点是吹出的烟雾多,并伴有噪声,尤其是在狭小舱室内施工时更为严重,劳动卫生条件差。

3. 刨削

利用刨边机刨削,能加工任何形状的坡口,加工后坡口面的精度高,适用于较长的直线形焊缝的坡口加工。当加工不开坡口的钢板端面时,可将数张钢板叠在一起,一次刨削加工而成,生产率高。但加工曲线形焊缝的坡口比较困难。

4. 车削

圆筒体环缝的坡口,可用立式车床进行车削,坡口可为任何形状,坡口加工质量高。

5. 等离子切割

等离子切割和氧气切割有本质的区别。它是利用高温、高速的等离子弧及焰流,把工件切割部位加热到熔化、蒸发状态,并借高速等离子弧焰流的机械冲刷力,把熔化的材料吹离基体,形成割缝。等离子切割能切割所有的金属,特别适合切割那些氧气切割不能切割的不锈钢、高合金钢、有色金属及高熔点金属,它还可以切割非金属材料。等离子切割功率大,速度快,质量好,但设备工具复杂,使用不方便。

三、坡口的清理

坡口上的铁锈斑、氧化皮、气割和碳刨的残渣、漆、油污、潮气等物,会影响到埋弧焊焊缝的质量,产生气孔、夹渣、未焊透等缺陷。埋弧焊前必须清理坡口面及其两侧各 20 mm 范围内的这些污物,如图 4 - 1 所示。

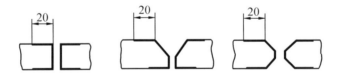

图 4 - 1　坡口的清理范围

1. 喷丸清理

用喷丸机把钢丸高速喷向钢板表面,就可将钢板表面的铁锈等彻底清除,不仅可以清理坡口,还能对结构件全面清理,效率高,但必须在封闭的车间内进行,工作时钢丸到处飞溅,劳动保护环境差。

2. 砂轮机磨削

用电动砂轮机对坡口面磨削,可使钢板露出金属光泽。砂轮磨削还可对焊缝表面进行修整,清除焊缝的缺陷及装配的"马脚"等。

3. 钢丝刷擦刷

钢丝刷用来扫除落在坡口中的垃圾(如焊渣等)。焊后可用钢丝刷擦清焊缝趾部,观察咬边等缺陷。对于不锈钢焊件应该用不锈钢钢丝刷。

4. 用有机溶剂(丙酮)揩脱油脂

用有机溶剂揩坡口上的油脂污物,是最有效的脱脂方法,焊接不锈钢及有色金属时,应用较为普遍。

5. 气体火焰加热

气体火焰的高温可把氧化铁皮、油污烧掉,更为重要的能去除坡口上的水分和潮气。埋弧焊前必须把留在坡口间隙(0～1 mm)内的潮气烘干清除。切忌对坡口稍微加热就将火焰移去,这样在母材的冷却作用下会生成水珠,水珠进入间隙缝内,将产生相反的效果,使焊缝产生更多的气孔。

四、装配和定位焊

装配就是按图纸和工艺技术要求,将零件用定位焊方式装在一起,组成一个部件或焊接结构整体。对焊接结构件的装配应做到接头的间隙均匀,对接缝的间隙允许 ±1 mm,对于间隙为 0 的,则间隙应为 0～1 mm。两板的错边应小于 1 mm。

定位焊是固定各焊接零件之间相对位置而进行的焊接工作。埋弧焊构件的定位焊工作通常是用焊条电弧焊或 CO_2 气体保护半自动焊来完成的。对于碳钢或低合金结构钢构件的定位焊应采用 E5015(结 507)或 E4315(结 427)焊条或 HO8Mn2SiA 焊丝。对于不开坡口 I 形对接缝,定位焊缝

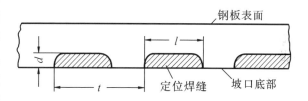

图 4 - 2　开坡口对接缝定位焊缝的尺寸
$d = 6 \sim 8\ mm; l = 30 \sim 60\ mm; t = 200 \sim 500\ mm$

的厚度应不高出钢板表面 0.5～1 mm;对于开坡口对接缝,定位焊缝的厚度,通常为 6～8 mm,且不超过板厚的 1/2。定位焊缝长度一般为 30～50 mm,对于高强度钢可超过 60 mm,定位焊缝的间距为 200～500 mm。开坡口对接缝定位焊缝尺寸如图 4 - 2 所示。定位焊时如发现接缝的局部间隙有超差,则应用焊条电弧焊或 CO_2 气体保护半自动焊进行填补,以防止烧穿。

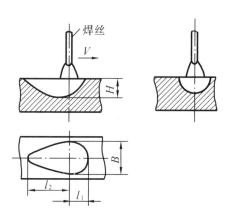

图 4 - 3　埋弧焊熔池的形状和尺寸
H—熔池深度;B—熔池宽度;$l_1 + l_2$—熔池长度

五、焊缝的形状和尺寸

埋弧焊时,焊丝和母材间形成电弧,在电弧热作用下焊丝和母材被熔化,在电弧底下形成液态金属熔池,如图 4 - 3 所示。熔池的形状和尺寸可由熔宽、熔深及熔池长度来表示,这三个尺寸的大小是由电弧的功率和电弧移动的速度(即焊接速度)来决定的。熔池尺寸的大小和电弧功率成正比,而和焊接速度成反比。

电弧形成熔池,随着电弧的前移,形成新的熔池,而原来的熔池冷凝结晶成焊缝。焊缝的形状和尺寸由熔宽 B、熔深 H 及余高 a 来表示,如图 4 - 4所示,熔宽和熔深就是熔池的宽度和深度,而

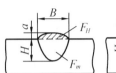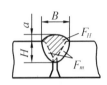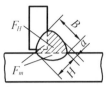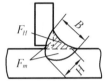

图 4-4　各种焊缝横截面的形状和尺寸

F_m—母材熔化的横截面积；F_H——焊丝熔敷的横截面积；H—熔深；B—熔宽（焊缝宽度）；a—余高

余高取决于焊丝熔化敷入的量。为了保证焊缝的力学性能，焊缝必须有足够的熔深，和合适的尺寸比例。焊缝的熔宽和熔深之比称为焊缝的形状系数，$\varphi = B/H$。φ 小的焊缝形状窄而深，这种焊缝中的气体和杂质不易逸出焊缝表面，易产生气孔、夹渣及裂纹；φ 大的焊缝截面形状宽而浅，也会形成未焊透等缺陷。对于埋弧焊来说，合适的焊缝形状系数为 1.3~2.0。余高是焊缝的增强量，适量的余高是有利于提高焊缝的强度。但不是余高越大越好，过大的余高将使焊缝趾部形成截面突变，造成应力集中，如图 4-5 所示，降低了焊接接头的动载强度。在埋弧焊对接焊缝中要焊成无余高（$a = 0$，但不是负值）也是困难的，通常控制焊缝的余高为熔宽的 1/4~1/8，一般为 0.5~3 mm。在重要的承受动载的结构中，有时需要焊缝是无余高的，这时可先焊成略有余高的焊缝，然后用砂轮打磨去余高。

焊缝金属是由母材被熔化部分的金属和焊丝熔化敷入坡口中的金属两部分组成。两者对焊缝金属都有着较大的影响。为此，引入熔合比的概念，熔合比就是母材金属熔化部分占焊缝金属的百分比，从焊缝横截面（见图 4-4）来看，熔合比 $r = \dfrac{F_m}{F_m + F_H} \times 100\%$，熔合比 r 大，就是母材熔化面积 F_m 大，也即焊丝熔敷面积 F_H 小。V 形坡口对接焊缝的熔合比显然要小于不开坡口 I 形对接焊缝的熔合比。熔合比的大小影响着焊缝的性能。如果焊丝熔敷金属的质量优于母材熔化金属的质量，则希望焊缝中焊丝熔敷金属的量多一些，而母材熔化金属量少一些，即熔合比小为好。开大坡口焊缝的熔合比小于开小坡口焊缝的熔合比。

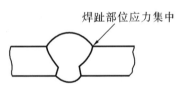

图 4-5　过大的余高，焊趾部位应力集中

第二节　埋弧焊工艺参数

埋弧焊工艺参数有：焊丝直径、焊接电流、电弧电压、焊接速度、焊丝伸出长度、焊丝的倾角、焊件的倾角、焊剂的颗粒度和堆积厚度等。这些焊接工艺参数都影响着焊缝形状尺寸和焊缝质量。焊条电弧焊时，焊缝的形状尺寸可凭焊工的操作技术灵活掌握运条方法来控制。如在船台上焊接时，由于调节焊接电流不方便，焊条电弧焊工就不调节电流而靠改变运条方法，应付不同板厚、不同坡口、不同焊接位置，能焊成不同尺寸或同尺寸的焊缝。这点埋弧焊工是做不到的。埋弧焊时为了获得一定形状尺寸的焊缝，必须要准确选择好焊接工艺参数。为此焊工必须掌握焊接工艺参数对焊缝形状尺寸的影响。下面就讨论埋弧焊工艺参数对焊缝形状尺寸的影响，讨论的前提是假定其他工艺参数不变，仅是单项工艺参数变化。

一、焊丝直径(ϕ)

焊丝直径是一个首选的主要工艺参数。一是它要涉及焊接材料的供应;另一是更换焊丝直径要更换导电嘴,调节压紧滚轮及拆装焊丝盘。总之,调节焊丝直径的操作要比调节焊接电流、电弧电压等麻烦。

选择焊丝直径的依据是母材的板厚、焊接接头和坡口形式、焊缝的空间位置(如船形焊位置、平角焊位置)及焊缝尺寸要求等。

焊丝直径增大,弧柱直径也增大,熔池的熔宽也增大。由于焊接电流等都不变,电弧热量不增大,则因熔宽增大而使熔深减小。焊丝直径对熔宽和熔深的影响如图 4-6 所示。由于焊丝熔化量不变,则因熔宽增大而使余高减小。焊丝直径减小,电流密度增大,电弧吹力加强,热量更集中,使熔深大增,而熔宽减小,余高增大。应该指出,随着焊丝直径减小的同时,需要提高电弧电压,增大熔宽,从而获得良好的焊缝成形(B/H 应大于 1.3)。细焊丝埋弧焊的成本高,生产中使用较普遍的焊丝是 4 mm,5 mm。

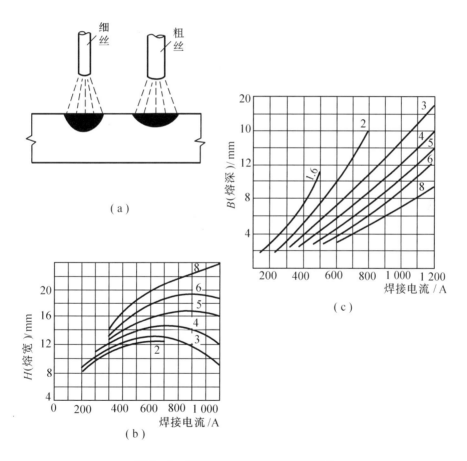

图 4-6　焊丝直径对熔宽和熔深的影响

(a)不同焊丝直径的熔池;(b)焊丝直径对熔宽的影响;(c)焊丝直径对熔深的影响

二、焊接电流(*I*)

增大焊接电流,要引起电弧功率的增大和焊丝熔化速度的增大。电弧功率增大,电弧吹力增大,电弧可以更深入基本金属内,熔深显著增大。虽然电弧电压不变,而电弧功率有所增大,所以熔宽略有增大。由于焊丝熔化速度增大,焊丝熔敷到坡口上的量也增大,则因熔宽度变化不大而余高增大。焊接电流对焊缝形状尺寸的影响如图4-7所示。

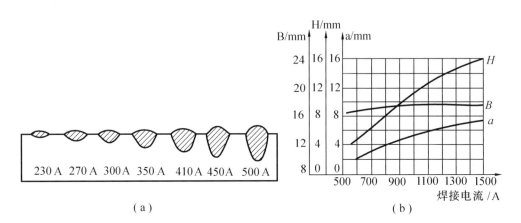

(a)   (b)

图4-7 焊接电流对焊缝形状尺寸的影响
(a)不同焊接电流时焊缝横截面形状;(b)焊接电流和焊缝尺寸的关系
H—熔深;*B*—熔宽;*a*—余高

试验证明:熔深和焊接电流几乎成正比关系,如图4-7(b)所示,可用公式表示

$$H = kI$$

式中   *H*——熔深,mm;

k——熔深系数,*K* = 1.0 ~ 1.5 mm/100 A;

I——焊接电流,A。

熔深系数*k*取决于电流种类与极性、焊丝成分与直径、焊剂成分与颗粒度、母材钢种类别以及焊接接头坡口形式。对于碳钢和低合金钢的I形坡口对接,选用5 mm焊丝,直流正接时,其*k*值为1.0 mm/100A,直流反接时*k*值为1.10 mm/100A,交流*k*值在两者之间。对于不开坡口 T 形接头和 V 形坡口对接,直流正接*k*为 1.25 mm/100A,直流反接为1.5 mm/100A。

选择焊接电流的依据:焊丝直径、接头坡口形式、工件所要求的熔深及母材对焊接线能量的要求。焊丝直径选定后,则选用的焊接电流就有一定的范围,因为对于直径一定的焊丝,为维持电弧稳定燃烧,焊丝承受焊接电流的能力有一定的极限程度,表4-2为焊接电流和焊丝直径之间的关系。

表4-2 焊接电流和焊丝直径之间关系

焊丝直径/mm	1.6	2.0	3.0	4.0	5.0	6.0
焊接电流/A	200 ~ 500	240 ~ 600	300 ~ 700	400 ~ 900	500 ~ 1 200	600 ~ 1 300

生产中主要根据工件所要求熔深来选定焊接电流,例如工件 I 形坡口要求有 7 mm 熔深,按公式 $H=kI$,焊接电流 $I=H/k=7$ mm/(1.1 mm/100 A)=640 A。

选择焊接电流还要考虑焊接电源的容量,如 BX1 – 1000 型或 BX2 – 1000 型焊接变压器,它们的额定电流 I_e 为 1 000 A,额定负载持续率为 60%,若埋弧焊焊长缝,负载持续率为 100%,则最大允许使用的焊接电流 $I=I_e\sqrt{\dfrac{60\%}{100\%}}=1\ 000\ \sqrt{0.6}=774$ A。如果焊接电流超过 774 A,焊接电源连续长时间工作,则造成过载,会烧坏焊接电源。

为了要得到较大的熔深,单纯地增大焊接电流,则将会使焊缝形状系数 $\varphi=B/H$ 减小,φ 小的焊缝易产生气孔、夹渣,甚至裂纹。所以从焊缝形状系数考虑,增大熔深的同时,必须相应增大熔宽,这就是说,增大焊接电流的同时需要提高电弧电压。

三、电弧电压(U)

电弧电压是电弧两极(焊丝和焊件)之间的电压,它也是电弧长度的标志。升高电弧电压,即拉长电弧,电弧的活动范围增大,即熔宽显著增大。由于焊接电流不变,焊丝熔化速度不变,焊丝熔敷量也不变,结果是因熔宽增大而使余高减小。同理,电弧功率虽略有提高,但因熔宽增大过多,而使熔深有所减小。电弧电压对焊缝形状尺寸的影响如图 4 – 8 所示。

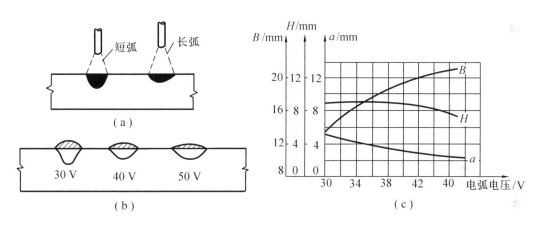

图 4 – 8 电弧电压对焊缝形状尺寸的影响
(a)不同弧长的熔池;(b)电弧电压变化时焊缝横截面形状;(c)电弧电压对焊缝尺寸的影响
B—熔宽;H—熔深;a—余高

前已叙述过,为了获得良好的焊缝成形($\varphi\geqslant1.3$),在增大焊接电流的同时,应适当提高电弧电压,即电压和电流应匹配,其关系式为

$$U=0.02I+22$$

式中　U——电弧电压,V;

I——焊接电流,A。

例如焊接电流 $I=500$ A,则电弧电压 $U=0.02I+22=0.02\times500+22=32$ V。

选择电弧电压的主要依据是焊接电流和熔宽的要求。过高的电弧电压,不仅使熔深降低,电弧不稳定,造成焊件未焊透,焊缝外表粗糙,脱渣困难,还会引起咬边和气孔缺陷。在开坡口的多层埋弧焊操作时,由于坡口上面的宽度大,为此需要提升电弧电压来获得较大的熔宽。

四、焊接速度(V)

焊接速度提高,单位长度焊缝吸收电弧热量减少,因此使熔深减小。同时单位长度焊缝得到的熔敷金属量也减少,因而使熔宽和余高都减小,相比之下,熔宽比余高减小得多一些。焊接速度对焊缝形状尺寸的影响如图4-9所示。

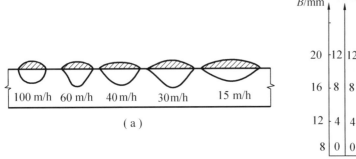 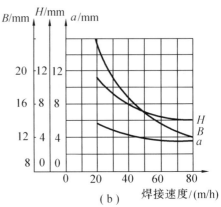

图4-9 焊接速度对焊缝形状尺寸的影响

(a)不同焊接速度的焊缝横截面形状;(b)焊接速度对焊缝尺寸的影响

H—熔深;B—熔宽;a—余高

应该指出:当焊接速度很小时,电弧的吹力几乎是垂直向下的,由于受到熔池中液态金属的阻挡作用,不能排开液态金属而深入熔化基本金属,熔深较浅。随着焊接速度增大,电弧逐渐倾斜,电弧吹力把熔池底部的液态金属向后排开作用加大,电弧更深入熔化基本金属,结果是增大了熔深,而熔宽减小。但当焊接速度增加到一定值时,再增加焊接速度,则单位长度焊缝受到热量减少,而使焊缝的熔深、熔宽和余高都减小。

焊接速度过快会产生咬边、未焊透及气孔等缺陷。焊接速度过慢,熔池满溢,造成夹渣、未熔合等缺陷。当焊接速度过慢且电弧电压又很高时,会形成"蘑菇形"焊缝,并易产生裂纹,如图4-10所示。

焊前选择焊接工艺参数时,通常先选择好焊接电流和电弧电压,然后再来选择焊接速度。当需要同时调整焊缝的熔宽和熔深时,就首先考虑调整焊接速度来达到要求。

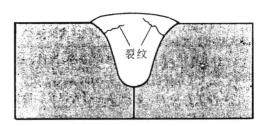

图4-10 "蘑菇形"焊缝及其产生的裂纹

五、焊丝伸出长度($l_{伸}$)

焊丝伸出长度就是焊丝从导电嘴末端伸出到电弧之间的长度。这一段焊丝是通有焊接电流的,产生电阻热($I^2 R_{丝} t$),这个电阻热对进入电弧前的焊丝起着预热作用。焊丝的熔化速度是由电弧热和电阻热共同决定的。焊丝伸出长度越长,焊丝电阻越大,且通电时间越长,电阻热越大,焊丝的熔化速度越大。另一方面,焊丝伸出长度增长后,焊丝易摇晃,使电弧加热宽度增大,熔宽有所增大。由于电弧的功率未变,加热熔化基本金属的热量也不变,这样因熔宽增大而使熔深减小。关于余高变化的问题,要视熔宽增大的比例和焊丝熔敷量(和焊丝熔化速度成正比)增大的比例,通常焊丝熔敷量增大比例较大,则因熔宽增大不多,而形成余高增大。焊丝伸出长度过长,会形成熔深浅而余高过大的焊缝,为了保证焊缝有良好

表4-3 不同直径焊丝选用的焊丝伸出长度

焊丝直径/mm	合适的焊丝伸出长度/mm
2,2.5,3.0	25~50
4,5,6	30~80

的成形,对于不同直径的焊丝可选用表4-3中的焊丝伸出长度。埋弧焊能使用很大的焊接电流,其主要原因是它的焊丝伸出长度较短。

六、焊丝的倾斜角

对接焊缝埋弧焊的焊丝通常是垂直于焊件钢板的,但有时也采用倾斜焊丝进行焊接。焊丝顺焊接方向倾斜,称为焊丝前倾;焊丝背着焊接方向倾斜,称为焊丝后倾。焊丝前倾时,倾斜的电弧吹力能把熔池中的液态金属向后推移,使电弧可进一步潜入基本金属,熔深增大,而熔宽减小,余高增大。焊丝后倾时,电弧把液态金属吹在未熔化的基本金属上,液态金属阻碍了电弧潜入基本金属,使熔深减小,同时电弧浮在上面,其活动范围增大,结果是熔宽增大,而余高减小。表4-4为焊丝倾角对焊缝成形的影响。

利用焊丝前倾,可以获得熔深较深的焊缝;焊丝后倾用于焊接薄板,可以避免烧穿。

表4-4 焊丝倾角对焊缝成形的影响

焊丝倾角	前倾15°	垂直0°	后倾15°
焊缝形状			
熔深	深	中等	浅
余高	大	中等	小
熔宽	窄	中等	宽
示意图			

七、焊件的倾斜角

焊接倾斜的焊件,可分为上坡焊和下坡焊,如图4-11所示。上坡焊时,除了电弧吹力作用外,还有熔池液态金属的重力作用,使液态金属向下淌,这样电弧进一步潜入基本金属,因此熔深大为增加。但由于电弧的活动性降低,则熔宽减小,而余高有所增大。上坡焊和焊丝前倾焊接相似。下坡焊时,液态金属受重力作用而淌向电弧前方未熔化的基本金属上,阻碍了电弧潜入基本金属,因此熔深减小,而熔宽增大,同时余高减小。下坡焊和焊丝后倾焊接相似。

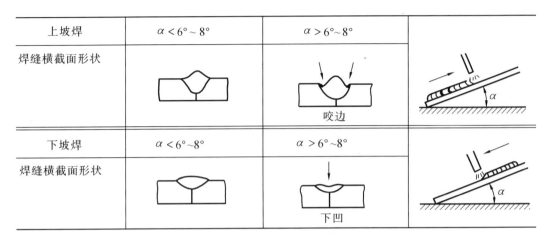

上坡焊	$\alpha < 6° \sim 8°$	$\alpha > 6° \sim 8°$	
焊缝横截面形状		咬边	
下坡焊	$\alpha < 6° \sim 8°$	$\alpha > 6° \sim 8°$	
焊缝横截面形状		下凹	

图 4 - 11   上坡焊和下坡焊对焊缝成形的影响

无论上坡焊或下坡焊,焊件的倾斜角不允许超过 8°,上坡焊的焊件倾斜角大于 8°时,熔宽减小,余高显增,焊缝产生咬边且成形恶化。下坡焊的焊件倾斜角大于 6° ~ 8°时,使焊缝外形下凹,且熔深大减甚至造成未焊透缺陷。

在船台上建造船体结构时,船台是倾斜的,甲板是拱弧形的,埋弧焊经常会遇到上坡焊或下坡焊的工作条件,为了减小焊件倾斜对焊缝成形的影响,往往是通过调整其他焊接工艺参数来改善焊缝成形的。

上坡焊时,为了减小余高和增大熔宽,应该做到:

(1)适当提高电弧电压,比焊件水平位置的高 2 ~ 4 V;

(2)减小焊接电流和焊接速度;

(3)焊丝适当后倾,并适当增加焊剂堆积厚度。

下坡焊时应该做到:

(1)适当减小焊接电流和电弧电压,以减小熔池体积防止液态金属下淌,避免焊缝中间凹陷;

(2)增加焊接速度,防止液态金属向两边满溢,使焊缝边缘平滑过渡;

(3)焊丝适当前倾,增加熔深,并减小焊剂堆积厚度。

倾斜焊件的焊缝,有时可以进行上坡焊,也可以实施下坡焊,这时最好选用上坡焊,因为上坡焊的熔深有保证。

八、焊剂颗粒度和堆积厚度

焊剂颗粒度和堆积厚度也影响着焊缝的成形。

1. 焊剂颗粒度

焊剂颗粒度是以过筛的目数来表示,例如 8 × 48 表示 90% ~ 95% 的焊剂颗粒能通过每英吋(25.4 mm)8 孔的筛子,2% ~ 5% 的颗粒能通过每英吋 48 孔的筛子。

细粒度焊剂之间的空隙小,密封性较好,对电弧保护性好,得到的焊缝熔深较大;反之,粗粒度焊剂得到的焊缝熔深较浅。细颗粒焊剂宜用大电流焊接,能得到熔深大而余高小的焊缝。如用小电流焊接,则气体不易逸出,在焊缝表面留下斑点。粗粒度焊剂如用大电流焊接,由于焊剂层保护效果较差,而在焊缝表面形成凹坑或粗糙的波纹有麻点。粗粒度焊剂宜用小于 600 A 的焊接电流。焊剂颗粒度和适用的焊接电流见表 4 – 5。

表 4 – 5　焊剂颗粒度和适用的焊接电流

颗粒度	8 × 48	12 × 65	12 × 150	20 × 200
适用的焊接电流/A	< 600	< 600	500 ~ 900	600 ~ 1 200

2. 焊剂堆积厚度

焊剂堆积厚度太薄,电弧未能完全埋入焊剂中,电弧燃烧不稳定,出现闪光,电弧加热不集中,熔深浅。焊剂堆积厚度太厚,电弧受到熔渣壳的压抑,熔池结晶时,熔渣又受到焊剂层的压抑,会形成外形凹凸不平的焊缝,但熔深较大。焊剂堆积厚度应该有所控制,既不能使电弧露出焊剂而闪光,又能使气体顺利逸出。埋弧焊焊剂堆积厚度通常以 25 ~ 40 mm 为宜。如果电弧电压较高、焊接电流较大,可适当加大堆积厚度。

九、其他工艺因素对焊缝形状尺寸的影响

1. 焊接电流种类和极性对焊缝形状尺寸的影响

埋弧焊的焊接电源有交流和直流。一般是厚板埋弧焊采用交流,因交流焊接电源设备简单,成本低。但在薄板埋弧焊时,为了保证电弧稳定,宜用直流电。由于埋弧焊焊剂中有较多的氟化钙(CaF_2),采用直流正接(焊件接正极,焊丝接负极)的焊缝熔深,不及直流反接(焊丝接正极,焊件接负极)的焊缝熔深大。图 4 – 12 为直流两种接法的焊缝截面形状,由图可知,熔深是直流反接为大,熔宽也是直流反接稍微大点,而余高因直流正接的焊丝熔敷量大而显增。埋弧焊通常焊接厚板,多采用直流反接。埋弧焊进行堆焊工作时,为了获得较厚的堆焊金属层,不需要熔深大,则采用直流正接,这时的熔敷效率也高。当采用交流电埋弧焊时,焊缝的熔深在两者之间,如图 4 – 13 所示,余高也在两者之间。

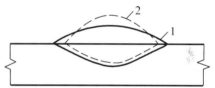

图 4 – 12　直流极性对焊缝形状尺寸的影响
1—直流反接;2—直流正接

2. 坡口尺寸对焊缝形状尺寸的影响

当坡口的间隙增大时,熔池液态金属易向下垂流,同时电弧也向下移,于是增大了熔深。若焊丝熔敷金属量不变,由于填入间隙中的熔敷金属量增大,则焊缝的余高必然减小,如图 4 – 14

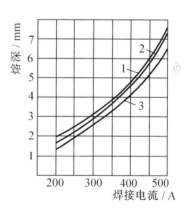

图 4 – 13　电流种类与极性对熔深的影响
1—直流反接;2—交流电;3—直流正接

(a)、(b)所示。在薄板埋弧焊中,不采取有效的工艺措施,焊件局部间隙过大而引起的烧穿现象是屡见不鲜的。

当坡口角度增大时,电弧也易向下移,坡口根部得到的热量也较多,熔深就增大。同时熔融金属也易铺开,于是熔宽显著增大,而余高则减小,见图 4 – 14(c)、(d)。

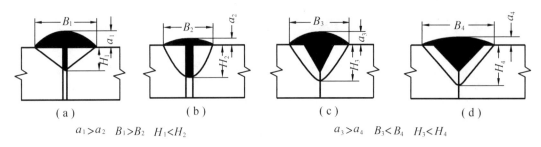

图4-14 间隙和坡口角度对焊缝形状尺寸的影响

(a)间隙小;(b)间隙大;(c)坡口角度小;(d)坡口角度大

钝边可以防止烧穿,这是在钝边尺寸大于埋弧焊能获得的熔深的条件下才能成立;反之要烧穿。当在间隙、坡口角度、坡口深度都不变的条件下,不会烧穿的钝边尺寸继续再增大,这对正面焊接的焊缝形状尺寸几乎是不影响的。至于反面焊缝的形状尺寸,则要视反面焊前的坡口形状尺寸而定。

间隙、坡口角度、钝边的尺寸误差是由坡口加工和装配质量而引起的,其中间隙尺寸变化较大。它对熔深的影响也是最大。焊工在焊前必须仔细地检查间隙的尺寸。当发现局部间隙偏大时,可用定位焊进行填补。若局部间隙过大,则可采用临时衬垫进行埋弧焊。

综合上述各种工艺因素对焊缝形状尺寸的影响归纳于表4-6。

表4-6 埋弧焊工艺因素对焊缝形状尺寸的影响

工艺因素		熔深	熔宽	余高	焊缝形状系数(熔宽/熔深)
焊丝直径↑		↓	↑	↓	↑
焊接电流↑		↑↑	↑	↑	↓
电弧电压↑		↓	↑	↓	↑
焊接速度↑	<20m/h	↑	↓	↓	↓
	>20m/h	↓	↓	↓	—
焊丝伸出长度↑		↓	↓	↑	↑
焊丝前倾		↑	↓	↑	↓
焊丝后倾		↓	↑	↓	↑
上坡焊		↑	↓	↑	↓
下坡焊		↓	↑	↓	↑
焊剂颗粒度↑		↓	↑	↓	↑
焊剂堆积厚度↑		↑	↓	↓	↓
直流	正接	↓	↓	↑	—
	反接	↑	↑	↓	—
坡口间隙↑		↑	↓	↓	↓
坡口角度↑		↑	↑	↓	—

注:↑—增大;↓—减小;↑↑—剧增。

第三节 焊接线能量

一、焊接线能量

埋弧焊工艺参数中主要是焊丝直径(ϕ)、焊接电流(I)、电弧电压(U)及焊接速度(V)。埋弧焊焊接某一工件,改变焊丝直径是较少的。实际工作中经常需要调节的工艺参数是 I,U 及 V 三个参数。I 和 U 是通过调节焊接电源外特性和焊丝给送速度来达到的,调节 V 就是调节焊车的速度。我们把三者综合起来讨论,引入一个综合物理量——焊接线能量。焊接线能量就是单位长度焊接接头吸收电弧的能(热)量。

二、焊接线能量公式

在钢板上焊一条长 l 的焊缝,如图 4 – 15 所示,使用的焊接工艺参数是 I 和 U,焊成焊缝的时间是 t,于是根据焊接线能量的含义,可以得出

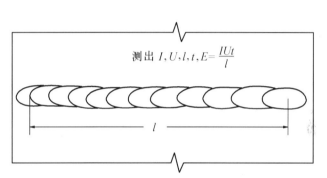

$$E = \frac{总能量}{焊缝长度} = \frac{IUt}{l} = \frac{IU}{l/t} = \frac{IU}{V}$$

式中　E——焊接线能量,J/cm;

图 4 – 15　焊接线能量的测定

　　　　I——焊接电流,A;

　　　　U——电弧电压,V;

　　　　V——焊接速度,cm/s;

　　　　l——焊缝长度,cm;

　　　　t——焊成 l 长焊缝的时间,s。

由公式可知,焊接线能量 E 确实是 I,U,V 三参数的综合物理量,E 正比于 I 和 U,反比于 V。

例埋弧焊焊某焊缝,工艺参数为焊丝直径 $\phi = 4$ mm,焊接电流 $I = 600$ A,电弧电压 $U = 36$ V,焊接速度 $V = 30$ m/h,求焊接线参量。

解　$I = 600$ A,$U = 36$ V,$V = 30$ m/h $= \dfrac{3\,000\ \text{cm}}{3\,600\ \text{s}} = \dfrac{5}{6}$ cm/s

$$E = \frac{IU}{V} = \frac{600\ \text{A} \times 36\ \text{V}}{\dfrac{5}{6}\ \text{cm/s}} = 25\,920\ \text{J/cm} = 25.92\ \text{kJ/cm}$$

例焊接某合金钢对接焊缝,焊接工艺规程要求焊接线能量不得超过 40 kJ/cm,现进行埋弧焊,选用焊丝直径 $\phi = 4$ mm,焊接电流 $I = 500$ A,电弧电压 $U = 32$ V,问焊接速度应为何值才能达到焊接线能量的要求?

解　$I = 500$ A,$U = 32$ V,$E \leqslant 40$ kJ/cm,求 V,

$$E = \frac{IU}{V}, \quad V = \frac{IU}{E} = \frac{500 \times 32}{40\,000} = 0.4\ \text{cm/s}$$

焊接速度不小于 0.4 cm/s。

三、焊接线能量对焊接接头性能的影响

焊接线能量影响着生产率和焊接质量,从提高生产率角度考虑,焊接线能量越大,生产率越高。通常埋弧焊用于焊接厚板,它的焊接线能量远大于氩弧焊和焊条电弧焊,CO_2 气体保护电弧焊也难以相比。对于焊接质量来讲,过大的焊接线能量可能产生烧穿等缺陷;过小的焊接线能量会造成未焊透等缺陷。在焊接低合金高强钢时,焊接线能量还对焊接接头的力学性能有着很大的影响。过大的焊接线能量,使热影响区宽大,粗晶区的晶粒更粗大,导致塑性、韧性严重下降;过小的焊接线能量,使焊件冷却速度快,钢的淬硬倾向大,热影响区易产生淬硬组织,塑性、韧性也下降,易引起冷裂纹。强度等级越高,对焊接线能量越敏感。对于埋弧焊来说,用过小焊接线能量进行埋弧焊是缺乏实际意义的。所以在埋弧焊工艺中,通常是限制使用过大的焊接线能量,以确保焊接接头有良好的塑性和韧性。

四、焊接线能量的测算

控制焊接线能量是焊接高强度钢的重要工艺措施之一,在生产中控制焊接线能量就是控制 I,U 及 V 之值,其中 I 和 U 可通过自动焊机控制盘来调节,并由安培计和伏特计来监控。而 V 也可通过操纵焊车的控制旋钮来调节,但焊接时的实际焊接速度要通过测长计时法计算而定。焊接工艺规程制定的焊接速度,其单位通常是米每小时(m/h)。在测算焊接速度时,有经验的焊工是测 36 s 焊车的行程厘米数,可以快速算出以米每小时为单位的焊接速度。例如 36 s 焊车的行程是 45 cm,则焊接速度是 45 m/h $\left(V = \dfrac{l}{t} = \dfrac{45\ cm}{36\ s} = \dfrac{45\ cm \times 100}{36\ s \times 100} \right)$。若 36 s 焊车的行程 30 cm,则焊接速度 $V = 30$ m/h。

用测长计时法测算出焊接速度 V 后,然后用公式 $E = \dfrac{IU}{V}$ 算出焊接线能量。计算时要注意焊速的单位,焊接线能量公式中运用的单位是厘米每秒(cm/s)。

五、焊接工艺参数的可变性

埋弧焊时,用两种不同的焊接工艺参数焊接相同钢板坡口的焊缝,若两者的焊接线能量相等,则两者熔化母材金属的量相等,焊丝熔敷金属的量也相等,也即相同的焊接线能量,焊接获得的焊缝金属面积也是相等的。如果再假定两者的电弧电压相等,两焊缝的熔宽相等,则两焊缝的截面形状和尺寸也是相同的。在焊接线能量(E)和电弧电压(U)相等条件下,获得相同焊缝截面形状和尺寸,这时两者的焊接电流和焊接速度的关系如下:

$$E_1 = E_2, \qquad \frac{U_1 I_1}{V_1} = \frac{U_2 I_2}{V_2}, \qquad U_1 = U_2, \qquad \frac{I_1}{V_1} = \frac{I_2}{V_2}$$

这就使选择焊接工艺参数有多种答案,即可变性。例如有一焊件,焊接工艺参数规定是 $I_1 = 750 \sim 800$ A,$U_1 = 36 \sim 38$ V,$V_1 = 25$ m/h。今因焊接电源容量不足,用 $I_2 = 700 \sim 750$ A,U_2 不变仍为 $36 \sim 38$ V,若要保持焊接线能量和熔宽都不变,获得相同的焊缝截面,则焊接速度应为

$$\frac{I_1}{V_1} = \frac{I_2}{V_2}, \qquad V_2 = \frac{I_2}{I_1} \times V_1 = \frac{725}{775} \times 25 = 23.4\ \text{m/h}$$

这就是说,用两种不同的焊接工艺参数,要获得相同焊缝截面形状和尺寸,除了两者用相同

的电弧电压外,它们的焊接电流之比,应等于它们的焊接速度之比。遵守上述规则,大电流、快焊速可以做到和小电流、慢焊速等效。也就是大电流引起熔深的增加,可以用快焊速来减小。当然上述说法是粗略的,实际上增大焊接电流同时要提高电弧电压,还有当焊接电流或焊接速度变化范围过大时,这样的比例关系就不严格了。

第四节　引弧、熄弧及焊缝的连接

一、引弧

埋弧焊的引弧方法通常有三种:尖焊丝引弧;短路抽丝引弧;慢速刮擦引弧。

1. 尖焊丝短路引弧

把焊丝剪成尖头,然后将焊丝下送到工件,形成良好接触,周围撒上焊剂。按启动按钮,接通焊接电源,短路电流通过点接触的焊丝尖端,高的电流密度很快把焊丝尖端熔化,引燃电弧。这种引弧方法适用于细焊丝。

2. 短路抽丝引弧

将光洁的焊丝端缓慢送下,和钢板接触,接触的松紧程度是以推动焊车能使焊丝在钢板上划出金属光泽痕迹为准(若焊车推不动,则说明接触太紧;若划不出痕迹,则接触太松),焊丝周围撒上焊剂。若是使用 MZ_1 – 1000 型埋弧自动焊机,按下启动按钮不放,接通焊接电源,焊丝上抽,引燃电弧,松开启动按钮,立即焊丝下送,正常焊接。若是使用 MZ – 1000 型埋弧自动焊机,按启动按钮后接通焊接电源,焊丝上抽,引燃电弧,电弧逐渐拉长,待拉长到一定长度,电弧电压达一定数值后,焊丝转为下送,正常焊接。

3. 焊丝慢速刮擦引弧

这是 MZ – 1 – 1000 型埋弧自动焊机具有的功能。引弧前焊丝和工件不接触,按下启动按钮不立即释放,接通焊接电源,由于不接触焊丝和工件之间出现空载电压(80～90 V),经焊机电路工作,焊丝缓慢下送,焊车开始行走,于是形成"刮擦",电弧引燃,引弧后松开启动按钮,焊机就自动转入正常焊接,焊丝下送,焊车前行。

二、熄弧

埋弧焊的熄弧工作通常分两步进行(埋弧自动焊机上设置收弧程序开关):①按"停1"按钮,焊丝给送电动机和焊车电动机的电源被切断,而焊接电源未切断,这时焊丝靠电动机的惯性,焊丝继续向下送一段距离,电弧继续燃烧,电弧被拉长,熔化焊丝填入弧坑。②按"停2"按钮,切断焊接电源,焊接工作停止。这样的操作顺序,主要是防止焊丝粘住于熔池,但不一定能充分填满弧坑。若要充分填满弧坑,则可在熄弧前先将焊车行走的离合器打开,焊车停止,焊接电源仍有,焊丝不断下送,电弧继续燃烧,于是可以填满弧坑;接着按"停1"按钮,焊丝电动机断电;最后按"停2"按钮,焊接电源切断,焊接工作全部停止。

三、引弧板和熄弧板

埋弧焊引弧处的焊缝质量是差的。因为引弧时钢板是冷的,热量不够,同时开始焊接时的工艺参数也不可能立即转入正常焊接的工艺参数。引弧端头常有未焊透及夹渣等缺陷。熄弧处由于存在弧坑,焊缝的余高较低,难以满足强度要求,有时也会出现气孔和裂纹等缺陷。在多层焊中引弧端头和熄弧弧坑若是层层重叠，焊缝质量更差，为此有必要将引弧端头和熄弧弧坑进行切除。在生产中通常在正式焊缝的始端和终端分别装上引弧板和熄弧板，使引弧端头和熄弧弧坑都落在正式焊缝之外。

大坡口对接缝的引弧板，它的坡口应和正式接缝相同，如图4-16(a)所示；对于厚度不大的V形坡口接缝的引弧板，可在等厚度钢板上碳刨刨出一条槽来代替坡口，如图4-16(b)所示；对于不开坡口I形对接缝的引弧板，可直接用等厚度钢板制成，如图4-16(c)所示。引弧板的尺寸为150 mm×150 mm，高强度钢引弧板的尺寸增大至200 mm×200 mm，厚度同正式焊件板厚。

熄弧板的坡口及尺寸等同于引弧板，两者可以通用。引弧板和熄弧板统称为工艺板。

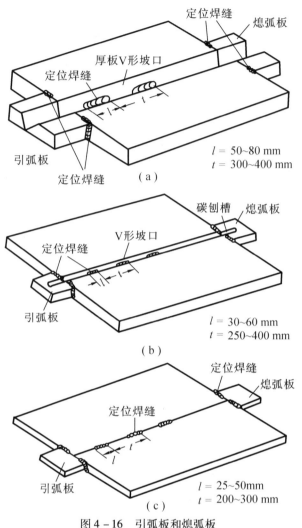

图4-16 引弧板和熄弧板

(a)厚板V形坡口；(b)V形坡口；(c)I形坡口

四、焊缝的连接

埋弧焊在下列情况下，需要进行焊缝的连接工作：①焊接工作因焊机故障或其他原因而中断；②环缝焊接；③焊接顺序的安排；④修补焊缝。焊缝的连接形式和方法有四种，如图4-17所示。焊缝的连接主要是保证焊缝接头的焊透，其次是焊缝成形良好。

1.头接尾

头接尾的方法如图4-17(a)所示，要在先焊焊缝弧坑的前端前引弧，引弧后按正常的焊接工艺参数进行焊接。后焊焊缝的端头区域相当于多层焊，不必承担焊缝根部焊透的责任，因为先焊焊缝已经解决了焊透问题。这种焊法的焊缝接头可能有偏高现象，焊后可以打磨掉，或者在先焊焊缝的弧坑区域用碳刨刨出一条槽沟，可使焊缝成形有所改善。

2.尾接尾

尾接尾的方法如图4-17(b)所示，这里主要是熄弧点问题，后焊焊缝焊至先焊焊缝的弧坑中心，再继续向前焊大于10 mm才熄弧。这样不仅可以焊透，也能使焊接接头处有丰满的焊缝尺寸，避免焊缝脱节现象。

3.尾接头

尾接头的方法如图4-17(c)所示，这是在环缝焊接中常用的方法。先将先焊焊缝的端

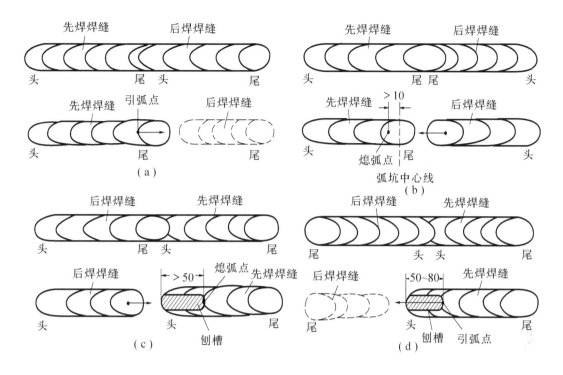

图 4 - 17　焊缝的连接形式和方法
(a)头接尾;(b)尾接尾;(c)尾接头;(d)头接头

头区域,用碳刨刨出一条槽沟,刨去的焊缝金属面积,相当于先焊焊缝中的熔敷金属面积,槽沟的长度不小于 50 mm,当后焊焊缝的电弧到槽沟的终端处熄弧。把先焊焊缝的熔敷金属刨去,这就相当于未经焊接(先焊)的坡口状态,有利于焊缝接头的良好成形。

4.头接头

头接头的方法如图 4 - 17(d)所示,先将先焊焊缝的端头区域用碳刨刨去一段焊缝金属,刨去焊缝金属的截面相当于先焊焊缝熔敷金属面积,或略大一点,长度为 50 ~ 80 mm,后焊焊缝的引弧点在碳刨槽沟的端点,引弧后正常焊接。

第五节　悬空双面埋弧焊

不用衬垫,把对接接头焊件悬空放置在焊接工作台上,先用埋弧焊焊一面焊缝,焊后将焊件翻身,再焊另一面焊缝,这种焊接方法称为悬空双面埋弧焊。它不需要焊接辅助材料及焊接辅助装置,工艺简单,使用方便,是目前国内工厂应用较普遍的焊接方法。

一、I 形对接悬空双面埋弧焊

钢板厚度在 14 mm 以下,可采用不开坡口 I 形对接进行悬空双面埋弧焊。对接接头装配时不留间隙,或留很小的间隙(≤1 mm),焊第一面焊缝要求熔深略小于板厚的 50%,焊第二面焊缝的熔深要达到板厚的 60% ~ 70%,保证两面焊缝熔深交搭 2 ~ 4 mm。若未交搭,这就是未焊透缺陷。

1. 装配间隙要求

焊件的装配间隙要求尽可能小,通常不超过 1 mm。

2. 焊件边缘清理

由于不开坡口,熔合比大。母材中的杂质、钢板上的锈和潮气等较多进入焊缝,因此要仔细打磨,保证两钢板的端面清洁干净。

3. 密集点焊防止烧穿

如遇局部间隙过大,为防止第一面烧穿,可在焊件反面用焊条电弧焊进行密集点焊,能阻止焊剂和液态金属流淌。不要用连续长焊缝替代点焊,因为正面埋弧焊时,间隙中的气体无法从背面逸出(密集点焊时气体可以从点焊之间空隙逸出),这就导致焊缝产生气孔。

4. 焊丝和焊剂

焊丝和焊剂可根据母材钢号按表 2 - 2 来选择。

由于不开坡口的焊缝熔合比大,所以焊丝中的合金成分可以少一些,如焊接 16Mn 钢的不开坡口 I 形对接可选用 H08A 低碳钢焊丝。而焊剂选用 HJ43 高锰、高硅焊剂。

5. 焊接工艺参数

第一面焊接条件是悬空的,为了防止烧穿,所以焊接电流选小点;第二面焊接条件是第一面已焊好,不易烧穿,焊接电流可大,保证焊透。悬空双面埋弧焊的工艺参数见表 4 - 7。

6. 判断熔深

前面讲述过,熔深和焊接电流成正比,不开坡口对接焊缝的熔深系数 k 为 1. 0 ~ 1. 1 mm/100A,这里也有一个速度范围的条件,如果焊接速度过快,则熔深是要减小的。在实际生产中,熔深是难以测量的,我们可以凭经验观察焊缝反面热场的形状和颜色,或焊缝反面氧化物生成量和颜色来判断熔深和工艺参数是否适当,参见表 4 - 8。

(1)熔池背面热场的颜色 焊接时熔池反面热场呈红色到淡黄色,说明熔深是足够的。且焊件越薄颜色越明亮。同一焊件上,反面热场颜色的深浅表明焊接电流大小,颜色越深,表明焊接电流越小,熔深越浅。

(2)熔池反面热场的形状 热场后端呈尖形,则表明焊接速度较快。热场后端呈圆形,则表明焊接速度较慢。若热场呈圆形,颜色呈淡黄色或白亮色,则表明焊接速度较慢,已接近烧穿,这时应减小焊接电流或提高焊接速度。若热场呈狭长带,颜色又深暗,则表明熔深不够,应增大焊接电流或降低焊接速度。

(3)氧化物颜色和厚度 埋弧焊时,钢板反面处在热场高温作用下,钢板表面被氧化,温度越高,氧化的程度越深。若焊缝反面氧化物呈赫红色,甚至氧化膜也未能形成,则表明熔深不足,甚至有未焊透的危险,需增大焊接电流。若氧化物呈深灰色,且厚度较大并脱落或开裂,则表明该处曾被加热到较高的温度,焊缝已达到足够的熔深。

7. 碳刨清根

对于板厚在 14 mm 以下的 I 形对接悬空双面埋弧焊,可以不清根碳刨。对于板厚在 16 mm 以上的,在反面用碳刨清根,刨槽深达 4 mm 以上,清根后必须把碳刨的熔渣清理干净。刨槽的目的:一是为了保证焊透;二是改善反面焊缝的成形。

表 4－7 I 形对接悬空双面埋弧焊的工艺参数

焊缝形式	钢板厚度 δ/mm	焊道	焊丝直径 /mm	送丝速度 /(m/h)	焊接速度 /(m/h)	焊接电流 /A	焊接电压 /V	焊接电源	反面碳刨深度/mm
	3	1	2	87.5	43.5	280~300	29~31	直流	
		2				325~350	30~32	反接	
	4	1	3	57	43.5	300~325	29~31	直流	
		2		74.5		375~400	30~32	反接	
	5	1	3	68.5	43.5	350~380	30~32	直流	
		2		81		400~450	32~34	反接	
	6	1	3	74.5	37.5	400~450	34~35	直流	
		2		87.5		450~475	36~37	反接	
	7	1	3	81	37.5	425~475	34~36	直流	
		2		95		475~500	36~38	反接	
	8	1	4	62	34.5	425~450	34~36	直流	
		2		74.5		500~550	36~38	反接	
	10	1	4	68.5	34.5	525~550	34~36	直流	
		2		81	32	600~650	36~38	反接	
	10	1	5	52	43.5	500~550	36~38	直流	
		2		62	34.5	600~650	38~40	反接	
	10	1	5	57	37.5	550~600	35~36	交流	
		2		68.5	34	650~700	36~38		
	12	1	5	52	34	500~550	36~38	直流	
		2		68		650~700	38~40	反接	
	12	1	5	57.5	34	550~600	35~36	交流	
		2		68	27	700~750	36~38		
	14	1	5	62	32	600~650	34~38	直流	
		2		81		750~800	38~40	反接	
	14	1	5	68	37	650~700	35~36	交流	
		2		87.5	34	750~800	36~38		
	16	1	5	68	27	650~700	36~38	直流	4
		2		81	25	750~800	40~42	反接	
	16	1	5	74.5	25	750~800	36~38	交流	4
		2		95	23	850~900	38~40		
	18	1	5	74.5	25	725~775	42~44	直流	4
		2		87	19.5	825~875	44~46	反接	
	20	1	5	87	19.5	825~875	44~46	直流	4
		2		103		900~950	48~50	反接	

表 4－8 判断熔深的方法

判断项目 观察方法	熔深		焊接速度	
	足够	不足	太快，熔深不足	太慢，接近烧穿
热场颜色和熔池形状	红—淡黄	深色	热场呈狭长带，颜色较暗	颜色较亮，熔池呈圆形
氧化物颜色和形态	深灰色、厚度大并开裂脱落	未形成氧化物或呈赫红色		

二、V 形对接悬空双面埋弧焊

1. V 形坡口尺寸

16 mm 以上的钢板为了保证焊透,采用 V 形对接悬空双面埋弧焊。坡口角度为 45° ~ 60°,间隙尽可能小,不大于 1 mm,钝边可选为板厚的一半($\delta/2$)。通常先焊开坡口的正面,焊一道或二、三道,焊好正面后,反面碳刨清根,最后焊满反面坡口。

2. 坡口清理

V 形对接的清理包括坡口面和钝边及坡口两侧各 20 mm 范围。

3. 焊第一道焊缝

焊第一道焊缝首先要防止烧穿,其次要有一定尺寸的焊缝厚度,防止产生裂纹,尤其是厚板刚性大的 V 形对接接头更应重视。焊第一道焊缝的焊接电流不大,工艺参数见表 4 - 9。

4. 碳刨清根

为了保证焊透和使反面焊缝成形良好,通常在 V 形坡口焊好的反面,碳刨清根出约 6 mm 深刨槽。对于可以使用大线能量的钢种,也可以不清根或少量清根,利用加大焊接电流和降低焊接速度来保证焊透。

5. 焊反面焊缝

焊反面第一道焊缝用较大的焊接电流,焊透到正面焊缝形成交搭 2 ~ 4 mm,焊反面焊缝的工艺参数见表 4 - 9。

三、X 形对接悬空双面埋弧焊

1. 坡口尺寸

对于相同板厚的对接接头来说,采用 X 形坡口的焊缝截面积要比 V 形坡口的小,可以节省焊丝、焊剂及电能,且焊接变形应力小。X 形坡口的角度通常为 45° ~ 60°,钝边约为板厚的三分之一($\delta/3$)或略小点,间隙也是尽可能小,通常不超过 1 mm。X 形坡口可以制成对称的,即两面坡口的深度是相等的,也可以制成不对称的。

2. 焊接工艺参数

由于钢板较厚,多选用 5 mm 焊丝直径,焊第一面宜用偏小的焊接电流防止烧穿,翻身再焊第二面,可用较大的焊接电流,以保证焊透。表 4 - 10 为板厚 16 ~ 28 mm X 形对接悬空双面埋弧焊的工艺参数。此表是每一面只焊一道就解决了,焊接厚度 28 mm 钢板时,其焊接线能量高达 73.8 kJ/cm,生产率高,但只适合线能量没有控制要求的低碳钢焊件。对于有控制线能量要求的某些低合金高强度钢,例如 15 MnVN 钢的线能量控制在 45 kJ/cm 以下,这时必须要用较小的焊接电流,小线能量施行多层多道焊。焊接工艺参数可选为 $I = 600 ~ 700 \text{ A}$,$U = 30 ~ 34 \text{ V}$,$V = 25 \text{ m/h}$,$E = 25.9 ~ 34.5 \text{ kJ/cm}$。

3. 多层多道焊的焊接工艺参数

钢板厚度大于 30 mm 时,埋弧焊通常采用多层多道焊,焊打底层时,为了防止焊穿,不宜用大电流焊接,焊以后的填充层时,为了焊透和提高生产率,宜用大电流焊接。在焊盖面层前,先观察一下焊缝是否有高低不齐情况,如有则适当调节工艺参数,用小的电流,高的电弧电压和快的焊接速度在低凹处焊上一条薄的焊道,达到填平补齐焊缝的要求。焊盖面层前,焊缝厚度应达到离钢板表面 1 ~ 2 mm,然后焊盖面层,为了使焊缝外形美观,其焊接电流要用得小一点。

表 4 - 9 V 形对接悬空双面埋弧焊工艺参数

焊缝形式	钢板厚度 δ/mm	焊丝直径/mm	焊道	送丝速度/(m/h)	焊接速度/(m/h)	焊接电流/(A)	焊接电压/V	电源种类	反面碳刨深度/mm
$\delta=12$	12	4	1	74.5	27	550~600	34~35	交流	4
			2	87.5	23	650~700	34~35		
$\delta=16$	16	5	1	74.5	21	725~775	34~36	交流	6
			2	81		800~850	36~38		
$\delta=18$	18	5	1	81	19.5	750~800	34~36	交流	6
			2	87.5		800~850	34~36		
$\delta=20$	20	5	1	81	19.5	775~825	32~34	交流	6
			2	87.5		875~925	34~36		
$\delta=22$	22	5	1	74.5	19.5	700~750	35~37	直流反接	4
			2	81		800~850	42~44		
			3	103		900~950	46~48		
$\delta=24$	24	5	1	87.5	19.5	800~850	33~35	交流	8
			2	68.5		625~675	34~37		
			3	111		950~1 000	36~38		
$\delta=26\sim28$	26~28	5	1	81	19.5	750~800	35~37	直流反接	6
			2	68.5		650~700	42~44		
			3	68.5		650~700	42~44		
			4	68.5		950~1 000	48~50		
			5	68.5		650~700	42~44		
			6	68.5		650~700	42~44		

4. 对称焊法

X 形坡口通常是对称的,为了减小变形及应力,采用对称焊法,如图 4-18(a)所示。在焊接大厚度 X 形对接焊缝时,为了减小焊件翻身的次数,采用两面交替轮先的对称焊法,如图 4-18(b)所示,这也是有效的减小变形及应力的方法。这是根据"矫枉过正"的原理制定的。

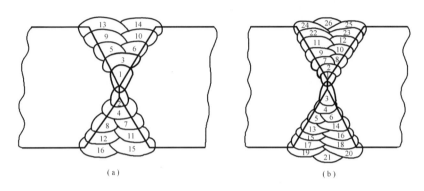

图 4-18 X 形坡口的对称焊法

(a)对称焊法;(b)两面交替轮先的对称焊法

表 4-10 X 形对接悬空双面埋弧焊的工艺参数

接头形式	板厚/mm	h_1/mm	h_2/mm	h_3/mm	焊道	焊丝直径/mm	送丝速度/(m/h)	焊接速度/(m/h)	焊接电流/A	焊接电压/V	焊接电源
	16	4	6	6	1	5	57	29	550~600	36~38	直流反接
					2		74	25	775~825	38~40	
	18	5	6.5	6.5	1	5	74.5	27	750~800	36~38	交流
					2		87.5	25	900~950	38~40	
	20	6	7	7	1	5	81	27	800~825	36~38	交流
					2		95	25	950~975	38~40	
	24	8	8	8	1	5	81	19.5	800~850	36~38	交流
					2		103	18	900~950	38~40	
	26	8	9	9	1	5	87.5	19.5	850~900	36~38	交流
					2		111		950~1000	38~40	
	28	8	10	10	1	5	95	25	900~950	38~40	交流
					2		111	19.5	950~1000	38~40	

四、U 形对接悬空双面埋弧焊

当板厚大于 50 mm 时,为了节省熔敷金属可以考虑开 U 形坡口或双 U 形坡口,坡口根部半径为 8~10 mm,坡口角度为 20°(每个坡口面角度为 10°)。在焊接压力容器的纵缝或环缝时,考虑到在筒体外焊接施工比筒体内要方便得多,通常把坡口开成不对称的 U 形坡口,将工作量大的坡口开在外面,而筒体内开成深度较浅的 U 形坡口,也可开成 V 形坡口,如图4-19(a)所示。焊接这种不对称坡口时,焊道顺序对焊件的角度形和挠曲变形影响较大,图4-19(b)所示的焊接顺序是有减小焊接变形的效果。在U形坡口中焊第一层是以单道焊来完成,而第二层采用双道焊,以后层可视坡口宽度焊三道或更多道数。

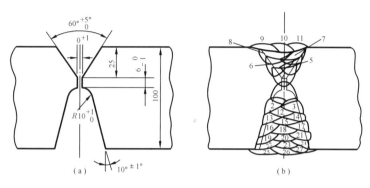

图4-19 不对称U形坡口及焊接顺序

(a)不对称U形坡口;(b)焊接顺序

在U形多层多道焊时,若是每层三道焊(图4-20中4,5,6和7,8,9等),则先焊左右两道,确保焊道和坡口两侧壁良好熔合,第三道焊在中央,这中央焊道的热量对前两道焊道起回火作用,改善焊缝的金相组织和性能。同理,后层焊道的热量对前层焊道也起着回火作用。

U形坡口多层多道焊时,由于坡口角度小且深度大,清渣工作较难些,应该予以重视,不可疏忽。

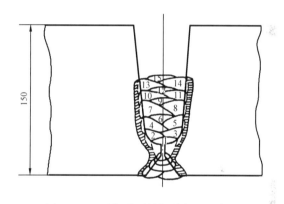

图4-20 后焊道对前焊道起回火作用

五、悬空双面埋弧焊举例

1.平板拼接I形对接悬空双面埋弧焊

(1)产品结构和材料

某结构中一平板系四块钢板拼接而成,如图4-21所示。材质为低碳钢Q235,板厚为12 mm。采用I形对接,间隙为0~1 mm,焊接方法是悬空双面埋弧焊。

焊丝牌号为H08A,焊剂牌号为HJ431。

(2)焊接工艺

①清洁钢板接缝的端面和两侧各20 mm范围内锈、油、漆、水等污物。

②对钢板接缝进行定位焊,用4 mm E4315(结427)焊条,定位焊缝长度30~50 mm,间距150~250 mm,焊缝厚度不高出钢板1 mm。

③在接缝的外伸部分焊上引弧板和熄弧板,尺寸为150 mm×150 mm。

④采用5 mm H08A焊丝,HJ431焊剂(焊前250 ℃焙烘2h),直流反接,焊接工艺参数见表4-11。正面焊接电流略小些,熔深接近板厚的50%。

⑤正面焊接后,焊反面接缝,焊接电流略大些,焊接工艺参数见表4-11,保证两面焊缝相交2 mm以上。

⑥为了减小焊接应力和变形,按图4-21所示的顺序进行焊接。拼板接缝焊接顺序的原则是:先焊支缝,后焊干缝。1,2焊缝是支缝,3焊缝是干缝。支缝焊接后,应将支缝焊缝和干缝接缝交接处高出钢板的焊缝磨平,如图4-22所示,否则要影响到后焊的干缝的焊缝成形。

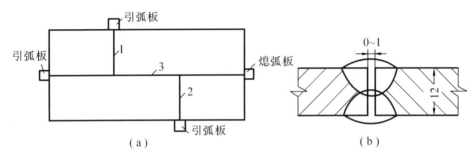

图4-21 拼板的焊接顺序及坡口
(a)焊接顺序;(b)坡口

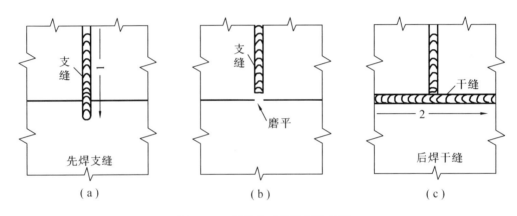

图4-22 焊缝交叉处的焊接顺序
(a)先焊支缝;(b)磨平交叉处的焊缝;(c)后焊干缝

表4-11 拼板I形对接的焊接工艺参数

钢板厚度/mm	坡口形式	焊接序	焊丝直径/mm	送丝速度/(m/h)	焊接电流/A	电弧电压/V	焊接速度/(m/h)	备　　注
12	I形对接间隙 0～1 mm	1(正)	5	52	500～550	36～38	34	直流反接,焊丝 H08A
		2(反)	5	68	650～700	38～40	34	焊剂 HJ431

⑦焊后对焊缝两端进行超声波探伤。

2.钢管桩纵缝V形对接悬空双面埋弧焊

(1)产品结构和材料

某大桥钢管桩材质为低合金结构钢 Q345C(16Mn),钢管外径为900 mm,壁厚25 mm,

每段管长 3 m。将钢板轧圆卷成开缝管,采用 V 形坡口对接,进行悬空双面埋弧焊。坡口设在内面,坡口角度为 55°,钝边为 12 mm,间隙为 0～1 mm,坡口如图 4－23 所示。

焊丝牌号为 10Mn2G,成分见表 4－12,焊剂牌号为上海 SH331(HJ331)。

表 4－12　10Mn2G 焊丝的化学成分(质量分数,%)

牌　号	C	Si	Mn	S	P
H10Mn2	≤0.12	≤0.07	1.50≤1.90	≤0.04	≤0.04
H10Mn2G	≤0.17	≤0.05	1.90～2.20	≤0.03	≤0.03

(2)焊接工艺

①做好坡口及其两侧各 20 mm 范围内的清洁工作。

②用 4 mm E5015(结 507)焊条进行定位焊,定位焊焊缝设置在外接缝,接缝两端装焊上工艺板。

③将钢管的接缝转在下面,宜使用 MZ_1－1000 型埋弧自动焊机,采用焊有坡口对接的导轮装置,焊机进入管内焊接。

④用 5 mm 10Mn2G 焊丝和 SH331 焊剂(焊前 250 ℃焙烘 2h),按表 4－13 的工艺参数焊内纵缝第一道,焊接电流略小。焊后清渣,再焊第二道,将坡口填满。

⑤将钢管接缝转到上面,用碳刨清根刨槽深 10 mm,并清除熔渣。

⑥按表 4－13 的工艺参数焊外纵缝两道。埋弧焊过程中要时刻关注焊丝中心是否对准坡口中心。

⑦焊后 20% 焊缝长度进行超声波探伤。

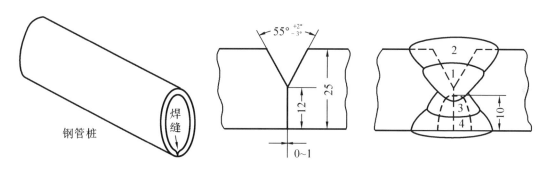

图 4－23　钢管桩的 V 形对接坡口和焊缝

表 4－13　钢管桩纵缝 V 形对接悬空双面埋弧焊的工艺参数

板厚 /mm	坡口尺寸	焊丝直径 /mm	焊道序号		焊接电流 /A	电弧电压 /V	焊接速度 /(m/h)	线能量 /(kJ/cm)	备　　注
25	坡口角度 55° 钝边 12 mm 间隙 0～1 mm 反面碳刨 深为 10 mm	5.0	内坡口	1	650～700	32～33	26.4	28.4～31.5	直流反接 焊丝 H10Mn2G 焊剂 SH331
				2	700～750	33～34	26.4	31.5～34.8	
			外坡口	3	650～700	32～33	26.4	28.4～31.5	
				4	700～750	33～34	26.4	31.5～34.8	

3. 内底板 X 形对接悬空双面埋弧焊

（1）产品结构和材料

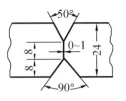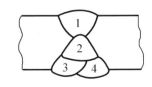

图 4-24　内底板 X 形坡口和焊缝

船体内底板拼板分段，是由数张钢板拼接而成，材质为 ZC-A 级钢（属低碳钢），板厚为 24 mm，选用不对称 X 形坡口对接，如图 4-24 所示，采用悬空双面埋弧焊。

焊接材料：焊丝为 H08A，焊剂为 HJ431。

（2）焊接工艺

①清理坡口及其两侧各20 mm范围内的油、锈、漆等污物。

②在普通平台上进行装配，使用 E4315（结 427）或 E5015（结 507）4 mm 焊条定位焊，焊缝长 50 mm 左右，间距 200 mm 左右，在接缝两端焊上引弧板和熄弧板。焊条焊前 350 ℃～400 ℃ 焙烘 1～1.5 h。

③先在 50° 小坡口上焊一道埋弧焊焊缝，焊接工艺参数见表 4-14，焊缝余高达 0～3 mm。

④将内底板翻身，用碳刨清根，并打磨掉熔渣等，碳刨深度达 6～8 mm。

⑤焊大坡口焊缝，先焊一道，以较大的焊接电流焊接，熔透前道焊缝，焊接工艺参数见表 4-14。焊后清理焊渣。

⑥减小焊接电流，继续焊两道作为盖面层，焊接工艺参数见表 4-14。

⑦焊后超声波探伤。

表 4-14　内底板 X 形坡口对接双面埋弧焊的工艺参数

板厚 /mm	坡口及焊缝形式	焊道号	焊丝直径 /mm	焊接电流 /A	电弧电压 /V	焊接速度 /(m/h)	焊丝伸出长度 /mm	备　注
24		1	5	875～925	37～39	19～20	30～35	直流反接 焊丝 H08A 焊剂 HJ431 反面碳刨深度 6～8 mm
		2		975～1025	38～40	24.5～25.5	30～35	
		3		625～675	33～35	34～35	30～35	
		4		625～675	33～35	34～35	30～35	

第六节　衬垫双面埋弧焊

悬空双面埋弧焊遇到焊件局部间隙过大时，常发生局部烧穿现象。为了避免烧穿，焊接正面焊缝时，在接缝反面安置衬垫，托住熔融金属。用于双面埋弧焊的衬垫有：焊剂衬垫、铜衬垫及石棉板临时衬垫等。

一、焊剂衬垫双面埋弧焊

焊剂垫双面埋弧焊是工厂中常用的一种焊接方法。以焊剂为垫料,紧托在接缝的反面,正面进行埋弧焊(见图4-25),正面焊缝焊后将焊件翻身,反面不用焊剂垫完成埋弧焊。这种方法由于焊剂作为衬托,阻止了熔渣和液态金属的向下淌流,解决了正面焊缝易烧穿的问题。此法对装配的间隙要求可以放宽些。对于厚板,放大间隙并使用较大的焊接电流,可以不开坡口而得到焊透的接头,也使生产率得到了进一步的提高。

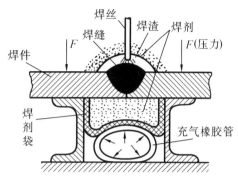

图4-25　正面焊缝在焊剂垫上进行埋弧焊

1. 焊剂垫紧托接缝

此法首先要使焊剂垫紧托接缝,其方法有:①用压缩空气通入气管,气管有压力托起焊剂,焊剂托住接缝;②用压力架将接缝钢板紧紧压在焊剂上;③用电磁平台吸住钢板,压在焊剂上;④靠钢板自重,紧压在焊剂上。

2. 焊正面焊缝

选用稍大的焊接电流,使正面焊缝的熔深达到60%~70%的板厚,同时要不烧穿。

3. 碳刨清根

焊好正面焊缝后,将焊件翻身,在反面对准接缝进行碳刨清根,清根时务必将间隙中的焊渣去除,清根后打磨干净。

4. 焊反面焊缝

不用衬垫焊反面焊缝,可以用正面焊缝的工艺参数,使两面焊缝根部熔交2~4 mm。

5. 焊接工艺参数

焊剂垫双面埋弧焊的工艺参数参见表4-15和表4-16。不开坡口I形对接焊时,为了保证正、反面焊透,选用较大的间隙,板越厚,间隙越大。V形和X形坡口对接焊时,采用较大的坡口角度(55°~80°)以保证焊透和良好的焊缝成形。

二、铜衬垫双面埋弧焊

焊剂垫双面埋弧焊焊不厚钢板,如遇局部间隙太大时,也会发生钢板被烧穿,这时熔融金属就流入焊剂垫,松散的颗粒焊剂衬托效果不佳,使反面焊穿下漏较大,且焊剂消耗也大。现改用铜衬垫,由于铜的导热性好,一旦钢板被焊穿,熔融金属流到铜衬垫上,很快被降温,且有铜衬垫的有效衬托作用,阻止了熔融金属继续下漏现象。图4-26为正面焊缝在铜衬垫上进行埋弧焊的示意图。

1. 铜衬垫对准接缝,焊丝对准接缝

在实际生产中,钢板的坡口通常是氧气切割而成的,气割的不均匀加热和冷却,会使坡口产生变形,装配时常见的间隙变化较大,还有接缝的不直度,所以焊前应使铜衬垫对准接缝,焊接时应使焊丝对准接缝。

表 4 – 15　I 形对接焊剂垫双面埋弧焊的工艺参数

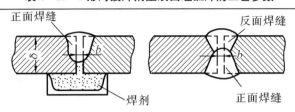

钢板厚度 δ /mm	装配间隙 b /mm	焊丝直径 φ /mm	焊接电流 /A	电弧电压 /V	焊接速度 /(m/h)	备　注
14	3 ~ 4	5.0	700 ~ 750	34 ~ 36	30 ~ 32	
16	3 ~ 4	5.0	700 ~ 750	34 ~ 36	27 ~ 28	
18	4 ~ 5	5.0	750 ~ 800	36 ~ 40	27 ~ 28	正面焊缝和反面焊缝的工艺参数相同
20	4 ~ 5	5.0	850 ~ 900	36 ~ 40	27 ~ 28	
24	4 ~ 5	5.0	900 ~ 950	38 ~ 42	25 ~ 26	
28	5 ~ 6	5.0	900 ~ 950	38 ~ 42	20 ~ 22	
30	6 ~ 7	5.0	950 ~ 1 000	40 ~ 44	16 ~ 18	
40	8 ~ 9	5.0	1 100 ~ 1 200	40 ~ 44	12 ~ 14	
50	10 ~ 11	5.0	1 200 ~ 1 300	44 ~ 48	10 ~ 12	

表 4 – 16　V 形、X 形坡口对接接头焊剂垫双面埋弧焊的工艺参数

钢板厚度 δ/mm	坡口形式	坡口尺寸		焊丝直径 /mm	焊道顺序	焊接电流 /A	电弧电压 /V	焊接速度 /(m/h)
		$\alpha/(°)$	H/mm					
14		$80^{+2°}$	6^{+1}	5.0	正 反	820 ~ 850 600 ~ 620	36 ~ 38 36 ~ 38	24 ~ 25 45 ~ 47
16		$70^{+2°}$	7^{+1}	5.0	正 反	820 ~ 850 600 ~ 620	36 ~ 38 36 ~ 38	20 ~ 21 45 ~ 46
18		$60^{+2°}$	8^{+1}	5.0	正 反	820 ~ 860 600 ~ 620	36 ~ 38 36 ~ 38	20 ~ 21 43 ~ 45
22		$55^{+2°}$	12^{+1}	5.0	正 反	1 050 ~ 1 150 600 ~ 620	38 ~ 40 36 ~ 38	18 ~ 20 43 ~ 45
24		$60^{+2°}$	10^{+1}	5.0	正 反	1 000 ~ 1 100 800 ~ 900	38 ~ 40 36 ~ 38	22 ~ 23 26 ~ 28
30		$70^{+2°}$	12^{+1}	6.0	正 反	1 000 ~ 1 100 900 ~ 1 000	38 ~ 40 36 ~ 38	16 ~ 18 18 ~ 20

2.紧贴铜衬垫

紧贴铜衬垫是这个工艺的关键,要想利用钢板自重来压紧铜衬垫是收不到好的效果的。

目前工厂中广泛使用的是压力架,图 4 - 27 为压力架上使用铜衬垫埋弧焊的情况,借用数个加压气缸将焊件接缝紧紧压在平台板上,并在长形压缩空气室通入压缩空气,柱塞顶起使铜衬垫紧贴在焊件接缝的背面。

压力架是根据钢板长度规格而设计的,钢板通常为 6 m,8 m,12 m,铜垫板的长度应是钢板长度加上两端工艺板的长度。

3. 使用较大的焊接电流

由于铜衬垫的导热率高,使电弧的散热损失增大,为此焊接时必须增大焊接电流,也不必担心大电流焊接会烧穿,因为铜衬垫的衬托是有效的。

铜衬垫双面埋弧焊通常要求正面焊缝应达到钢板厚度的 60%,焊件翻身后在普通工作平台上(不用铜衬垫)进行焊接,焊接电流可以和

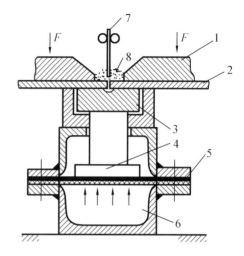

图 4 - 26　正面焊缝在铜衬垫上埋弧焊
1—压板;2—焊件;3—铜衬垫;4—柱塞;
5—橡胶帆布;6—空气室;7—焊丝;8—焊剂

正面焊缝相同,也可使用略大于正面焊缝的工艺参数,要保证两面焊缝有大于 2 ~ 4 mm 的交搭。

4. 及时更换铜衬垫

在焊接产品中也经常遇到接缝长度小于压力架设计长度规格,如 4 ~ 5 m 长接缝,这时将钢板接缝置于压力架中间段进行铜衬垫埋弧焊,焊接时中间段铜衬垫受热,两端头不受热。铜衬垫的不均匀加热和冷却要产生变形。再加上铜衬垫受压力也是如此。不均匀的加热冷却和不均匀的受压,使铜衬垫发生较大的变形。严重变形的铜衬垫无法紧贴焊件,失去衬托作用,应及时予以更换。

采用压力架铜衬垫埋弧焊的设备,还可以实现单面焊两面成形埋弧焊,使铜衬垫埋弧焊的生产效率得到进一步的提高。

三、临时衬垫双面埋弧焊

用焊剂垫或铜衬垫进行双面埋弧焊,需要有专门的衬托设备,受到一定的条件限制,无这些条件时可采用临时衬垫双面埋弧焊。在接缝的反面设置临时衬垫,其作用是托住间隙中的焊剂,防止烧穿、漏渣及金属淌流。临时衬垫可用:石棉绳、石棉垫板、薄扁钢垫板、纸胶带如图 4 - 28 所示。最简单的是粘贴纸胶带,只要反面贴上宽 50 mm 左右的纸胶带,并在接缝间隙中填满细颗粒焊剂,就可以在正面进行埋弧焊。由于埋弧焊通常的焊接速度比钢板热传导速度快得多,所以在熔池结晶完成后,反面的纸带才烧焦,这就避免熔渣和液态金属从反面流出。临时衬垫双面埋弧焊是简便又实用的方法,有时由于钢板加工误差偏大,无法实现间隙为 0 ~ 1 mm 要求,也可用此法焊接。

1. 装配要求

首先将两钢板的端面进行清洁,用砂轮打磨掉油漆和铁锈等污物。

装配间隙为 3 ~ 4 mm,两板的错边(板边差)不得大于 2 mm。

长接缝需用"冂形马"定位,如图 4 - 29 所示。两"马"的间距约 500 mm,"马"的定位

焊缝应焊在"□形马"的同一侧,以便于在焊接反面焊缝时拆除"□形马"。

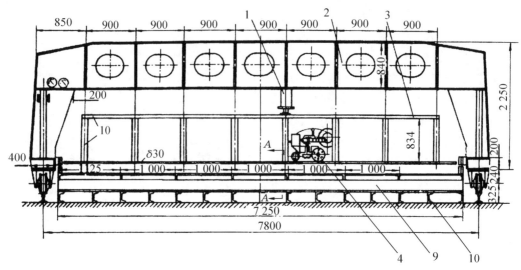

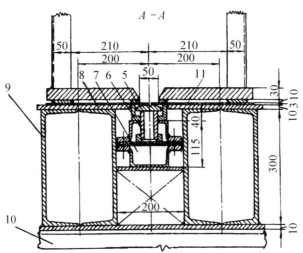

图4-27　压力架上铜衬垫埋弧焊

1—加压气缸(共8个);2—行走大车;3—加压架;4—焊机;5—铜衬垫;6—柱塞;
7—长形压缩空气室;8—平台板;9—平台板纵向支座;10—横向底座;11—焊件

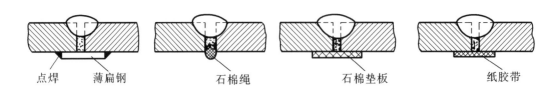

点焊　　薄扁钢　　　　　石棉绳　　　　　　石棉垫板　　　　　纸胶带

图4-28　临时衬垫的双面埋弧焊

2．紧贴衬垫

衬垫必须紧贴钢板,保证在焊接过程中不失落,必要时背面用物支撑衬垫。

3．间隙中填满焊剂

遇到坡口的间隙过大时,则可在间隙中填满细颗粒焊剂,因为间隙中缺少焊剂,液态金属会从反面流出。

4．焊接

焊接工艺参数要视板厚和坡口间隙而定,遇到大间隙时,使用较粗的焊丝(5 mm)、略小的焊接电流、较低的电弧电压、偏大的焊接速度。焊好正面焊缝,将焊件翻身,去除临时衬垫和反面的残渣。然后用大于正面焊

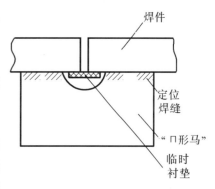

图 4-29　用"П形马"对焊件定位

接的焊接电流进行反面焊缝的焊接,保证两面焊缝的根部焊透,有 2～4 mm 的交搭。

四、衬垫双面埋弧焊举例

1．水箱筒体纵缝焊剂垫双面埋弧焊

(1)产品结构和材料

一水箱筒体内径为 1 200 mm,壁厚为 12 mm,筒体长 1 500 mm,工作压力为 0.6 MPa。材质为Q235。焊接筒体纵缝采用焊剂垫双面埋弧焊。选用不开坡口 I 形对接,间隙为 3 mm。

焊丝为 H08A,焊剂为 HJ431。

(2)焊接工艺

①清理筒体纵缝坡口两侧各20 mm范围内的氧化皮、油、水等污物。

②用 4 mm E4315(结 427)焊条进行定位焊,长度约 50 mm,间距约 200 mm。并在纵缝两端装焊上引弧板和熄弧板。焊条焊前焙烘。

③取一 □ 20 槽钢,长度超过筒体长度,平放在平台上。槽钢内铺满 HJ431 焊剂。

④将筒体吊在槽钢内焊剂上,纵缝对准铺设的焊剂的中部。借筒体自重压紧焊剂,并在接缝间隙中也塞入细焊剂,如图 4-30 所示。

⑤使用 MZ_1-1000 型埋弧焊机,按表 4-17的焊接工艺参数焊接焊剂垫上的内纵缝。

⑥将筒体吊离,置放在普通工作平台上,使纵缝转到上方位置,用碳弧气刨进行清根。

⑦按表 4-17 的焊接工艺参数,焊接外纵缝。

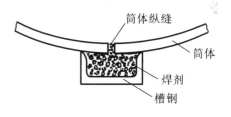

图 4-30　筒体纵缝焊剂垫埋弧焊

⑧整个筒体水箱焊好后,进行水压试验,试验压力为 0.75 MPa,若发现泄漏,用焊条电弧焊进行修补。

表 4-17　水箱筒体纵缝焊剂垫双面埋弧焊

板厚 /mm	间隙 /mm	焊道	焊丝直径 /mm	焊接电流 /A	电弧电压 /V	焊接速度 /(m/h)	送丝速度 /(m/h)	电流种类
12	3$^{\pm1}$	1(内)	5	650～700	36～38	34.5	68.5	交流
		2(外)		700～750	38～40	29～35	68.5	交流

2. 厚薄板对接铜衬垫双面埋弧焊

（1）产品结构及材料

某船平面分段拼板中对接焊缝是厚薄板对接，厚板 δ_1 为 16 mm，薄板 δ_2 为 13 mm，材质为船用 B 级钢，即 $\sigma_s \geqslant 235$ MPa 的一般强度船体结构钢。厚板进行削斜加工，削斜宽度 $L \geqslant 3(\delta_1 - \delta_2)$，取 $L = 10$ mm，削斜后的坡口形状如图 4-31 所示。焊件置在压力架上进行铜衬垫双面埋弧焊。

焊丝牌号：H08A；焊剂牌号：HJ431。

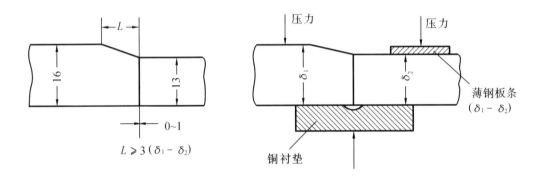

图 4-31　厚薄板对接铜衬垫埋弧焊的坡口和衬垫

（2）焊接工艺

①清理两板接缝端缘各 20 mm 范围内的油、锈、漆等污物。

②用 E4315（结 427）或 E5015（结 507）4 mm 焊条进行定位焊，并在接缝两端装焊 100×100 工艺板。焊条焊前应焙烘。

③把焊件移到压力架的铜衬垫板上，接缝对准铜衬垫板，并在薄板上放一厚 3 mm（$\delta_1 - \delta_2$）薄钢板条。

④启动压力架，压紧焊件、薄钢板条和铜衬垫板。

⑤焊丝对准接缝，略偏向厚板，按表 4-18 的焊接工艺参数焊接正面焊缝。

⑥松开压力架，取出焊件，外观检验，如发现焊缝缺陷，用焊条电弧焊进行修补。

⑦将焊件翻身，置放在普通的焊接平台上，使焊缝处于水平面位置。

⑧按表 4-18 的焊接工艺参数，焊接反面焊缝。焊接电流大于正面焊缝，确保正反面焊缝相交 2~4 mm。

⑨焊后取接缝两端及中央三处各 400 mm 长焊缝段，进行超声波探伤。

表 4-18　厚薄板对接铜衬垫双面埋弧焊工艺参数

坡口形状	焊　道	焊丝直径 /mm	焊接电流 /A	电弧电压 /V	焊接速度 /(m/h)	备　　注
两板厚 16,13 间隙 0~1	正	5	600~650	35~36	29	焊丝 H08MnA 焊剂 HJ431
	反	5	750~800	36~38	34	

第七节 预制底部的单面埋弧焊

在焊接结构生产中,由于焊接结构的特点,不可能实施双面埋弧焊,具体的原因:焊件不能翻身,例如焊接船体大接头焊缝,不可能将船翻身;自动焊机不能达及焊反面焊缝的工作场地,例如小直径筒体、吊杆、压缩空气瓶封头接缝等。在此情况下,可以采取预制底部,在底部上进行单面埋弧焊。制造底部的方法有:接缝反面封底焊、接缝正面打底焊、永久性钢垫板、锁底的对接接头。图4－32为预制底部的单面埋弧焊。

一、反面封底焊的单面埋弧焊

对于焊件不能翻身的焊缝,或埋弧焊机不能到达接缝反面的工作环境的焊缝,通常采用焊条电弧焊对反面接缝进行封底焊,然后用埋弧焊焊接正面焊缝。封底焊要达到6 mm以上的焊缝厚度,这样才可避免埋弧焊的烧穿。埋弧焊的工艺参数可参照悬空双面埋弧焊的焊反面焊缝所需要的熔深的工艺参数,埋弧焊的熔深应保证和封底焊缝相交。

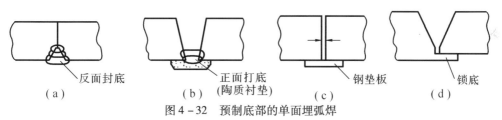

图4－32 预制底部的单面埋弧焊
(a)反面封底;(b)正面打底;(c)永久性钢垫板;(d)锁底对接接头

二、正面打底焊的单面埋弧焊

对于在反面无法实施焊接的接缝,可以采用正面打底焊方法形成底部。也有两种方法解决:①在反面贴上陶质衬垫(焊工进入接缝反面的工作场地,不能焊接,但能贴衬垫),用焊条电弧焊或CO_2气体保护电弧焊在正面进行打底层焊接,焊好打底层,再在正面焊上二、三层,使焊缝厚度大于6 mm,然后正面用埋弧焊焊满坡口。②当焊工无法达及接缝反面(如小直径管子的焊接)时,用焊条电弧焊实施单面焊双面成形,焊好打底层后,再焊上二、三层,焊缝达到一定厚度后,最后用埋弧焊焊满坡口。如果是小直径、厚壁的重要构件,打底层可采用氩弧焊,再用CO_2气体保护焊或焊条电弧焊焊上二、三层,最后用埋弧焊焊满坡口。由于正面打底焊都是要开坡口的,所以埋弧焊的工艺参数可参照V形对接悬空双面焊的工艺参数,主要是防止烧穿。

三、永久性钢垫板单面埋弧焊

用和母材相同钢号的板条作为垫板,用埋弧焊将焊件和钢垫板焊在一起连成整体。这种焊接接头通常要求是100%板厚焊透。装配时要求垫板紧贴焊件,垫板和焊件间隙小于1 mm,否则焊接时液态金属和熔渣会从间隙处流出,可能造成焊缝边缘存在夹渣的缺陷。钢垫板的厚度由焊件板厚和坡口形式而定,I形对接焊缝的垫板厚度可取3～5 mm,V形坡口对接焊缝的垫板厚度可取5～10 mm。垫板的宽度为厚度的5倍。埋弧焊的工艺参数应使垫板有一半厚度被熔化,同时要防止坡口根部两侧未焊透。

四、锁底对接焊缝的单面埋弧焊

当焊接构件的对接接头,允许有板厚差时,可以选用锁底对接接头(见图4-32(d)),两板的厚度差宜为3 mm。厚板在坡口底部向薄板延伸,延伸长度达10 mm左右。延伸部分就是锁底,这样可以防止烧穿。同样埋弧焊的工艺参数应保证焊透锁底部分。

五、预制底部的单面埋弧焊举例

1. 板梁盖板焊条电弧焊封底的埋弧焊

(1)产品结构和材料

锅炉板梁盖板拼接,板厚为36 mm,材质为20 g
锅炉用钢。采用焊条电弧焊封底的埋弧焊,其坡口形式如图4-33所示。正面U形坡口使用埋弧焊,反面V形坡口使用焊条电弧焊。钝边仅3 mm是防止焊条电弧焊烧穿。

焊条牌号为E4315(结427);焊丝牌号为
H08MnA;焊剂牌号为HJ431。

(2)焊接工艺

①焊前清理坡口两侧各20 mm范围内的锈、油、
漆等污物。

②用4 mm E4315(结427)焊条对接缝坡口进行
定位焊,定位焊缝长约30 mm,间距约150 mm。在接
缝两端焊上引弧板和熄弧板。焊前焊条应焙烘。

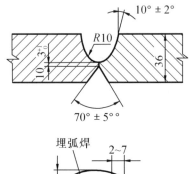
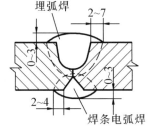

图4-33　焊条电弧焊封底埋弧焊的
坡口和焊缝

③先用焊条电弧焊焊V形坡口,第一层用4 mm焊条,焊接电流160~180 A,保证焊透;第二层及第二层以上用5 mm焊条,焊接电流200~220 A,多层焊焊满V形坡口,焊缝余高达0~3 mm。层间应仔细清渣。

④将焊件翻身,用碳弧气刨进行清根,并打磨刨槽。

⑤用表4-19的焊接工艺参数进行埋弧焊,多层焊把U形坡口焊满,焊缝余高达0~3 mm。每层清渣。

表4-19　焊条电弧焊封底的埋弧焊的工艺参数

板厚/mm	坡口形式	焊接顺序	焊接方法	焊丝或焊条直径/mm	焊接电流/A	电弧电压/V	焊接速度/(m/h)	送丝速度/(m/h)	电流种类
36		1	焊条电弧焊	4	160~180	23~25	—	—	直流反接
				5	200~220	24~26			
		2	埋弧焊	4	580~620	34~38	25~30	83~108	直流反接

⑥焊接过程中,层间温度应小于 300 ℃。

⑦焊后对焊缝进行射线探伤。

⑧焊后对焊件进行高温回火热处理,消除焊接应力和改善焊接接头金属的性能。回火温度为 610 ℃~630 ℃,保温 1.5 h。

2. 保温箱纵缝钢衬垫埋弧焊

(1)产品结构和材料

化纤纺丝机的保温箱是箱体结构,其截面如图 4-34 所示,箱体长 3 600 mm,高 600 mm,宽 250 mm,板厚 8 mm。箱体有两条纵缝,采用钢衬垫埋弧焊,钢衬垫板厚 5 mm。材质为锅炉用钢 20 g。保温箱工作温度为 300 ℃,工作压力为 0.4 MPa,要求气密。

纵缝埋弧焊焊接材料:焊丝 H08MnA,焊剂 HJ431。

(2)焊接工艺

①清理坡口两侧各 20 mm 范围内的油、水、锈、漆等污物。

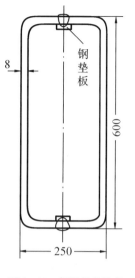

图 4-34　保温箱结构的截面图

②选用 5 mm×25 mm 扁钢,截取 3 800 mm 长作为钢垫板,垫板两端伸出箱体各 100 mm 作引弧板、熄弧板的垫板用。

③清理钢垫板和箱体接触的面。

④用夹具将钢垫板和半箱体接缝处夹紧,并在钢垫板内侧进行定位焊,焊条用 4 mm E4315（结 427）焊条,并在垫板的两伸出部分焊上工艺板,如图 4-35 所示。

⑤定位焊后清除焊渣,以免剩留在箱体内。

⑥将两个半箱体合拢,用 E4315（结 427）焊条对箱体接缝进行定位焊,定位焊长度约 25 mm,间距约 200 mm。

⑦按表 4-20 的焊接工艺参数焊接箱体一侧的纵缝,焊后翻身。

⑧用相同的工艺参数焊接另一侧纵缝。

⑨割去箱体纵缝两端的工艺及超长的垫板。

⑩在箱体两端头,装上封头板,用焊条电弧焊焊接封头板,焊条 E4315（结 427）。

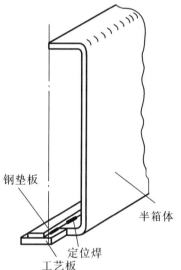

图 4-35　半箱体装上钢垫板和工艺板

⑪焊后进行水压试验,试验压力为 0.5 MPa,如发现泄漏,用焊条电弧焊进行补焊。

表 4-20　保温箱箱体纵缝钢衬垫埋弧焊工艺参数

板厚 /mm	间隙 /mm	焊丝直径 /mm	焊接电流 /A	电弧电压 /V	焊接速度 /(m/h)	垫板尺寸
8	3$^{±0.5}$	5	900~950	33~34	36~38	5 mm×25 mm

3.内底板大接缝焊条电弧焊打底的埋弧焊

(1)产品结构和材料

船体是分段建造的,各分段焊接后在船台上进行装配合拢,然后焊接。在船台装配合拢后,板与板之间形成对接焊缝,这类焊缝的质量要求是很高的。船体大合拢装配后,要进行内底板、底板、傍板及甲板的大接缝焊接,船体内底板大接缝如图4-36所示。由于船体无法翻身,埋弧焊又只能进行平位置焊,所以通常采用预制底部的埋弧焊来完成内底板大接缝的工作。预制底部的方法有:①用焊条电弧焊进行仰焊实现封底焊;②陶质衬垫托底用焊条电弧焊进行打底层焊接;③陶质衬垫托底用 CO_2 气体保护半自动焊进行打底层焊接。现介绍陶质衬垫托底用焊条电弧焊进行打底层焊接,后用埋弧焊填满坡口。

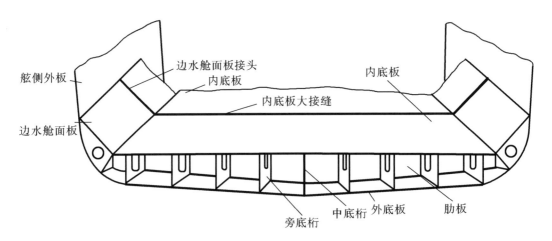

图4-36 船体内底板大接缝

某船内底板大接缝,材质为船用 D 级钢,系低碳钢,板厚为 25 mm,采用陶质衬垫焊条电弧焊打底,接着用焊条电弧焊焊三层,继后填充盖面层用埋弧焊,坡口及焊缝如图4-37所示。

焊接材料:焊条为 E4315(结 427),陶质衬垫为 JN-1 型;焊丝为 H08A,焊剂为 HJ431。

(2)焊接工艺

①焊前清理坡口及其两侧各 20 mm 范围内的水、锈、油、漆等污物,并打磨光洁。

②用"囗形马"使内底板大接缝定位,不准在坡口中焊定位焊缝。底板、傍板及甲板的大接缝同时进行定位焊工作,待全部大接缝装配定位焊结束后,才可进行焊接。

③焊工进入双重底舱内,粘贴陶质衬垫(焊条电弧焊用 JN1 衬垫),衬垫中心线必须对准接缝坡口中心线。

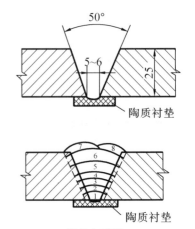

1~4焊条电弧焊
5~8埋弧焊

图4-37 内底板大接缝的坡口及焊缝

④用 4 mm E4315(结 427)焊条按单面焊双面成形的要求焊打底层,再焊第二层。继后

用 5 mm 焊条焊第三层、第四层。焊接工艺参数参见表 4 - 21。

⑤每焊好一层,清理一次熔渣。

⑥用埋弧焊焊第五层至第八层,焊接工艺参数见表 4 - 21。盖面层是焊两道,两道焊缝分布均匀,外形美观。

⑦焊后按一定的比例对内底板大接缝进行超声波探伤和 X 射线探伤。

⑧如检出缺陷,修补用焊条电弧焊完成。

表 4 - 21 内底板大接缝陶质衬垫焊条电弧焊打底的埋弧焊的工艺参数

坡　　口	焊道序	焊接方法	焊条直径/mm	焊丝直径/mm	焊接电流/A	电弧电压/V	焊接速度/(cm/min)	备　　注
坡口角度为 50° 间隙 5～6 陶质衬垫	1,2	焊条电弧焊	4		140～160	23～25		焊条 E4315 (结 427)
	3,4	焊条电弧焊	5		220～240	24～26		
	5	埋弧焊		5	675～725	32～34	37	焊丝 H08A 焊剂 HJ431
	6	埋弧焊		5	725～775	32～34	32	
	7,8	埋弧焊		5	650～700	32～34	42	

第八节 对接环缝埋弧焊

一、环缝埋弧焊的困难

在容器结构中,圆柱形筒体是最常见的结构,筒体的接长和筒体与封头的连接,都需要实施对接环缝的焊接。在船体结构中,潜艇分段、锅炉、尾轴管、压缩空气瓶等都有环缝焊接工作。这些环缝通常设置在垂直平面内的,如果用焊条电弧焊,则生产率很低。显然用大电流的埋弧焊,生产率高且质量优。不过环缝埋弧焊时也要克服以下几个难点:①无法设置引弧板和熄弧板,这就使引弧和熄弧稍有难度;②焊接过程中熔池不处在水平位置,要进行上坡焊或下坡焊,使焊缝成形较难控制;③圆筒旋转时,筒体要产生轴向偏移,焊丝就会偏离坡口中心,易焊偏形成未焊透;④厚板环缝要进行多层多道焊时,焊丝位置的提升和焊接工艺参数的变动,也是需要解决的。

二、对接环缝的焊接方法

对于大直径厚板的对接环缝,多采用悬空双面埋弧焊。由于圆筒体外的工作环境较好,所以大量的焊接工作尽可能在圆筒外进行,如采用 X 形坡口,则选用不对称 X 形坡口,大坡口设置在圆筒外面。

对于大直径厚度不大的对接环缝,先焊内环缝,可在焊剂垫上进行埋弧焊(见图 4 - 38),焊好内环缝后再焊外环缝。

对于小直径筒体的对接环缝,由于焊机或人不能进入筒体内焊接,只能采用单面焊接,通常采用 CO_2 气体保护焊或焊条电弧焊打底焊,再焊上一、二层,焊缝厚度达到 6～7 mm 后,就用埋弧焊焊满坡口。如果构件重要,又无法底部清渣,则打底层用氩弧焊,其上几层用 CO_2 气体保护焊或焊条电弧焊,加焊到焊缝厚度达 6～7 mm 后,再用埋弧焊焊成。

三、焊接环缝用的设备装置

焊接环缝除了需要埋弧自动焊机外,还需配备滚轮架和操作机。

1. 滚轮架

滚轮架是焊接圆筒形焊件环缝的必要设备,它是借主动滚轮和焊件间的摩擦力来带动圆筒形焊件旋转的。滚轮架的载重量从几十千克至几百吨,滚轮架的分类见表4-22。

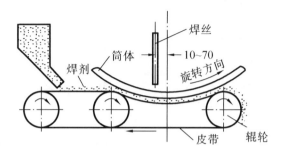

图 4-38　内环缝用焊剂垫进行焊接

表4-22　滚轮架的分类

类　别		特　点	适用范围
组合式 滚轮架	自调式	径向一组主动滚轮传动,中心距可自动调节	圆筒形焊件
	非自调式	径向一对主动滚轮传动,中心距可调节	圆筒形焊件
整体式滚轮架		轴向一排主动滚轮传动,中心距可调节	细长焊件焊接及多段筒节的焊接

(1) 传动和调速

滚轮架的传动有两种方式:一种是由一台电动机经两组两级减速器传动给两个主动滚轮;另一种是由两台电动机分别通过减速器带动两个主动滚轮。后者可以得到较高的传动效率和较均匀的两滚轮磨损。

滚轮架的调速是通过电动机的调速而获得的。调速的方法见表4-23。调速的范围为3:1 和10:1。

表4-23　滚轮架的调速方法

调速方法	特　点	调速比	适用范围
晶闸管供电给直流电动机	速比大,控制线路较复杂	10:1	各种滚轮架
三相换向器异步电动机	过载能力大,启动转矩大,调速范围小,电刷易磨损,速比小	3:1	中、小型滚轮架
电磁调速交流异步电动机	速比大,低速时不稳定,效率低	10:1	中、小型滚轮架

(2) 中心距的调节

圆筒形焊件安置在两滚轮上,通常圆筒中心和两滚轮中心连线夹角 α (见图4-39)为 $50°\sim90°$,以 $50°\sim60°$ 为佳。角度过小,筒体放置不稳;角度过大则要增加传动的扭矩。为了适应不同直径的筒体,两滚轮的中心距应是可调的。常用的中心距调节方法有三种,如图4-40所示。有节调节式是通过变换可换传动轴的长度来调节。自调式滚轮架是靠两滚轮对的自由摆动,自动调节滚轮中心距。丝杆式是利用转动双向丝杆,使滚轮中心距得到无级调节。

2.操作机

操作机是安置和迁移自动埋弧焊机用,还能使焊机沿轨道按选定的速度行走。常用的操作机有三种:伸缩臂式操作机、平台式操作机、龙门式操作机。

(1)伸缩臂式操作机

伸臂式操作机如图4-41所示,主要由立柱、滑座、横臂、台车组成。操作机的底座安装在台车上,可以在轨道上移动。立柱能使横臂回转180°~270°。横臂可以用机动或手动方式进行伸缩。自动焊机的焊接机头也能调节焊丝的

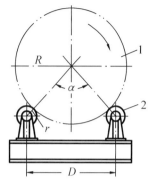

$$D=2(R+r)\sin\frac{\alpha}{2}$$

D:两滚轮中心距
r:滚轮半径
R:筒体半径
α:滚轮夹角

图4-39 α 角和两滚轮中心距
1—筒体;2—滚轮

位置,这样可以保证焊接时焊丝所需要的任何位置。这种操作机可以焊接内、外环缝和内、外纵缝。

(2)平台式操作机

平台式操作机如图4-42所示,主要由立柱、操作平台、台车组成。自动焊机安置在操作平台上,可在平台的轨道上行走。操作平台可以沿立柱轨道升降。焊工和辅助工人可在操作平台上工作。立柱固定且不能旋转。这种操作机结构简单,刚性和稳定性好。它可以焊接外环缝和外纵缝。

(3)龙门式操作机

龙门式操作机如图4-43所示,主要由龙门架、操作平台、龙门架行走机构及轨道组成。自动焊机安放在操作平台上,操作平台可沿龙门架升降,龙门架可沿轨道行走。龙门式操作机,可焊接外环缝和外纵缝。

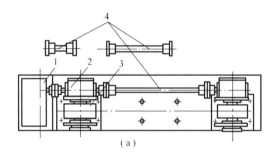

(a)

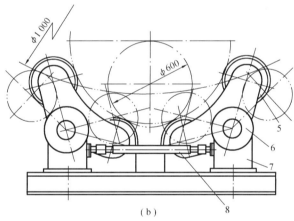

(b)

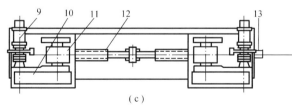

(c)

图4-40 滚轮中心距的调节方法
(a)有级调节式;(b)自调式;(c)丝杆式

1——一级减速箱;2—二级减速箱;3—滚轮;4—可换传动轴;
5—滚轮副;6—滚轮轴承座;7—变速箱;8—传动轴;9—电机;
10—减速箱;11—滚轮;12—双向丝杆;13—丝杆调节把手

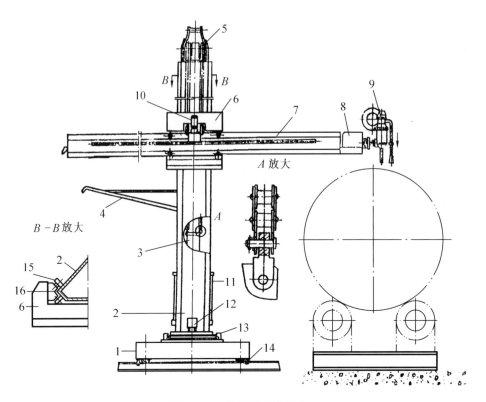

图 4-41　伸缩臂式操作机

1—台车;2—立柱;3—配重;4—导线支架;5—滑座升降机构;6—滑座;7—横臂;8—焊机控制盘;9—自动焊机;10—横臂驱动机构;11—电气箱;12—磁力启动器;13—旋转底座;14—夹轨器;15—导向辊轮;16—导向辊轮座

使用上述操作机焊接环缝时,自动焊机是不动的,依靠滚动胎架带动筒体转而形成焊缝,焊工对于这样的操作是简便的。当没有这类操作机或不宜使用这类操作机时,可将自动焊机的焊车放置在圆筒体外面或里面。在滚动的筒体上焊车行走焊成环缝,如图 4-44 所示。采用这种方法焊环缝宜选用 MZ$_1$-1000 型焊机,因为此焊车的重心在焊丝位置附近,所以焊丝位置比较稳定。理论上讲,焊车行走速度等于筒体运行速度,则焊丝的空间位置不变。实际上两者的速度总是有差异的,宁可选择筒体运行速度略大于焊车行走速度,而不能选择焊车行走速度大于筒体运行速度。因为速度差异要引起焊丝位置偏移,需要调整,方法是令快者暂停,筒体暂停仍可进行焊接,而焊车暂停则意味着焊接电源切断(MZ$_1$-1000 型焊机),焊接中断,这是不可行的,所以应选定焊车行走速度略小于筒体运行速度。

四、引弧及熄弧

1. 引弧

由于无法设置引弧板,环缝埋弧焊的引弧只能在正式接缝坡口上进行,为防止焊穿,可用小电流引弧,引弧后逐渐转为正式的焊接工艺参数进行焊接。对于引弧段焊缝可以用两种处理方法:①将引弧段焊缝用碳刨刨去;②用上一层稍大的焊接电流将其全部焊透,由于引弧段焊缝用小电流焊上一层薄的焊缝,所以把它焊透是可行的,对于一般结构可用此法。

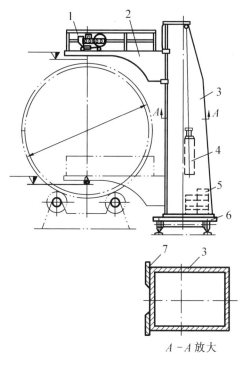

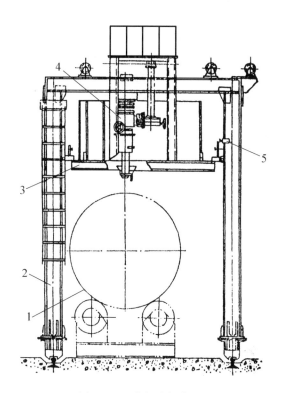

图 4-42　平台式操作机
1—自动焊机；2—操作平台；3—立柱；4—配重；
5—压重；6—台车；7—立柱平轨道

图 4-43　龙门式操作机
1—焊件；2—龙门架；3—操作平台；
4—自动焊机和调整装置；5—限位开关

引弧时切记一定要先引燃电弧，然后再启动滚轮架使筒体转动。若同时按焊机启动按钮和滚轮架运转按钮，一旦引弧未成焊丝粘住钢板，筒体转动将拖住焊机走动，无法焊接。

2. 熄弧

对于多层焊的熄弧不必担忧焊穿，只要焊过前一层的开始端约 5～10 mm，即可熄弧。若有余高过高现象，可用砂轮打磨去。对于单层焊的熄弧，要焊到正常焊缝（引弧段不计入）方可熄弧。

五、焊丝的偏移距离

众所周知，熔池处在水平位置冷凝结晶时，焊缝的成形最佳。环缝埋弧焊时，熔池从熔融状态至冷凝结晶状态，其位置是在变化的。如果焊丝处于水平位置（外环缝最高点，

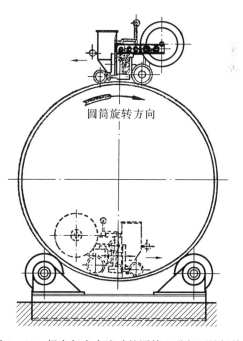

图 4-44　焊车行走在滚动的圆筒上进行环缝焊接

内环缝最低点），则熔池由水平位置的熔融状态转到倾斜位置冷凝结晶，这样的焊缝成形就差。正确的焊丝位置是使电弧加热形成的熔池跟随筒体转到水平位置冷凝结晶，在水平位置冷凝的焊缝成形为佳。所以焊外环缝，焊丝应处在下坡位置，而焊内环缝的焊丝应处在上坡位置，如图4－45所示。至于焊丝偏移环缝垂直中心线的距离，应由筒体直径与板厚、焊接电流大小及焊接速度而定。通常大直径筒体板厚，焊接电流也大，形成熔池体积大，冷凝时间长，则焊丝偏移距离大，表4－24为焊丝偏移筒体垂直中心线的距离，可供参考。在焊外环缝时，如果焊丝偏移距离过大或过小，则焊缝中部会出现下凹或高凸的现象，如图4－46所示。不过，当筒体直径很大时，熔池冷凝行过的圆弧段，接近直线，这样焊丝偏移距离就没有多大意义了。

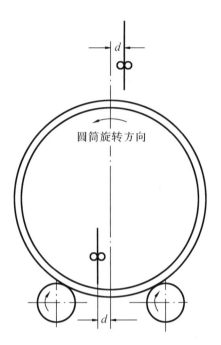

图4－45 焊内环缝、外环缝时焊丝的偏移位置

表4－24 焊丝偏移筒体垂直中心线的距离

筒体直径/m	0.6～0.8	0.8～1.0	1.0～1.5	1.5～2.0	>2.0
焊丝偏移距离/mm	15～30	25～35	30～50	35～55	40～75

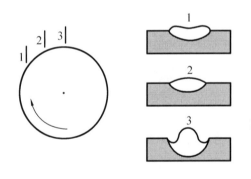

图4－46 焊丝偏移距离对外环缝焊缝成形的影响

1—焊缝明显下凹，熔深最浅；
2—焊缝平整，美观易脱渣；
3—焊缝明显凸鼓，熔深最大

六、环缝埋弧焊的工艺参数

焊环缝需要焊丝偏移，其结果：焊内环缝是上坡焊，焊外环缝是下坡焊。显然上坡焊的电流应该比平焊的电流要小，对于5 mm直径焊丝来说，约减小50 A左右。而电弧电压提高2～4 V，且减小焊接速度。下坡焊适当减小焊接电流和电弧电压，但焊接速度应略提高，防止熔池金属向两侧满溢，使焊缝能平滑过渡。

在焊接多层环缝时，若认为筒体转速不变，焊接速度也不变，这是错误的。当进行外环缝焊接时，逐层向上焊，电弧和筒体转动中心距离远了（即半径增大了），虽然筒体转速是不变的，而电弧移动的速度（即焊接速度）增大了。

越是向上层焊接，焊接速度增加越大。在此情况下，有两种方法解决：①逐层焊接时，可逐层减小筒体转速，这样能使焊接速度维持基本不变；②逐层增大焊接电流，以补充因增大焊接速度而减小的焊接线能量，使焊接线能量维持基本不变，这样焊缝的截面可保持基本不变。当然在增大焊接电流的同时，相应提高一些电弧电压。当焊接厚板多层内环缝时，若筒体转速不变,越向上层焊,电弧和筒体转动中心距离越近,则焊接速度越小。这和焊外环缝的焊速变化是相反的。

七、环缝的焊接顺序

1. 内外环缝的焊接顺序

对于低碳钢和低合金结构钢筒体上的环缝,先焊内环缝后焊外环缝。因为在筒体外进行碳刨清根和焊接工作的条件要好得多。对于不锈钢筒体的环缝,由于接触腐蚀介质的是内环缝,为了防止内环缝产生晶间腐蚀,则是先焊外环缝后焊内环缝。

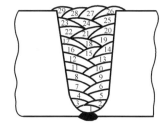

图4-47　多层多道环缝的焊接顺序

2. 多层多道环缝的连续焊接

多层多道的环缝,可以实施连续焊接。当第一层环形焊道将要焊成时,可将导电嘴略微升起,不间断地焊第二层焊道。当由几道焊道组成一层时,先在靠坡口一侧开始焊,由近及远地焊到坡口另一侧,升高导电嘴焊上一层,则从坡口另一侧开始焊,返回到坡口原一侧,电弧往复来回逐层向上,如图4-47所示。当变更焊道横向位置时,应平稳快速地横向移动导电嘴和焊丝。

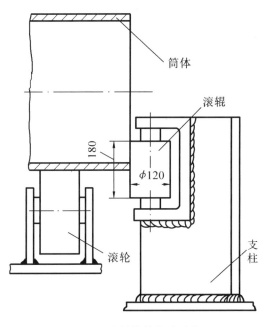

图4-48　防筒体轴向移动装置

多层多道环缝是连续焊接的,由于连续不停弧,这就要求焊接电源在100%负载持续率条件下工作,要注意焊接电源是否过载。

多层多道环缝埋弧焊时,同样要重视清渣工作。还应注意焊丝和焊剂的量是否备足。

八、防止筒体轴向偏移

筒体在滚轮架上转动,其在滚轮架上重量分布不是均衡的,四个滚轮也可能不在同一平面内,滚轮架转动会使筒体向一个方向偏移,这样就使焊丝中心会偏离坡口中心,多层环缝焊时偏离可达十几毫米,影响了焊接质量,为此有必要设置防止筒体轴向偏移装置。先将筒体转一下,测出偏移方向,然后在阻挡偏移方向一侧,装焊一个防偏移装置,如图4-48示,它主要由滚辊、轴承及支柱等组成,支柱焊在工作平台(地)上。

九、焊接环缝的接地线装置

焊接环缝时,圆筒体是旋转的。如果焊接接地线和筒体直接连接,则圆筒体转一周,接地线也转一周,多层环缝焊接的圆筒有时要转几十周,将可能使接地线被扭转而断。有必要装一个滑动接触的导电装置，如图4-49所示，两导电盘是滑动接触的，这样就不可能被扭断，保证了良好的导电。

十、对接环缝埋弧焊举例

1.压力水柜对接环缝的双面埋弧焊

（1）产品结构和材料

压力水柜筒体直径为1 200 mm，长2 120 mm，板厚为10 mm，水柜容量为2 m³，工作压力为0.6 MPa，材质为低碳钢Q235，其结构简图如图4-50所示。

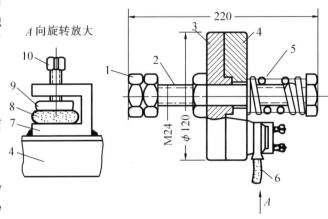

图4-49　环缝焊接用焊接地线的导电装置
1—螺母；2—长螺杆；3、4—导电盘；5—弹簧；6—焊接地线；
7—接线夹；8—焊接地线接线头；9—压板；10—压紧螺钉

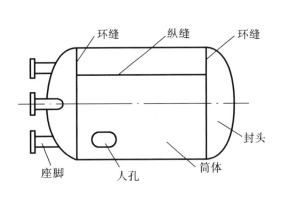

图4-50　压力水柜结构简图

压力水柜有一条筒体纵缝和两条对接环缝（筒体与封头对接）。其中一条环缝可以施行双面埋弧焊，而另一条环缝则由于容器的封闭无法实施双面埋弧焊，可以使用焊条电弧焊封底的埋弧焊。在此讨论的是双面埋弧焊。压力水柜对接环缝埋弧焊选用不开坡口I形对接坡口，如图4-51所示。

埋弧焊材料：H08A焊丝、HJ431焊剂。

（2）焊接工艺

①焊前清理环缝坡口及其两侧各20 mm范围内的锈、油、水、漆等污物。

②将筒体（纵缝已焊好）竖立在平台上，封头安装在筒体上，用E4315（结427）4 mm焊条进行定位焊，定位焊缝长约50 mm，间距约200 mm。

③将装配好的筒体和封头组件吊上滚轮架，在一端安装上防轴向移动装置。

④将埋弧焊机伸入到筒体内接缝处，调整好焊机位置和焊丝位置（偏移中心距离）。

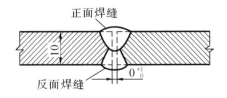

图4-51　压力水柜环缝双面埋弧焊的坡口

⑤焊内环缝，焊接工艺参数见表4-25，遇间隙稍大处，焊接电流调小一点，防止烧穿。

⑥将埋弧焊机移到筒体外上方，置于外环缝处，调整好焊丝位置。

⑦焊外环缝，焊接工艺参数见表4-25，焊接电流稍大，保证两面熔深有2 mm的交搭。

⑧继后装配焊接另一条环缝，用焊条电弧焊封底的埋弧焊。

⑨焊后压力水柜焊缝外表检验后，进行液压密性试验，试验压力为0.875 MPa。

表 4-25 压力水柜双面埋弧焊的工艺参数

板厚及坡口	焊丝直径 /mm	焊　缝	焊接电流 /A	电弧电压 /V	焊接速度 /(m/h)	焊丝偏移 中心距离/mm	备　注
板厚 10 mm 不开坡口间隙 0~1 mm	5	内	600~650	33~35	37~38	45	交流 H08A 焊丝 HJ431 焊剂
		外	650~700	34~36	34~35	45	

2. 小直径对接环缝的埋弧焊

(1)产品结构和材料

十万千瓦机组集箱筒体部分是由无缝钢管对接组成,外径为 273 mm,壁厚为 36 mm,材质为优质碳素钢 20#钢。由于管径太小,焊工无法进入管内,只能实现单面埋弧焊。现采用氩弧焊打底,焊条电弧焊加高,埋弧焊焊满坡口。对接坡口形式如图 4-52 所示。

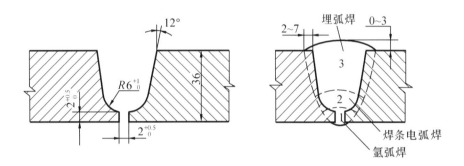

图 4-52 小直径对接环缝埋弧焊的坡口和焊缝

氩弧焊材料:钍钨极直径为 2.5 mm;焊丝为 H08A,直径 2.0 mm;氩气 99.99%。

焊条电弧焊材料:E5015(结 507)焊条,直径 4 mm。

埋弧焊材料:焊丝 H08A,直径 2 mm,焊剂 HJ431。

(2)焊接工艺

①清理坡口及其两侧各 20 mm 范围内的油、锈等污物。

②用自动钨极氩弧焊进行打底,焊一层,其工艺参数:基极电流 40~60 A,脉冲电流 300~420 A,电压 10~12 V,焊接速度 10~13.3 cm/min,脉冲频率 0.65 Hz,脉冲通断时间比 60%~80%,氩气流量 10~12 L/min,直流正接。保证焊透和反面成形良好。

③焊条电弧焊加高,用 4 mm 结 507 焊条焊 2~3 层,焊接电流 160~180 A,电弧电压 22~24 V,直流反接。加高后焊缝厚度达 10 mm 以上。层间清渣。

④用埋弧焊焊满坡口,由于环缝直径较小,考虑到环缝的成形,选用直径 2 mm 细焊丝,小焊接电流,多层焊,焊接工艺参数见表 4-26。焊好表面层的焊缝余高为 0~3 mm。

⑤焊接过程中保持层间温度不高于 300 ℃。

⑥焊后进行射线探伤。

表 4 – 26　小直径对接环缝单面埋弧焊的工艺参数

管子外径/mm	壁厚/mm	坡口形式	埋弧焊前底部焊接方法	焊丝直径/mm	焊接电流/A	电弧电压/V	焊接速度/(m/h)	送丝速度/(m/h)	焊丝偏移/mm	焊接电源种类
273	36	U 形	氩弧焊打底，焊条电弧焊加高达 10 mm	2	240 ~ 280	26 ~ 28	21	210	15	直流反接

3. 容器环缝焊条电弧焊封底的埋弧焊

（1）产品结构和材料

一压力容器筒体直径为 2 400 mm，有两条筒体和封头连接的环缝，一端环缝对接用双面埋弧焊已焊好；另一端环缝由于埋弧焊机无法进入容器内部，选用焊条电弧焊封底的埋弧焊。筒体和封头板厚均为 46 mm，材料为低合金结构钢 14MnMoVg，坡口形式如图 4 – 53 所示，容器内侧环缝开浅的 V 形坡口施行焊条电弧焊，容器外侧环缝开 U 形坡口施行埋弧焊。由于母材强度等级高、板又厚，焊前需要预热并保持层间温度。

焊条电弧焊材料为 E6015（结 607）焊条；埋弧焊材料为 H08Mn2Mo 焊丝和 HJ350 焊剂。

（2）焊接工艺

①焊前清理坡口及其两侧各 20 mm 范围内的油、锈等污物。

②对环缝进行局部加热，加热范围为坡口两侧各 200 mm，温度为 150 ℃ ~ 200 ℃。

③用 E6015（结 607）4 mm 焊条在容器外侧进行定位焊，I = 170 ~ 190 A。定位焊缝长约 30 mm，间距约 150 mm。

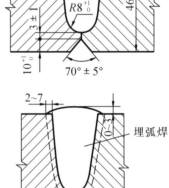

图 4 – 53　环缝焊条电弧焊封底埋弧焊的坡口及焊缝

④定位焊后，继续对环缝局部加热，保持 150 ℃ ~ 200 ℃。

⑤焊工进入容器，用焊条焊接 V 形坡口内环缝，第一层用 4 mm 焊条，I = 170 ~ 190 A，第二层以上用 5 mm 焊条，I = 200 ~ 240 A，焊满 V 形坡口，余高达 0 ~ 3 mm。层间清渣。

⑥在容器外，用碳弧气刨清根并打磨。

⑦继续对容器环缝加热，保持 150 ℃ ~ 200 ℃。

⑧埋弧焊机置于操作机上焊接 U 形外环缝，调整好焊丝和坡口的相对位置及焊丝偏移距离。按表 4 – 27 的工艺参数进行埋弧焊。第一层焊接电流略小，以后层增大焊接电流，多层焊焊满坡口，焊缝余高达 0 ~ 3 mm。

⑨层间清渣，层间温度为 150 ℃ ~ 300℃。

⑩焊后立即进行后热处理，150 ℃ ~ 200 ℃ 保温 2 h。

⑪焊后射线探伤。局部缺陷可由焊条电弧焊修补。

⑫容器全部焊缝进行焊后热处理 560 ℃ ~580 ℃ 3 h。

表 4-27　容器环缝焊条电弧焊封底埋弧焊的工艺参数

板厚/mm	坡口及焊接方法	焊层序	焊条或焊丝直径/mm	焊接电流/A	电弧电压/V	焊接速度/(m/h)	送丝速度/(m/h)	焊丝偏移距离	备　注
46	内环缝 V 形坡口焊条电弧焊	第一层	4	170~190	22~25	—	—	—	焊条 E6015（结607）
		以后层	5	200~240	22~25	—	—	—	
	外环缝 U 形坡口埋弧焊	第一层	4	550~570	33~35	22~25	93~95	50	焊丝 H08Mn2Mo焊剂 HJ350
		以后层	4	600~650	33~35	25~30	95~105	50	

第九节　角焊缝的埋弧焊

角焊缝主要用于 T 形接头和角接接头,埋弧焊较多的是焊接 T 形接头角焊缝。焊接时有两种焊法:倾斜焊丝焊,即平角焊;船形位置角焊。图 4-54 为角焊缝的两种焊法。

一、平角焊

T 形接头的两板,一板称为腹板(垂直板),另一板称为翼板(水平板)。翼板和腹板连接的角焊缝的角平分线处于水平线上并成45°角,用倾斜焊丝焊接这样位置的角焊缝,称为横角焊,但习惯上称为平角焊。

1.平角焊的特点

(1)不易烧穿

平角焊时 T 形接头的间隙不是在焊丝电弧的正下方,因此,这种焊法对间隙的敏感性不大,甚至有 3 mm 的间隙通常也不会烧穿。

(2)一层焊缝的焊脚小

这种焊法一层焊缝的截面通常在 40 mm² 以下,如果焊脚大于 9 mm 时,就需要进行多层焊。

(3)易产生咬边和焊脚单边缺陷

焊接过程中,熔融金属受重力的作用要向下流淌,所以腹板上易产生咬边缺陷。同时熔融金属向下流而堆积在水平翼板上,于是形成了水平焊脚大于垂直焊脚,即焊脚单边。平角焊易产生的缺陷如图 4-55 所示。

2.平角焊的焊接工艺

(1)焊丝和垂直板夹角小于45°

来自垂直板的熔融金属要向下流淌,为此要使垂直板受电弧热量少,应使焊丝和垂直板夹角小于45°,通常为 20° ~40°,如图 5-56 所示,这样电弧热量偏多给予水平板。

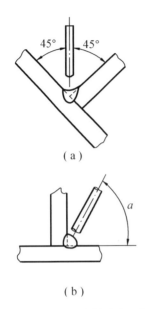

图4-54 T形接头角焊缝的两种焊法
(a)船形位置焊;(b)倾斜焊丝焊(平角焊)

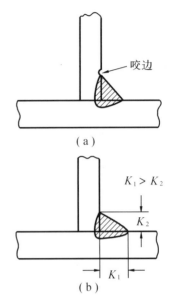

图4-55 平角焊缝易产生的缺陷
(a)咬边;(b)焊脚单边

(2)焊丝向外偏移

焊丝向外偏移,也就是电弧吹力向外移,这样减小了垂直板的受热量,减少了垂直板熔化金属的量;还可以借电弧吹力把熔融金属吹向垂直板,阻止熔融金属流向水平板,可避免咬边和焊脚单边的缺陷。偏移的距离要视焊丝直径和焊脚尺寸而定,通常偏移距离在$\phi/4 \sim \phi/2$之间,如图4-56所示。

(3)细焊丝、小电流、快焊速

通常平角焊的一层焊缝的焊脚不大于8 mm,所以焊缝截面积是不大的,选择焊接工艺参数时,可用细焊丝、小电流、快焊速。表4-28为平角焊缝埋弧焊的工艺参数。

(4)减小焊接变形

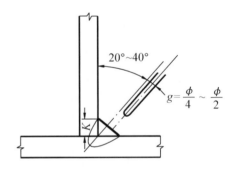

图4-56 平角焊时焊丝的正确位置
g—焊丝中心线至焊缝中心线的间距;
ϕ—焊丝直径;K—焊脚

T形接头角焊缝,除了有焊缝长度方向纵向收缩变形和横向收缩变形外,更为显著的是产生角变形,如图4-57所示。角变形的大小跟焊脚尺寸、焊接线能量及焊件构束度等有关。焊接T形接头的角变形可以用反变形法等措施来防止。通常可设置$2° \sim 3°$的反变形量。

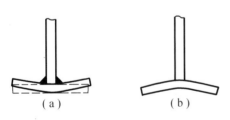

图4-57 焊接T形接头的角变形和反变形
(a)角变形;(b)反变形

表 4 - 28　平角焊缝埋弧焊的工艺参数

焊缝形式	焊脚 K/mm	焊丝直径 ϕ/mm	焊接电流 /A	电弧电压 /V	焊接速度 /(m/h)	电源类型
	3.0	2.0	200~220	25~28	58~60	直流反接
	4.0	2.0	280~300	28~30	54~55	交流
		3.0	310~360	28~30	54~55	交流
	5.0	2.0	380~400	30~32	52~54	交流
		3.0	440~460	30~32	54~56	交流
		4.0	480~500	28~30	60~64	交流
	6.0	3.0	450~470	28~30	54~57	交流
		4.0	480~500	28~30	58~60	交流
	7.0	3.0	480~500	30~32	47~48	交流
		4.0	600~650	30~32	50~51	交流
	8.0	3.0	500~530	30~32	44~46	交流
		4.0	670~700	32~34	48~50	交流

　　T 形接头的两相背焊缝的焊接方向应是同方向的,如图 4 - 58 所示。如果两焊缝焊接方向相反,则会产生扭曲变形。因为一条焊缝的始端部分和终端部分的角变形量是不同的。始端部分由于焊件拘束度小,角变形大;而终端部分拘束度大(已焊好焊缝段影响拘束度),角变形小。两条角焊缝的始端和终端若不在一起,其结果引起扭曲变形。不正确的焊接方向焊接工字梁,产生扭曲变形更为明显,如图 4 - 59 所示。

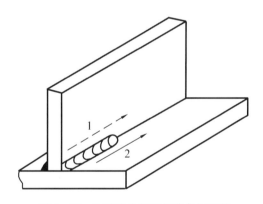

图 4 - 58　T 形接头的两相背角焊缝的
焊接方向应是同向

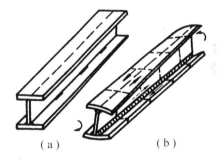

图 4 - 59　焊接工字梁产生的扭曲变形
(a)焊前;(b)两相背焊缝焊接方向相反产生的扭曲变形

　　在钢结构中,用开坡口的 T 形接头角焊缝来制成大型箱形梁,如图 4 - 60 所示。为了保证焊透且避免烧穿,采用钢垫板单面埋弧焊。焊接时以腹板为基准面,下衬钢垫板,焊满坡口,并要求在翼板上有 5 ~ 6 mm 的焊脚。为了减小变形和提高生产率,采用两台埋弧焊机同时焊接。并要求两台焊机使用的电流、电压、焊速等工艺参数应相同,还要求焊接方向相同。这种焊接方法,一根梁的四条平角焊缝仅需要将构件翻一次身即能完成。

二、船形角焊

将 T 形接头平角焊的位置旋转 45°，即成为船形位置。

1. 船形角焊的特点

（1）熔池水平，焊缝成形好

船形位置角焊缝焊接时，熔池是处在水平位置，焊缝成形好，可以避免咬边及焊脚单边的缺陷。

（2）可用大电流，生产率高

船形角焊好似 90°V 形坡口对接的填充层焊接，可用粗焊丝大电流，生产率显著提高。

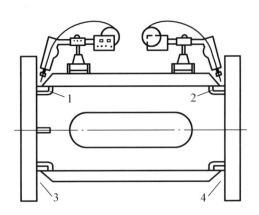

图 4-60　埋弧焊焊接大型箱形梁

2. 船形角焊工艺

（1）焊丝位置

当 T 形接头的两板厚度相等时，焊丝应置在垂直位置，和两板均成 45°，如图 4-61(a)所示。若两板厚度不等，则焊丝应向薄板倾斜，电弧偏向厚板。不对称船形角焊缝（焊件和水平线不成 45°角）焊接时，可能在一板上产生咬边，而另一板上出现焊瘤。为避免这种缺陷，焊丝仍可处于垂直位置，但做少量偏移，如图 4-61(b)、(c)、(d)所示。

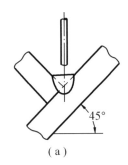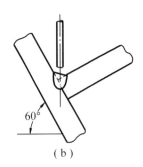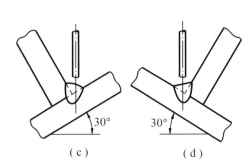

（a）	（b）	（c）	（d）

图 4-61　船形焊焊丝的位置

当构件要求腹板熔深较大时，可将焊丝向翼板稍做倾斜，并使电弧偏向腹板，如图 4-62 所示。这样腹板受到的热量较多，能获得大的熔深，甚至可达到全焊透。

（2）焊件位置

对于开坡口 T 形接头的船形焊，由于两板的焊脚要求是不等的，通常翼板的焊脚为 $\frac{1}{4}$ 的腹板厚度，且不大于 10 mm。为了获得良好的焊缝成形，焊前将 T 形焊件转成合适的位置，将要焊成的焊缝表面，置于水平位置，如图 4-63 所示，这时焊丝是垂直的，熔池是水平的。

（3）间隙要求高

船形角焊缝的间隙要求不大于 1.5 mm，否则熔化金属易从间隙中流失，甚至可能烧穿，这时应在反面加上临时衬垫。

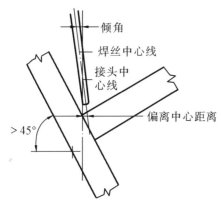

图 4 - 62　船形焊位置深熔焊时的焊丝位置

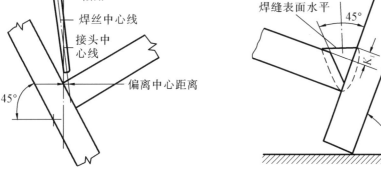

图 4 - 63　开坡口 T 形接头船形焊的焊件位置

（4）粗焊丝、大电流、慢焊速，可焊大焊脚

由于熔池处于水平位置，焊缝成形好，不易产生焊脚单边，所以船形角焊可以使用大电流、粗焊丝和慢焊速。其一次焊成焊脚可达 12 mm。表 4 - 29 为不开坡口船形角焊缝埋弧焊的工艺参数。

表 4 - 29　不开坡口船形角焊缝埋弧焊的工艺参数

焊接接头形式与焊接位置	焊脚 K/mm		焊丝直径 ϕ/mm	焊接电流 /A	电弧电压 /V	焊接速度 /(m/h)
	6		2	400 ~ 475	34 ~ 36	40 ~ 42
	8		2	475 ~ 525	34 ~ 36	28 ~ 30
			3	550 ~ 600	34 ~ 36	30 ~ 32
			4	575 ~ 625	34 ~ 36	31 ~ 33
			5	675 ~ 725	36 ~ 38	33 ~ 35
	10		3	600 ~ 650	33 ~ 35	21 ~ 23
			4	650 ~ 700	34 ~ 36	23 ~ 25
			5	725 ~ 775	34 ~ 36	24 ~ 26
	12		3	600 ~ 650	34 ~ 36	15 ~ 17
			4	725 ~ 755	36 ~ 38	17 ~ 19
			5	775 ~ 825	36 ~ 38	18 ~ 20
	14	第一层	5	650 ~ 700	32 ~ 34	31 ~ 33
		第二层	5	675 ~ 725	33 ~ 35	23 ~ 25

（5）工件的安置和翻转

船形焊广泛应用于焊接 T 形构件、工字梁及箱形梁。在批量生产中，工件的安置和翻转，影响着生产率。可以制成一个简单的胎架，如图 4 - 64 所示，将工字梁安置在胎架上，用 MZ₁ - 1000 型或 MZ - 630 型埋弧自动焊机装上导向滚轮，焊机沿着接缝线前行，实施船形焊。也可在胎架旁设置轨道，焊机沿轨道前进，完成船形焊。利用四根升降杆可以制成能调节角度的胎架,如图4-65所示。这种胎架可以调节焊件的倾斜角度,以适应焊件倾斜的需要。

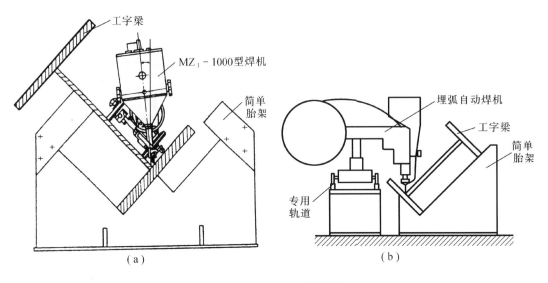

图4-64 船形焊用工字梁的简单胎架
(a)用MZ₁-1000型焊机;(b)使用轨道焊车

(6)减小焊接变形

工字形焊接梁多采用船形角焊,为了减小工字梁的焊接变形,根据工字梁的焊缝不同形式,采用图4-66所示的几种焊接顺序。

焊脚在12 mm以下的工字梁,可用单层焊缝焊成,其焊接顺序如图4-66(a)所示。工字梁每条焊缝需两焊道焊成的,可采用图4-66(b)所示的焊接顺序。当工字梁采用多层多道焊时,可参照图4-66(c)、(d)所示的焊接顺序来焊接。这些焊接顺序的基本原则是对称焊接和两面交替轮先的对称焊接。

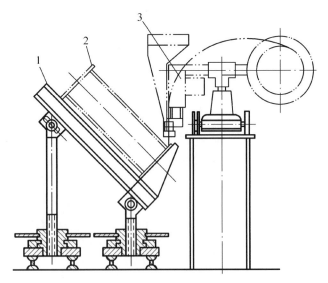

图4-65 船形焊用可调节角度的胎架
1—可调节胎架;2—焊件;3—焊车

三、角焊缝埋弧焊举例

1.T形构件平角焊缝的埋弧焊

(1)产品结构和材料

某大桥箱形梁的部件横隔板和扶强材T形结构件,如图4-67所示。横隔板(翼板)厚20 mm,扶强材(腹板)厚12 mm,材质为Q345qD(桥梁用低合金结构钢),采用I形坡口,焊

脚 $K = 8$ mm,用埋弧焊进行平角焊,焊两层。

焊丝 H10Mn2,焊剂 SJ101。

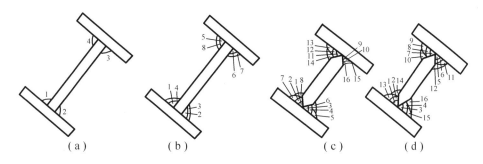

图 4-66 工字梁的焊接顺序

(2)焊接工艺

①清理坡口及其周围的污物。

②将横隔板置于水平位置,扶强材竖立安装,用 E5015(结 507)4 mm 焊条进行定位焊。在接缝两端焊上 T 形接头引弧板和熄弧板。

③焊第一道时,焊丝与垂直板夹角为 25°~35°,焊丝端头对准离角焊缝顶点偏移 2 mm,如图 4-68 所示,按表 4-30 的焊接工艺参数焊接,焊后水平板焊脚 K 达 8 mm,垂直板焊脚约 4 mm。

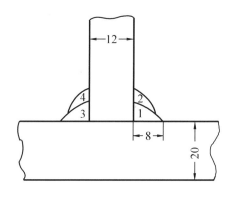

图 4-67 T 形构件的坡口及焊缝

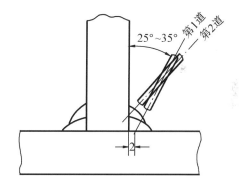

图 4-68 焊两道角焊缝的焊丝位置

④焊第二道时,焊丝角度略为增大,如图 4-69 所示,而焊丝端头对准第一道角焊缝顶点,略向水平方向外移,焊接电流小于第一道焊接电流,见表 4-30,这样可以减小咬边,焊缝成形好。

⑤按表 4-30 的焊接工艺参数焊接反面的第三道和第四道,焊丝位置参照图 4-69。

⑥正、反面焊缝的焊接方向应该是同方向的。

⑦层(道)间温度保持在 81 ℃~146 ℃。

⑧焊接线能量要求为 15.1~23.0 kJ/cm。

⑨焊后外观尺寸测量及超声波探伤检验,若有缺陷可用焊条电弧焊(E5015 焊条)进行

修补。

表4-30 T形接头的焊接工艺参数

坡口及焊缝形式	焊接部位	焊道号	焊丝直径/mm	焊接电流/A	电弧电压/V	焊接速度/(cm/min)	备　注
	正	1	2.0	380~430	33~34	40~42	
	正	2	2.0	330~380	33~34	40~42	焊丝 H10Mn2 焊剂 SJ101
	反	3	2.0	400~450	33~34	40~42	
	反	4	2.0	320~370	33~34	40~43	

2. 工字梁角焊缝船形位置埋弧焊

(1)产品结构和材料

某钢结构中的工字梁,翼板厚16 mm,腹板厚12 mm,梁高800 mm,梁宽600 mm。腹板与翼板组成不开坡口 T 形接头,焊脚为10 mm。工字梁材质为低合金结构钢16Mn 钢。

焊丝为 H10Mn2,焊剂为 HJ431。

(2)焊接工艺

①清理坡口上油、锈、漆等污物。

②用4 mm E5015(结507)焊条进行装配定位焊。并在接缝两端焊上 T 形接头引弧板和熄弧板。

③将装配定位焊好的工字梁放置在工字梁船形焊胎架上,如图4-64 所示。

④用 MZ$_1$-1000 型自动焊机的焊车直接放置在工字梁上,使用它的导向滚轮,引导焊丝对准坡口中心,沿接缝线向前焊接。也可在船形焊胎架旁设置轨道,用焊车式埋弧焊机(MZ-1000 型或 MZ-1-1000 型)进行船形焊。

⑤为了获得腹板有较深的熔透深度,焊丝位置可向翼板倾斜,并使电弧稍偏向腹板。

⑥按表4-31的焊接工艺参数进行埋弧焊。4 条角焊缝的焊接顺序按图4-66(a)所示的进行焊接。两相背的角焊缝的焊接方向应是同方向的。

⑦焊后外观检验和磁粉探伤。

表4-31 船形位置埋弧焊工字梁的工艺参数

焊缝位置	焊脚/mm	焊丝直径/mm	焊接电流 K/A	电弧电压 φ/V	焊接速度/(m/h)	焊丝伸出长度/mm
船形焊	10	5	725~775	34~36	24~25	35~40

第十节　埋弧焊安全技术

埋弧焊工是特种作业人员,他要接触电器设备,使用电弧进行工作,在焊接过程中电弧的高温会产生电焊烟尘及有害气体,高温的熔池和熔渣可能触及可燃物体,焊后检验中有电磁场及射线的影响。如果不重视这些问题,就可能引起触电、中毒、灼伤、火灾等事故。若发生安全事故,不仅直接影响焊工及其他人员的安全和健康,也给国家和工厂企业造成损害。因此,焊工必须掌握焊接安全技术知识,熟知在焊接过程中可能发生事故的原因,从而能够采取有效的安全防范措施,在安全生产的前提下,完成优质的产品任务。根据GB5306-85《特种作业人员安全技术考核管理规则》,焊工必须经过安全技术培训,并经考核合格取得特种作业安全操作证,方准独立上岗作业。

一、埋弧焊安全用电技术

1. 触电危险

电弧焊操作的主要危险是触电。当通过人体电流达1 mA时,人就会有感觉;电流达5 mA时,人感觉稍微痛;当通过人体电流达50 mA时,就有生命危险;通过人体电流100 mA,只要1 s时间,就能使人致命。触电死亡是由于电流通过心脏引起心室颤动或停止跳动,中断全身血液循环而导致死亡。人体电阻是个变值,最小电阻仅为800 Ω,因此对人来说安全电压为50 mA×800 Ω=40 V。大于40 V的电压对人体就有危险。因此,我国规定在比较干燥的正常环境下的安全电压是36 V,在潮湿而危险性又大的环境下的安全电压是12 V。

埋弧焊设备的电源是380 V,当焊接设备受潮或机械损伤时,造成机壳带电,人体碰到机壳就要触电。操作过程中焊工触及绝缘被破坏的电缆、电缆接头和开关时,也会触电。埋弧焊工难免要接触焊条电弧焊,焊机的空载电压是60~90 V,当更换焊条时,手接触到焊条,而脚或身体其他部位对地和金属结构件又无绝缘,这样就会触电,而且是危险的。焊条电弧焊工的触电死亡事故多数是由于人体接入焊机空载电压而造成的。同理,埋弧焊机在焊丝和焊件未接触状态下启动,焊丝和焊件之间电压也是空载电压(例69 V或78 V),这时焊工不应去拨弄焊丝。

2. 埋弧焊安全用电措施

(1)焊接作业前,应先检查焊机设备、操作机及工夹具是否安全可靠,机壳的接地是否良好,接地电阻不得大于4 Ω。

(2)连接焊机、配电盘的电源线不宜过长,一般不超过3 m。如确需用较长的导线时,应适当加粗电源线截面,并应架空2.5 m以上,禁止将电源线拖在工作现场地面上。

(3)电焊设备的带电部分对外壳和对地绝缘良好,变压器一次绕组与二次绕组之间的绝缘也应完好,其绝缘电阻不得小于1 MΩ。

(4)焊机应平稳安放在通风良好、干燥的地方,保持清洁干净,防止较大的震动和碰撞。安放在室外时,必须有防雨、雪措施。

(5)焊接电缆应尽量用整根的长导线,且有足够的截面(可用两根长导线并联),如需要电缆接长时,接头连接必须坚固可靠,并外包扎绝缘包布,保证绝缘良好。

(6)焊工在推拉闸刀开关时,应戴好绝缘手套,人必须站在侧面,动作应迅速,防止触电和电弧灼伤。

(7)焊接时要随时注意焊接电缆和控制导线的位置,避免电缆被灼热的熔渣烧坏。电缆如有破皮露线应及时用绝缘包布包扎好或予以更换,以免造成触电和短路事故。

(8)在选择焊接工艺参数时,不要使焊接电流达到焊机超载工作状态,长时期的超载会使焊机寿命缩短,电缆橡胶损坏甚至过载而烧坏焊机。

(9)电焊设备的安全检查、外部接线及故障修理是由电工负责的,焊工不得随意拆修设备和更换保险丝等。

(10)焊机在使用中如发现故障,焊工应立即切断电源,然后通知电工检查修理。

(11)埋弧焊大电流工作时,电弧电压可高达四十几伏,这电压值大于安全电压,所以不宜在此情况下,赤着手去触摸焊丝。

(12)焊接工作结束,在离开施工现场前,必须切断电源,关掉焊机。

二、预防中毒的安全技术措施

1. 有害烟尘和气体的来源

焊接电弧的高温达 3 000 ℃以上(弧柱中心达 6 000 ℃),在高温作用下,焊丝端部的金属和焊剂中的金属氧化物都会熔化,甚至沸腾,因为 Fe,Mn,Si,Cr,Ni 等元素的沸点都低于电弧温度。烟尘的形成过程实质上是液态金属和熔渣的"过热—蒸发—氧化—冷凝"的过程。过热蒸发的固体微粒直径小于 $0.1~\mu m(1~\mu m = 10^{-6}~m)$ 称为烟;直径在 $0.1 \sim 10~\mu m$ 之间称为粉尘。尽管埋弧焊有熔渣和焊剂覆盖电弧,但仍发出少量烟尘。

电弧的高温会产生有害气体,CO_2 气体在高温下分解成 CO 有害气体,焊剂的萤石(CaF_2)在高温下反应生成氟化氢(HF)有毒气体。

2. 有害烟尘和气体的危害

(1)焊工尘肺

尘肺是指由于长期吸入超过规定浓度的粉尘,并能引起肺组织弥漫性纤维化的粉尘所致的疾病。焊工尘肺主要是长期吸入超浓度的氧化铁等物所形成的混合烟尘,并在肺组织中长期作用所致的混合性尘肺。

焊工尘肺主要表现为呼吸系统症状:气短、咳嗽、咳痰、胸闷和胸痛,对肺功能也有一定的影响。

(2)锰中毒

锰蒸气在空气中能很快氧化成灰色的氧化锰(MnO)和棕红色的四氧化三锰(Mn_3O_4)烟尘。长期吸入超浓度的锰及其化合物的微粒和蒸气,则可能造成锰中毒。

慢性锰中毒早期表现为疲劳乏力、时常头痛、头晕、失眠、记忆力减退以及植物神经功能紊乱,如舌、眼睑和手指的微振颤等。锰中毒进一步发展,神经精神症状均更明显,而且转弯、跨越、下蹲等较困难,走路不稳等。

(3)焊工金属热

焊工金属热是指焊工吸入氧化铁、氧化锰和氟化物等,通过上呼吸道进入末梢细支气管和肺泡,再进入血液,引起焊工金属热症状。

焊工金属热主要症状是工作后低温发烧、寒颤、口内金属味、恶心、食欲不振等。早晨经发汗后减轻症状。

（4）一氧化碳中毒

CO 是窒息性气体，无色、无味。CO 的毒性作用是使氧在人体内的运输或组织利用氧的功能发生障碍，表现出缺氧的一系列症状，轻度中毒时表现为头痛、全身乏力、有时呕吐、足部发软、脉搏增快、头昏等。

（5）氟化氢中毒

氟及其化合物均有刺激作用，其中以氟化氢（HF）较为明显。氟化氢毒性剧烈，它能被呼吸道粘膜吸收，也可经皮肤吸收，吸收后对全身产生毒性作用，引起眼、鼻、呼吸道黏膜的充血、溃疡等刺激症状，严重时可发生支气管炎、肺炎等疾病。

3. 预防焊接烟尘和有毒气体的安全技术措施

（1）设法研制新的焊剂，降低焊接材料的发尘量和烟尘毒性，降低焊剂中荧石等有害物的含量。

（2）采用通风技术，通风把新鲜空气送到工作场地，并及时排出焊接时产生的有害烟尘和气体，以及被污染的空气，使工作场地的空气质量符合卫生要求。通风有自然通风和机械通风两种，按通风范围分为全面通风和局部通风。目前焊接场地多采用局部机械通风，方便灵活、效果良好、设备费用不高。禁止用氧气作为风源，以免发生燃烧爆炸事故。

（3）合理组织工作位置，焊工操纵焊车时，应站在上风位置。

（4）改进焊接工艺，小直径筒体的双面埋弧焊改为单面焊，单面焊设置在筒体外面，这样可以免去在筒体内进行焊接，因为筒体内焊接的卫生环境条件是差的。

（5）穿戴好个体防护用具，个体防护用具有工作服、鞋、帽、手套、眼镜、防尘口罩等。

三、其他的安全技术

埋弧焊工除了要预防触电和烟尘、气体中毒外，还必须重视以下几个伤害事故。

1. 防高处坠落

凡在坠落高度基准 2 m 以上（含 2 m），有可能坠落的高处进行的作业，称为高处作业。高处作业的主要危险是高处坠落事故。

单面埋弧焊时，焊工需要在接缝反面粘贴软衬垫（FAB 法）或陶质衬垫（CO_2 气体保护焊打底）。船体甲板大接缝离船底远超过 2 m 以上，粘贴衬垫属高处作业。焊工在高处作业，必须戴好安全帽，使用标准的安全带，安全绳的保险钩要系扣在牢固的结构件上。

所携带的焊接衬垫必须放在背带包中，背带包应有封口，可避免衬垫散落至底，影响他人的安全。同理，若是焊条电弧焊进行仰焊封底，则也必须戴安全帽和用安全带。

2. 防灼伤

埋弧焊工在敲熔渣时，必须戴好手套和眼镜，要防止灼热的熔渣烫伤人体。

3. 防弧光伤害

埋弧焊是把电弧埋在焊剂层下的，若埋弧焊的焊剂层太薄或焊剂供应中断，则电弧也会露光的。电弧光除了可见光线外，还有紫外线和红外线。紫外线会引起电光性眼炎，红外线和可见光线能引起结膜炎和网膜炎。弧光照射到焊工外露的皮肤，就会产生火燎燎的感觉，严重的会引起皮炎、红斑和小水泡渗出等皮肤病。

埋弧焊工自己受弧光伤害毕竟是短时间，影响是不大的，主要是防止他人伤害自己。当工作场地还有数名焊条电弧焊工或 CO_2 气体保护气体焊工同时工作时，应该使用挡光板挡住他人的弧光，才能免受弧光的伤害。穿戴好个体防护用具，是所有焊工的基本守则。

4. 防火灾

埋弧焊只在平位置焊接,也没有飞溅和熔滴垂落,所以由埋弧焊引起火灾的事故是很少的。但是在无衬垫埋弧焊时,若发生烧穿现象,则大的熔滴也会落下,有可能引起火灾。为了以防万一,必须将接缝下面的易燃物移离。

5. 防金属灰尘

埋弧焊的除锈和打磨,都会使金属灰尘飞扬,为了防止吸入肺部,焊工应戴好防尘口罩进行工作。在多层埋弧焊清渣时,也应戴好防尘口罩。

6. 防止跌倒

埋弧焊的焊接电缆和控制线,又粗、又多,焊工拖移时,遇到盘绕要花很大的力气,而一旦电缆解脱松开,往往会使焊工向后跌倒,造成伤害。故拖拉电缆时用力要适当,脚要站稳,防止跌倒。

第五章 常用钢的埋弧焊

第一节 钢的焊接性

一、钢的焊接性概念

钢的焊接性是指钢对焊接加工的适应性,即在一定的焊接工艺条件(包括焊接方法、焊接材料、焊接工艺参数和结构形式等)下,获得优质焊接接头的难易程度。焊接性包括两方面的内容:接合性能和使用性能。

1. 接合性能

在一定的焊接工艺条件下,钢得到的焊接接头,对产生焊接缺陷的敏感性,也即得到的焊接接头易不易产生缺陷。易产生缺陷(如高强度合金钢焊接易产生裂纹)就是接合性能差,焊接性差。

2. 使用性能

在一定的焊接工艺条件下,钢得到的焊接接头对使用要求的适应性,也即得到的焊接接头能否可靠使用。焊后的焊接接头不能使用(如不锈钢的焊接接头使用时发生腐蚀),则使用性能差,焊接性差。

焊接性好的钢,就是在焊接时不需要采用其他附加工艺措施(预热、缓冷、后热等),就能得到没有裂纹等缺陷,并具有良好力学性能及其他性能的焊接接头。从理论上讲,绝对不可能焊接的钢是没有的,所以焊接性好坏只是相对比较而言。

二、影响焊接性的因素

钢的焊接性好坏,主要取决于母材金属的化学成分,还有跟焊接方法、焊接材料、焊接工艺条件、结构的刚性及使用条件有着密切的关系。对于同一种钢,采用不同的焊接方法、焊接材料及焊接工艺,其焊接性可能有很大的差别。

1. 材料因素

这是指母材和焊接材料,通常母材是由结构设计人员选定的,而焊接材料是由焊接专业人员选定的。从焊接性考虑,希望母材的碳含量低些为佳,硫、磷杂质少些为好,还有合金元素含量不能多。

埋弧焊的材料是指焊丝、焊剂及衬垫。埋弧焊方法中还有用氩弧焊打底、焊条电弧焊打底或封底、CO_2 气体保护焊打底或封底,这还要涉及氩气、CO_2、焊丝及焊条,它们的质量也影响到焊接性。

正确选定母材和使用的焊接材料是保证焊接性良好的重要基础,应该引起足够的重视。埋弧焊时用错焊丝或焊剂,就会使焊缝易产生缺陷或焊接接头性能(包括力学性能、抗腐蚀性、耐高温性、低温韧性等)不合格。

2. 工艺因素

工艺因素主要是指焊前预热、层间温度、后热及焊后热处理,这些工艺措施可以减小焊接应力,防止淬硬,避免产生冷裂纹。焊接线能量大小也影响着焊接性。还有焊接坡口的形状及尺寸,影响着熔合比和焊缝成形系数,也会使焊接性有所变化。

3. 结构因素

焊接结构的设计影响着焊接结构的应力状态,牵连到焊接性问题。如果焊接接头的刚性很大,会引起很大的拘束应力,焊接接头就易产生裂纹。厚板焊接结构的焊接应力大;而薄板结构的焊接变形大。焊接结构中有缺口、截面突变、焊缝密集汇交处等,会引起应力集中,导致裂纹,甚至造成结构的破坏。当厚板和薄板对接时,为了避免截面突变,厚板必须削斜,厚度缓慢减薄,至坡口处和薄板等厚度,这样可以减少应力集中现象,同时又便于焊接。

4. 使用条件

焊接结构的使用条件是多种多样的,有静载或动载工作、有高温工作、有低温工作、有在腐蚀介质中工作等。结构在高温工作时,材料可能发生蠕变(材料在高温时受不大的力会发生微量的变形);板材在低温或动载荷作用下,易发生脆性断裂(板材在小于设计应力作用下,发生突然断裂,断裂时没有或有很小的塑性变形),焊接接头在腐蚀介质中工作,发生腐蚀。材料的使用条件越不利,焊接性就越差。不同的使用条件,对焊接性有不同的要求。

三、焊接性的间接判断法

影响焊接性最大的因素是母材钢的化学成分,化学成分中影响最大的是碳,因为碳是引起钢的淬硬倾向的最主要因素。在碳钢中常把碳含量的多少,作为间接判断焊接性的主要指标。钢中碳含量越多,淬硬倾向越大,焊接性越差。钢中除了碳元素外,还有铬、钼、钒、锰、镍、铜等合金元素,它们对钢的淬硬和热影响区产生裂纹,都有着不同程度的影响。于是引出了碳当量的概念,把钢中各合金元素(包括碳)的含量对焊接性的影响大小,折算成相当的碳元素的总含量,称为碳当量,用 C_E 表示。根据国际焊接学会(IIW)推荐的估算碳钢和低合金钢的碳当量公式为

$$C_E = C + \frac{Mn}{6} = \frac{Cr + Mo + V}{5} + \frac{Ni + Cu}{15}$$

碳当量公式中的各元素符号代表该元素在钢中百分含量。钢中碳当量的大小,可以作为简接评定钢的焊接性的指标。碳当量越大,焊接性越差。根据经验:钢的 $C_E < 0.25\%$,其焊接性优良,焊接时不必预热;钢的 $C_E = 0.25\% \sim 0.40\%$,其焊接性良好,焊接时一般不预热;钢的 $C_E = 0.41\% \sim 0.60\%$,其淬硬倾向逐渐明显,焊接性尚可,焊接时需要采用预热、控制焊接线能量等工艺措施; $C_E > 0.60\%$,其淬硬倾向强,易产生裂纹,焊接性差,需要采用较高的预热温度、焊后热处理及控制焊接线能量等严格的工艺措施。

用碳当量方法来估算碳钢和低合金钢焊接性是简单的、间接的,只能作近似的估算,但有时不能代表钢的实际焊接性。例如 16Mn 钢的 C_E 在 0.39% 左右,其焊接性良好,但当板厚增大时,实际焊接性就变差。所以关于钢的焊接性,还应该根据焊件的实际情况,通过直接试验法来断定。

四、焊接性的直接试验法

对于用新的焊接方法建造产品,用新的钢材制造结构,用新的焊接材料进行生产,用新

的工艺组织施工时,我们必须要了解产品在焊接生产过程中和使用时可能出现的问题,在生产准备前必须进行焊接性的直接试验。通过焊接性直接试验,可以达到以下三个目的:①选择适用于母材金属的焊接材料;②确定合适的焊接工艺参数,如焊接电流、电弧电压、焊接速度、焊接线能量、预热温度、层间温度、焊后缓冷及热处理要求等;③研究和发展新的钢材和新的焊接材料。

焊接性直接试验包括抗裂性试验和使用性能试验两方面内容。常用的抗裂性试验方法和应用范围见表5-1。

表5-1　常用的抗裂性试验方法和应用范围

试验方法	产生的主要裂纹类型	也可反映的裂纹
斜Y形坡口焊接裂纹试验	热影响区冷裂纹	焊缝的冷裂纹或热裂纹
刚性固定对接试验	焊缝金属的冷或热裂纹	热影响区冷裂纹
可变刚性试验	焊缝根部的冷或热裂纹	热影响区冷裂纹
十字接头试验	热影响区冷裂纹	焊缝金属裂纹

抗裂性试验结果的评定,有的是用比较法,就是将已知钢材的焊接性试验结果和未知钢材的焊接性试验结果进行对比而评定。也有用试样不裂作为合格,裂作为不合格(例如刚性固定对接试验)。还有以少量裂纹为合格标准(例如斜Y形坡口焊接裂纹试验,表面裂纹小于20%可认为合格)。

每一种试验方法都有一定的局部性,即每一种试验只是从某一特定的角度来考核或表明焊接性的某一方面,因此有时往往需要通过几个试验,才能全面地说明钢的焊接性。但是又不可能做全部的抗裂性试验,所以在选择焊接性试验方法时应考虑以下几个问题:①焊接性试验方法尽可能和焊件的刚性、实际生产及使用条件接近;②根据母材金属和产品的特点,估计焊接后产生主要裂纹的类型来选择焊接性试验方法;③试验方法的经济性。

焊接接头使用性能试验包括力学性能试验、抗脆断性试验、疲劳及动载试验、高温性能试验及抗腐蚀试验。其中力学性能试验为必做的试验,其内容有拉伸、冲击、弯曲。其余几项试验是根据产品的使用要求而选定,低温工作的焊件要做抗脆断试验,不锈钢焊件要做抗腐蚀试验。

第二节　碳钢的埋弧焊

一、碳钢的分类

含碳不大于1.3%质量分数($w_C \leqslant 1.3\%$)的铁碳合金,称为碳钢,又称碳素钢。碳钢也含有少量的锰($w_{Mn} \leqslant 0.8\%$)和硅($w_{Si} \leqslant 0.4\%$),还含有杂质硫和磷。碳钢的价格低,是工程上常用的钢种之一。

1.碳钢的分类
碳钢按碳含量、冶炼方法、质量等级及用途可分为下列几类:
(1)按碳含量分

碳含量 $w_C < 0.3\%$ 的碳钢称为低碳钢。低碳钢的强度低,而焊接性优良,被广泛应用于一般的焊接结构。用于重要结构的低碳钢,其碳含量不超过 0.25% 。碳含量 $w_C = 0.3\% \sim 0.6\%$ 的碳钢称为中碳钢。中碳钢的强度高,其焊接性尚可,主要用来制造机器部件和工具,如轴、齿轮、连杆、夹具、刀杆等。碳含量 $w_C > 0.6\%$ 的碳钢称为高碳钢。高碳钢的强度和硬度都很高,主要用来做钢轨、模具、弹簧等,其焊接性差,很少用于焊接结构。

(2)按冶炼方法和脱氧程度分

碳钢按炼钢炉类型可分为平炉钢和转炉钢。目前大多是采用转炉生产碳钢,少数是平炉钢。按炼钢过程中的脱氧程度,碳钢可分为沸腾钢、半镇静钢和镇静钢。镇静钢的脱氧充分完全,钢中氧、氮含量低,具有较好的综合力学性能。重要结构多采用镇静钢和半镇静钢,一般焊接结构也有用沸腾钢的。

(3)按用途分

碳钢按用途可分为结构钢、工具钢和特殊用途钢。结构钢用来制造各种钢结构和机器零件;工具钢用来制造刀具、量具和模具;特殊用途钢有船体用钢、压力容器用钢、锅炉用钢和桥梁用钢等。

(4)按钢的质量分

按钢中有害杂质硫和磷的含量可分为三个等级:普通碳素钢 $w_S \leqslant 0.050\%$, $w_P \leqslant 0.045\%$;优质碳素钢 $w_S \leqslant 0.035\%$, $w_P \leqslant 0.035\%$;高级优质碳素钢 $w_S \leqslant 0.030\%$, $w_P \leqslant 0.030\%$ 。

2. 焊接用碳素结构钢

(1)普通碳素结构钢

国家标准 GB700-88《碳素结构钢》中规定了 5 种牌号和 10 个质量等级。钢号以 Q × × × - × · × 来表示。举例说明如下:

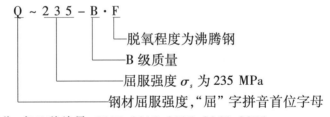

按屈服强度分,有 5 种牌号:Q195,Q215,Q235,Q255,Q275。

质量等级分为 A,B,C,D 四级。D 级质量最好,A 级质量最差。

脱氧程度分为四级,以符号 F,b,Z,TZ 表示。F—沸腾钢;b—半镇静钢、Z—镇静钢、TZ—特殊镇静钢。特殊镇静钢最好,沸腾钢最差。

Q235 钢广泛用于焊接钢结构,其焊接性良好。

(2)优质碳素结构钢

国家标准 GB699-88《优质碳素结构钢》规定中,优质碳素结构钢的牌号有 08F,10F,15F,08,10,15,20,25,30,35,40,45,50,55,60,65,70,75。钢牌号的数字是该钢碳含量的近似中间值。例 20 钢,它的碳含量 $w_C = 0.17\% \sim 0.24\%$,近似中间值 0.20% 。优质碳素结构钢除了 08F,10F 和 15F 钢是沸腾钢外,其余都是镇静钢。优质钢就是钢中硫、磷有害杂质少,控制在 0.035% 以下。在重要焊接结构中,通常采用 10 钢至 25 钢,因碳含量低,强度不高,但焊接性良好。强度要求高的部件,采用 30 钢至 40 钢,其焊接性尚好。

（3）特殊用途碳素结构钢

特殊用途碳素结构钢有船体用碳素结构钢、压力容器用碳素钢、锅炉用碳素钢和桥梁用碳素结构钢等。

①船体用碳素结构钢

国家标准 GB712 – 88《船体用结构钢》中，将"船体用碳素结构钢"改称为"船体用一般强度钢"，分为 A，B，D，E 四个等级（没有 C 等级是为了避免和旧等级 ×C 混淆）。船体一般强度结构钢的碳含量 w_C 低于 0.22%，锰含量约 0.6% ~ 1.2%。屈服强度不小于 235 MPa，具有较高的冲击韧度，并有良好的焊接性。四个等级中 A 级钢最差，逐级提高，E 级钢的碳含量 $w_C \leqslant 0.18\%$，有 – 40 ℃ 低温冲击要求。

②压力容器用碳素钢

国家标准 GB6654 – 96《压力容器用钢板》中，压力容器用碳素钢仅有 20R 一种，牌号中 R 表示"容"字拼音首位字母。压力容器用碳素钢要求有较高的综合力学性能，尤其是塑性，因为容器的封头是要经过冲压或旋压的方法制成的。压力容器用碳素钢的碳含量 w_C 控制在 0.22% 以下，焊接性良好。

③锅炉用碳素钢

国家标准 GB713 – 97《锅炉用碳素钢和低合金钢钢板》中列出一种锅炉用碳素钢 20 g。由于锅炉工作温度在200 ℃ ~ 400 ℃，是钢板的时效脆化区，又加上锅炉筒体经冷作加工成形，存在应变时效脆化现象，这就要求锅炉用碳素钢提高抗应变时效性能，标准规定了应变时效冲击韧度不小于 29 J/cm^2。

④桥梁用碳素结构钢

桥梁上的载荷是时刻在变动的，桥梁的安全运行直接关系到人的安全。所以对桥梁用钢要求较为严格，它应有良好的塑性、低温冲击韧度及时效冲击韧度。桥梁用钢冶金部标准 YB(T)10 – 81 中只有一个牌号 16q，牌号中 16 表示碳的平均含量为 0.16%，q 表示"桥"字拼音的首位字母。16q 钢的碳含量低，焊接性良好。低温 – 20 ℃ 冲击吸收功不小于 27 J，时效冲击吸收功不小于 27 J，并且具有良好的焊接性。

二、低碳钢的埋弧焊

1. 低碳钢的焊接性

低碳钢的碳含量低，不会产生淬硬而引起的冷裂纹。除了低温及很厚板的情况外，焊件不必采取焊前预热措施，不必严格控制层间温度及焊接线能量。除了锅炉、压力容器等重要焊接结构外，一般焊接结构焊后也不需要做消除应力退火热处理。用目前国内市场供应的焊丝和焊剂，有基本的工艺措施，都能使低碳钢焊接接头具有合格的力学性能。焊接普通碳素结构钢时，也存在下列两个问题。

（1）热裂纹

当母材的碳含量大于 0.20%，硫含量大于 0.03% 时，板厚大于 16 mm，采用不开坡口对接，焊缝中心可能产生热裂纹。杂质硫在熔池中和铁化合生成硫化铁 FeS，熔点为 988 ℃，当焊缝从液态冷却到固态结晶时，FeS 仍处于液态，于是被推向焊缝中央聚集，随着焊缝的收缩，焊接拉应力的增大，将这些液态的 FeS 被拉成裂纹。

（2）过热区晶粒粗大，韧性下降

电弧热的作用不仅使焊丝和部分母材熔化，构成焊缝，还对焊缝附近的母材在组织和性能上有着一定的影响。焊接热影响区就是指在焊接过程中,母材受热的影响(但未熔化)而发生金相组织和力学性能变化的区域。对于低碳钢来说,热影响区的温度范围为 450 ℃ ~ 1 250 ℃。热影响区内又可细分为四个区域,即过热区(1 100 ℃ ~ 1 250 ℃)、正火区(900 ℃ ~ 1 100 ℃)、部分相变区(750 ℃ ~ 900 ℃)、再结晶区(450 ℃ ~ 750 ℃)。其中过热区的影响最大,在过热区中常温时的铁素体和珠光体全部转变为奥氏体,并且随温度上升奥氏体晶粒急剧长大,冷却后呈现为晶粒粗大组织,塑性和韧性下降。埋弧焊采用大线能量焊接,这就使热影响区中的过热区晶粒过于粗大,过热区的韧性显著下降。

2. 低碳钢埋弧焊的工艺

低碳钢埋弧焊焊接一般结构,不需要特殊的工艺措施,就可以获得合格的焊接接头,其焊接工艺要点如下。

(1)预热

一般低碳钢结构不需要预热。当环境温度低于 0 ℃ 时,应将焊件预热 30 ℃ ~ 50 ℃;当板厚超过 70 mm 时,预热温度为 100 ℃ ~ 120 ℃。

(2)坡口

低碳钢埋弧焊的坡口形状和尺寸可参照表 4 - 1。通常板厚 14 mm 以下可不开坡口。如果母材中 C 和 S 的含量较高时,则可考虑开 V 形坡口,减小熔合比,可减小焊缝中的 C,S 含量,避免产生热裂纹。

(3)焊丝和焊剂

由于低碳钢的强度低,要求焊缝金属中的合金成分不多,故既可以采用焊丝渗合金(锰),也可采用焊剂渗合金。通过焊丝渗锰,可以提高焊缝的低温韧性。通过焊剂渗锰和硅,有利于改善焊缝的抗热裂性能和提高焊缝的韧性。对于普通碳素结构钢(Q235,Q255)可采用低碳焊丝 H08A,配以高锰高硅焊剂 HJ431 或 HJ430,可以降低焊缝金属的碳含量,提高抗裂性;对于要求较高的优质碳素结构钢和特殊用途碳素结构钢,可采用含锰焊丝 H08MnA 配高锰焊剂 HJ431 或 HJ430,以适当补充焊缝中的锰含量,提高焊缝的力学性能和防止热裂纹;对于开成 V 形或 U 形坡口的对接,采用高锰焊丝 H08Mn2,配以高锰焊剂 HJ431,也是为了提高焊缝的锰含量;对于韧性要求较高的厚板,应采用高锰焊丝 H10Mn2 配中锰高硅焊剂 HJ330 或硅钙焊剂 SJ301,焊丝向焊缝渗锰,焊剂向焊缝渗硅,可以获得韧性较好的焊缝;如果焊件表面锈蚀较多,可选用抗锈能力较强的焊剂 SJ501,而焊丝按强度和韧性的要求选用。表 5 - 2 为低碳钢埋弧焊选用的焊丝和焊剂。

表 5 - 2 低碳钢埋弧焊选用的焊丝和焊剂

母材钢号	焊 丝	焊 剂
Q235,Q255	H08A,H08E	SJ401,SJ403,HJ431,HJ430,HJ330,SJ301,SJ302,SJ501,SJ502,SJ503
Q275	H08MnA	
10,15,20	H08A,H08MnA	
25	H08Mn,H10Mn2	
20 g	H08MnA,H08MnSi,H10Mn2	
20R	H08MnA	
16q		
船体用 A,B,D,E	H08A,H08E,H08Mn,H08MnA	HJ430,HJ431

（4）焊接线能量

低碳钢埋弧焊对于焊接线能量或焊接工艺参数，没有特殊要求，只要能保证电弧稳定燃烧，焊缝成形良好，不产生焊接缺陷。但不宜用过大的焊接线能量，这会使粗晶区韧性下降，还对减小焊接变形和应力不利。

（5）焊后热处理

对于一般结构件不需要焊后热处理。焊接重要结构，壁厚大于 34 mm 的容器，精密度要求高的构件（机床床身和减速箱）等焊后要进行退火处理，温度为 550 ℃ ~ 650 ℃，以消除焊接应力。消除应力后的焊接结构，其外形尺寸稳定。

三、中碳钢的埋弧焊

1. 中碳钢的焊接性

中碳钢的 w_C 为 0.3% ~ 0.6% 。钢中碳含量增加，强度提高，塑性降低，淬硬倾向增大，焊接性变差。中碳钢的焊接性可以用碳当量近似公式来衡量

$$C_E \approx C + \frac{Mn}{6}$$

当 $C_E > 0.4\%$ 时，焊接性变差，易产生冷裂纹。30 钢 w_C 约 0.30% （ $C_E < 0.40\%$ ），焊接性良好，仍可按低碳钢埋弧焊工艺进行焊接。40 钢焊接性开始变差，焊接 $w_C > 0.40\%$ 中碳钢时，存在以下两个问题。

（1）热影响区产生冷裂纹

在焊接 45,50,55 钢时，由于碳含量高，碳当量 $C_E > 0.45\% ~ 0.55\%$ ，钢的淬硬倾向大，在焊接快速冷却下，热影响区容易形成马氏体组织，性能硬而脆，焊接接头的塑性和韧性下降，在焊接应力作用下，会产生冷裂纹。如果焊缝中的碳含量较高时，焊缝也可能产生裂纹。

（2）焊缝金属产生热裂纹

当母材中碳钢碳含量较高（如 55 钢的 w_C 约 0.55% ）和硫、磷杂质较高，且焊缝的熔合比较大时，焊缝金属也会产生热裂纹。因为熔合比大，母材熔入焊缝的碳量也增多，使得焊缝的中碳钢从液态转为固态的温度区域增大，也即焊缝冷凝时间延长，焊缝有足够的时间将低熔杂质推聚到焊缝中央，于是在凝固收缩应力作用下，焊缝中央仍处在液态的低熔杂质被拉开，形成裂纹。

此外，中碳钢埋弧焊时，随着钢的碳含量的增加，产生 CO 气孔的可能性也随之增大。

2. 中碳钢的埋弧焊工艺

（1）坡口

埋弧焊焊丝的碳含量小于母材中碳钢的碳含量，焊接中碳钢时，希望熔合比小，焊缝中的碳也就少，这样有利于防止热裂纹。为此，中碳钢埋弧焊尽可能采用大角度 V 形坡口或 U 形坡口。坡口加工最好采用机加工，因为气割或碳弧气刨的快速冷却，可能形成表面淬火裂纹，不利于焊接。

（2）预热

埋弧焊的线能量大，焊接区受热面积宽，熔池体积大，还有较厚层的高温熔渣覆盖于焊缝表面，所以埋弧焊的焊缝及热影响区冷却速度小于焊条电弧焊的冷却速度。这就减弱了钢的淬硬程度。这样中碳钢埋弧焊的预热温度就不需要像焊条电弧焊那样高。对于厚度在 30 mm 以下的中碳钢焊件，可以不预热。但对于碳含量近上限的中碳钢，或板厚较大的焊

件,则必须进行预热。预热温度为 100 ℃ ~250 ℃,并且要保持层间温度同预热温度。

(3)焊丝和焊剂

对于 30 钢埋弧焊,可选用 H08Mn 焊丝,配用 HJ431,HJ430 焊剂。对于碳含量较高的 45 钢,宜用 H10Mn2 焊丝,焊缝中可增加些锰的含量,焊剂最好选用低氢碱性焊剂 HJ350 或 HJ351。焊接不重要的薄板构件,也可选用 H10Mn2 焊丝和 HJ431 焊剂的组合。表 5 − 3 为中碳钢埋弧焊选用的焊丝和焊剂。焊前对焊剂应进行 400 ℃高温焙烘 2 h,以减少焊剂中的水分,防止水中的氢引起的冷裂纹。

表 5 − 3　中碳钢埋弧焊选用的焊丝和焊剂

母材钢号	焊　　丝	焊　　剂
30	H08Mn,H10Mn2,H08E	HJ431,HJ430
40	H10Mn2	HJ350,HJ351
45		SJ301
50		HJ431(薄板)

(4)焊接线能量

中碳钢的埋弧焊,线能量大些有利于防止产生冷裂纹,但线能量过大,也会使热影响区的过热区晶粒粗大,韧性显著下降,故宜采用中等值的焊接线能量。

(5)采用多层多道焊

采用多层多道焊,一则可以限制焊接线能量不过大;二则可以利用后道焊缝的热量对前道焊缝进行回火,改善前道焊缝的塑性和韧性。对于易淬硬的中碳钢来说,焊后焊接接头在空气中冷却就是淬火,再进行回火,确实是对焊接接头的性能有很大的改善。

(6)焊后热处理

中碳钢焊接构件焊后用 600 ℃ ~650 ℃温度做消除应力的回火处理。对厚板刚性大的结构件,若不能及时回火处理,则焊后应立即做 250 ℃后热处理来消氢,防止产生冷裂纹。如果结构件并不十分重要,又缺乏条件热处理,则必须在焊好盖面层后立即用石棉布覆盖或包裹,使焊件缓慢冷却,防止淬硬而冷裂。

四、碳钢埋弧焊举例

1. 低碳钢平台板悬空双面埋弧焊

(1)产品结构和材料

某船平台板拼接,材质为船用 A 级板,属低碳钢,板厚为 12 mm。平台板长 11 250 mm,宽 20 720 mm,如图 5 − 1 所示。采用不开坡口 I 形对接,悬空双面埋弧焊,间隙为 0 ~1 mm。焊丝牌号为 H08A,焊剂牌号为 HJ431。

(2)焊接工艺

①清理钢板接缝端面及两侧各20 mm范围内的锈、油、漆等污物。

②在钢板正面进行定位焊,用 E4315(结 427)或 E5015(结 507)4 mm 焊条,定位焊缝长为 30 ~50 mm,间距为 200 ~300 mm,焊缝厚度不高出钢板表面 1 mm。接缝的外伸部分装

工艺板 150 mm×150 mm。

③焊正面焊缝，用 5 mm 焊丝，熔深达到板厚的 50% 左右，焊接工艺参数见表 5-4。焊接顺序如图 5-1 所示。

④正面焊缝焊好后，将平台板翻身，焊反面焊缝。

⑤焊反面焊缝，焊接电流略大于正面电流，保证焊透，正反面焊缝相交 2~4 mm。焊接工艺参数见表 5-4。

⑥焊接顺序，由于拼板面积大，焊缝有纵向和横向，焊接顺序原则有两点：先焊支缝，后焊干缝；由中央向两侧对称焊接。按图 5-1 所示的 1~13 顺序进行焊接。

⑦焊后 20% 焊缝进行超声波探伤。

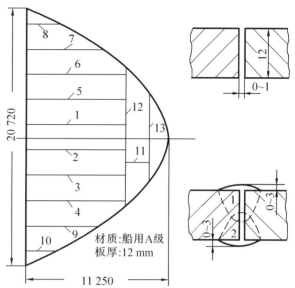

图 5-1　低碳钢平台板坡口、焊缝及焊接顺序

表 5-4　低碳钢平台板悬空双面埋弧焊的工艺参数

板厚 /mm	间隙 /mm	焊丝直径 /mm	焊道序	焊接电流 /A	电弧电压 /V	焊接速度 /(m/h)	备注
12	0~1	5	1(正)	650~700	34~36	34~35	焊丝 H08A 焊剂 HJ431
			2(反)	725~775	35~37	34~35	

2. 低碳钢铸钢件艉轴架内孔的埋弧堆焊

（1）产品结构和材料

某船的艉轴架是浇铸而成，材质为铸钢 ZG230，系低碳钢铸件。浇铸后未发现缺陷，经车床加工内孔，车削过程中，发现有裂纹、夹杂等缺陷，如图 5-2 所示。采用电弧焊补焊。用焊条电弧焊修补浇铸的缺陷，用埋弧焊堆焊加工的内孔，要求堆焊高度为 15 mm。焊条用 E4315（结 427），焊丝用 H08A，焊剂用 HJ431。

（2）焊接工艺

①清理铸件缺陷

a. 在发现裂纹的前端，钻 ϕ25 mm 止裂孔，防止裂纹的延伸。

b. 用碳刨彻底清除浇铸缺陷，并将缺陷处凹陷平滑过渡到内孔表面。

c. 用砂轮打磨光洁。

②将艉轴架安置在圆筒内

a. 将艉轴架安放在圆筒体内。

b. 估算艉轴架两脚的重量，在与艉轴架两脚对称的位置上安放两组相应重量的压铁块。同时在圆筒内空隙大的地方对称地安放压铁块（见图 5-3），以求得圆筒周围的重量平衡，能使圆筒稳定旋转。用定位焊将艉轴架、压铁块等固定在圆筒内。

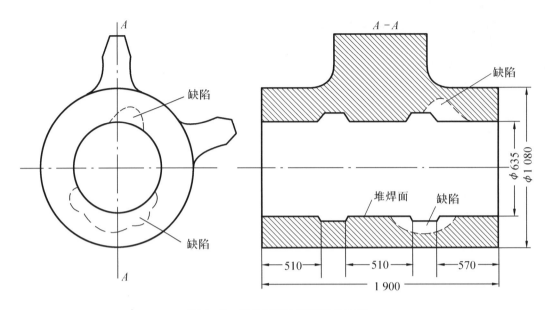

图 5 - 2　低碳钢铸件艉轴架的缺陷

c. 将艉轴架圆筒体吊放在滚轮架上。

③用焊条电弧焊修补缺陷

a. 将艉轴架预热到 100 ℃ ~ 120 ℃。

b. 转动滚轮架使缺陷修补处位于接近平焊位置。

c. 用 4 mm E4315（结 427）焊条,焊接电流略小约 140 ~ 160 A,用窄焊道进行焊补缺陷。

d. 每焊完一层,用风枪装上平头锗子轻轻锤击焊缝,以减小应力。同时清理焊渣。

e. 连续焊接,层间温度不小于 100 ℃。

f. 焊补焊缝的表面达到和内孔表面基本持平。

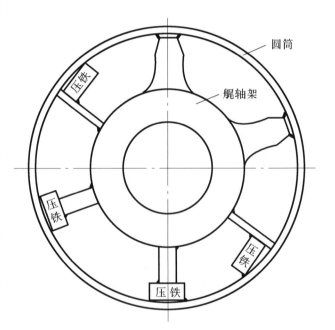

图 5 - 3　圆筒体内放置压铁作平衡用

④埋弧焊堆焊内孔

a. 将艉轴架继续加热到 100 ℃ ~ 120 ℃。

b. 焊机安置在伸缩臂式操作机上,将焊接机头伸入内孔,先焊艉轴架中央内孔一段,由于是堆焊,不需要较大的熔深,故选用的焊接电流不大,焊接工艺参数见表 5 - 5。每焊成一圈焊缝后,调节焊接机头,使焊丝横向推移约 10 mm（近焊道宽度的 1/2）两相邻堆焊焊道交搭,熔合良好。每道堆焊高达 4 mm,连续堆焊 4 层,堆焊高度达 15 mm 以上。

c. 中央一段堆焊后,接着用两台焊机在艉轴架两端进行堆焊。两台焊机堆焊的工艺参数应基本接近,焊接速度是相等的,两端堆焊的工艺参数见表5-5。还应使焊接机头横向推移量差异小,这样对称焊法有利于减小焊接变形,但由于两端堆焊尺寸有大小,故尺寸大的一段可选用稍大点的焊接电流。

d. 连续堆焊层间温度控制在100 ℃~200 ℃。

e. 收弧时应注意填满弧坑,焊后如发现局部低凹,可用焊条电弧焊进行补焊。

f. 焊后进行100%超声波探伤。

表5-5　低碳钢铸件艉轴架内孔堆焊的工艺参数

焊丝直径 /mm	焊接电流 /A	电弧电压 /V	焊接速度 /(m/h)	焊丝伸出 长度/mm	焊丝偏移 距离/mm	备　　注
4	650~700	36~38	21~23	30~50	20~24	焊丝 H08A 焊剂 HJ431 预热 100 ℃~120 ℃

3. 中碳钢空心轴对接环缝预打底单面埋弧焊

(1)产品结构和材料

某发电设备中的空心轴内孔为450 mm,外径为950 mm,用两段对接,接成长2 500 mm的空心轴,如图5-4所示。材质为45钢,选用U形坡口对接。空心轴内孔太小,不能封底焊,故用陶质衬垫焊条电弧焊预打底,然后进行单面埋弧焊。

焊条电弧焊的材料:E5015(结507),直径4 mm;JN-1型陶质衬垫。

埋弧焊焊丝牌号为H10Mn2,焊剂牌号为HJ431。

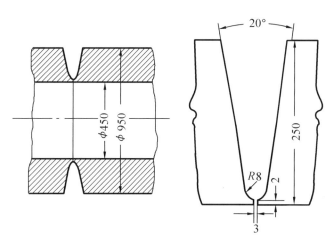

图5-4　45钢空心轴对接的U形坡口

(2)焊接工艺

①清理坡口及其周围20 mm范围内的油、锈等污物。

②空心轴坡口处局部预热200 ℃~240 ℃,用4 mm E5015(结507)焊条进行定位焊。接着将焊件置放在滚轮架上。

③焊工进入空心轴内孔粘贴陶质衬垫,将条形陶质衬垫分解成块状,逐块粘贴成圆环形,要使衬垫紧贴内孔表面。

④将焊件预热,坡口两侧各200 mm范围,温度为240 ℃。

⑤用焊条电弧焊在陶质衬垫上进行打底层单面焊(两面成形),焊条直径4 mm,焊接电流120~150 A。

⑥打底层焊好后,继续用焊条电弧焊焊两层,待焊缝厚度达到6~7 mm后,转为埋弧焊。

⑦埋弧焊机置放在伸臂式操作机或平台式操作机上,调整好焊丝伸出长度和偏移距离后,继续对焊件预热,温度达240 ℃。

⑧参照表5-6的工艺参数进行多层多道埋弧焊。

⑨逐层调整焊接工艺参数,空心轴的转速是由滚轮的转速决定的,焊接速度和空心轴转速之间的关系是

$$V = 2\pi R \cdot n$$

式中　V——焊接速度,mm/min;

　　　n——空心轴转速,r/min;

　　　R——电弧离空心轴轴线之间的距离(即半径),mm。

环缝多层焊时,每焊满一层,导电嘴要升高,焊丝要升高,电弧要升高,即 R 变大,焊接速度 V 也要变大,将要影响到焊缝的成形。为此,可以增大焊接电流或减小滚轮转速,宜减小滚轮转速,可使工艺参数变动较小。

空心轴对接焊缝的厚度大于$(950-450)/2$mm,这样导电嘴要升高相应的数值,然而一般焊机导电嘴升降距离有限(如 MZ-1000 型焊机导电嘴升降范围为85 mm),于是在多层焊过程中也要多次将焊车整体升高,这对于伸臂式操作机来说是容易做到的,只要把横臂升高即可。

⑩本焊件熔敷金属量很大,一盘17 kg焊丝不够用,为此可使用整捆50 kg焊丝,制一个大转盘装入焊丝放在支架上使用。

⑪层间温度控制在240 ℃~350 ℃。

⑫每层焊好后要仔细清渣。

⑬焊后检验,焊接接头应进行100%超声探伤和100%磁粉探伤。

⑭焊后应进行清除应力热处理,消除应力回火温度为600 ℃~650 ℃。

表5-6　中碳钢空心轴埋弧焊的工艺参数

坡口形式	焊丝直径 /mm	焊接电流 /A	电弧电压 /V	焊接速度 /(m/h)	焊丝偏移中心线距离 /mm	备　　注
板厚 250 mm U 形坡口	4	500~600	30~32	30~50	10~18	焊丝 H10Mn2,焊剂 HJ431 预热240 ℃,多层多道焊

第三节　低合金结构钢的埋弧焊

一、低合金结构钢的分类

在碳钢的基础上加入不超过5%质量分数的各种合金元素,称为低合金钢。由于多用

于制造钢结构,故又称低合金结构钢。加入的合金元素有 Mn,Si,Mo,V,Ti,Cu,B,Cr,Ni 及 Nb 等,分别提高钢的强度、韧性、耐磨、耐高温、耐低温等优良性能。这类钢已广泛应用于船舶、锅炉压力容器、桥梁、重型机械及高层建筑钢结构。低合金结构钢是目前大型钢结构中的主要材料。为了获得良好的焊接性,通常这类钢的碳含量控制在 0.20% 以下。

1. 低合金结构钢的分类

低合金结构钢按强度等级和用途分类。

(1)按强度等级分类

按钢的屈服强度分成六个等级,见表 5 - 7。350 MPa 级的 16Mn 钢,表示这钢的屈服强度 $\sigma_s \geqslant 350$ MPa,而抗拉强度 σ_b 为 500 ~ 600 MPa。

(2)按用途分类

低合金结构钢按其用途可分为:普通低合金结构钢、船用低合金钢、锅炉压力容器用低合金钢、桥梁用低合金钢等。

表 5 - 7　低合金结构钢的强度等级

强度等级	抗拉强度 /MPa	屈服强度 /MPa	典 型 钢 种
Ⅰ	400 ~ 550	≤310	09MnV,09Mn2,12Mn,09MnNb
Ⅱ	500 ~ 600	≥350	16Mn,19Mn6,14MnNb
Ⅲ	520 ~ 680	360 ~ 420	15MnV,15MnTi
Ⅳ	550 ~ 750	≥420	15MnVN,13MnNiMoNb
Ⅴ	700 ~ 1 000	550 ~ 750	14MnMoV,18MnMoNb
Ⅵ	750 ~ 1 200	760 ~ 1 000	14MnMoVN,14MnMoNbB,30CrMnSiA

2. 焊接用低合金结构钢

(1)普通低合金结构钢

普通低合金结构钢用于建造工程建筑结构、高层建筑、机床构架及低压管道等。普通低合金结构钢的屈服强度 σ_s 通常低于 450 MPa,其中的合金元素大多是锰、钒、钛。常用国产普通低合金结构钢的牌号有 09MnV,09MnNb,12Mn,16Mn,16MnNb,15MnV,15MnTi,15MnVN,14MnNb,14MnVTiRe 等,牌号前两位数字,表示钢中碳含量平均值,例 16Mn 的 16,表示钢中碳含量为 0.16%。数字后的元素符号表示钢中含有该元素,例 15MnV 表示钢中含有 Mn,V 元素。普通低合金结构钢除了有不同的强度等级外,还要求冷弯 180°和20 ℃的冲击功应大于等于 27 J。强度等级较低的低合金结构钢,其焊接性良好。强度等级越高,其焊接性越差。

(2)锅炉压力容器用低合金钢

对锅炉压力容器用低合金钢有较高的性能要求,它除了比普通低碳钢的强度高 100 ~ 150 MPa 外,钢还具有较高的高温强度,常温和高温的冲击性能,抗时效性等。这类钢加入较多的提高高温性能的合金元素,如 Mn、Mo、Cr、V 等,同时限制了碳的含量。这类钢可以热轧、正火、回火或调质状态供货。锅炉压力容器用低合金钢的牌号有 16MnR(g),15MnVR(g),15MnVR,14MnMoVg,18MnMoNbR(g)等,牌号中 R 表示"容"字拼音的首位字母,g 表示"钢"字的首位字母。

（3）船用低合金钢（高强度船体结构用钢）

GB712 –88《船体用结构钢》中的低合金高强度钢按钢的屈服强度分为32千克级（315 MPa）和36千克级（355 MPa）两个强度等级。每一强度等级又按其缺口韧性的不同而分为A，D及E三个等级，共计分为 AH32，DH32，EH32，AH36，DH36，EH36 六个等级。EH36 级最佳，AH32 级最差。高强度船体结构用钢都是镇静钢，对韧性的要求较高。我国的高强度船体结构用钢的化学成分和力学性能见表 5 –8 和表 5 –9。

表 5 –8　船体高强度钢的化学成分

钢类	等级	碳（C）/%	锰（Mn）/%	硅（Si）/%	磷（P）/%	硫（S）/%	酸溶铝（Als）/%	铌（Nb）/%	钒（V）/%
高强度钢	AH32	≤0.18	0.70 ~ 1.60	0.10 ~ 0.50	≤0.035	≤0.035	≥0.015	—	—
	DH32		0.90 ~ 1.60					—	—
	EH32		0.90 ~ 1.60					—	—
	AH36		0.70 ~ 1.60					—	—
	DH36		0.90 ~ 1.60					0.015 ~ 0.050	0.030 ~ 0.100
	EH36		0.90 ~ 1.60						

注：残余元素含量（%）：铜、铬、镍、钼分别小于等于 0.35,0.20,0.40,0.08。

表 5 –9　船体高强度钢的力学性能

钢材等级	厚度/mm	屈服点 σ_s	抗拉强度 σ_b	伸长率 δ_5 /% ≥	V 型冲击试验			冷弯试验	
		MPa			平均温度 ℃	冲击值 A_{KV}/J ≥		180°窄冷弯 b = 2a	120°宽冷弯 b = 5a
						纵向	横向		
AH32	≤50	≥315	440 ~ 590	22	0	31	22	—	d = 3a
DH32					–20	31	22	—	
EH32					–40	31	22	—	
AH36	≤50	≥355	490 ~ 620	21	0	34	24	—	d = 3a
DH36					–20	34	24	—	
EH36					–40	34	24	—	

二、低合金结构钢的焊接性

1. 合金元素和杂质对钢的力学性能和焊接性能的影响

（1）碳（C）

碳（C）是钢中的主要元素，它起着强化作用，能显著提高钢的强度和硬度，但降低塑性和韧性。随着钢中碳含量的增加，焊后焊接接头的淬硬倾向增大，热影响区易产生冷裂纹。较高碳含量的钢还会使焊缝产生热裂纹。总之，碳含量增多，焊接性降低。通常低合金钢 w_C 控制在 0.12% 以下，焊缝中的 w_C 宜在 0.06% ~ 0.19%，考虑到碳要烧损，焊丝中的 w_C

宜在 0.10% ~0.16%。

（2）锰（Mn）

在低合金钢中，锰是不可缺少的合金元素。钢中加入锰，可以提高钢的强度，同时提高韧性。锰在焊缝中能和钢中杂质硫结合成硫化锰，进入熔渣中，起着去硫作用，减小焊缝热裂倾向。低合金钢埋弧焊焊缝中，锰的质量分数 w_{Mn} 在 0.6% ~0.18% 范围内，提高 w_{Mn}，可使钢的缺口冲击韧度提高。但当 w_{Mn} 超过 1.8% 时，提高 w_{Mn} 韧性反而降低，且钢的淬硬倾向增大，易产生冷裂纹。

（3）硅（Si）

硅在焊接熔池中起着脱氧作用，并对低强度焊缝金属有轻微的强化作用。少量的硅也能改善韧性。在埋弧焊焊缝中，含硅的质量分数 w_{Si} 在 0.15% ~0.35% 之间，能使焊缝金属获得较高的冲击韧度。

（4）铬（Cr）

铬能提高焊缝金属的强度和硬度，还能显著提高钢的高温抗氧化性，但铬质量分数 w_{Cr} 超过 0.8% 时，会使焊缝金属韧性显著下降。低合金钢中铬含量提高，对焊接性不利。

（5）镍（Ni）

镍是提高焊缝金属低温韧性显著有效的合金元素之一，钢中镍含量提高能保证焊缝金属具有较高的抗拉强度和高的韧性。镍和硫有较大的亲和力，易形成低熔的硫化镍，会产生热裂纹。

（6）钼（Mo）

在低合金钢焊缝中含钼质量分数 $w_{Mo} < 0.6\%$ 时，钼能提高焊缝金属的强度和硬度，能细化晶粒，防止回火脆性和过热倾向，还能提高焊缝金属的塑性。在低合金耐热钢中钼可以提高钢的高温强度。钼在钢中通常控制 w_{Mo} 在 0.2% ~0.6% 范围内，过量的钼可能增大焊缝金属对再热裂纹（对焊缝再次加热而产生的裂纹）的敏感性。

（7）钒（V）

钒能显著提高焊缝金属的强度，适量的钒还能改善焊缝金属的冲击韧性。但含钒的焊缝做消除应力热处理后，强度大大提高，而韧性急剧下降。焊缝金属中含钒的质量分数 w_V 控制在 0.08% 以下。

（8）钛（Ti）

钢中适量的钛，能显著提高焊缝金属的抗拉强度，改善韧性和塑性。但过量的钛，反而会使焊缝金属的韧性急剧下降。对于中等强度焊缝金属，最合适的含 Ti 质量分数 w_{Ti} 为 0.1%，而高强度焊缝金属中，w_{Ti} 为 0.015% 左右的焊缝金属的韧性最佳。

（9）铌（Nb）

铌在钢中能起细化晶粒和强化作用，还能促使氢从焊缝中逸出，有利于防止氢致冷裂纹。但铌对低合金高强度钢的韧性不利。如果焊缝金属中含铌质量分数 $w_{Nb} < 0.14\%$，则也不会使焊缝金属过于变脆。

（10）硫（S）和磷（P）

硫是有害杂质，使焊缝金属力学性能降低，增加焊缝金属的热脆性。硫和铁化合生成硫化铁（FeS）低熔杂质，产生热裂纹。通常焊缝金属的含硫质量分数 w_S 控制在 0.025% 以下。

磷也是有害杂质，它使焊缝和母材的冷脆性增大。磷也能促使焊缝产生热裂纹。通常焊缝中的含磷质量分数 w_P 控制在 0.025% 以下。

2. 低合金结构钢的焊接性

大多数低合金结构钢是热轧正火状态供货的,它的焊接性主要取决于钢中的合金元素的多少,合金元素少,也即碳当量少,焊接性好;反之,焊接性差。对于焊接性影响最大的是碳,其次是铬、钼、钒、锰,再次是镍、铜等合金元素。对于强度等级较低($\sigma_s = 295$ MPa)、碳当量较低(C_E 为 0.35% 左右)的钢,如 09Mn2,09MnV 钢,它们的焊接性和低碳钢差不多。对于强度等级 σ_s 为 350~450 MPa 的 16Mn,15MnV 等钢,碳当量为 0.39% 左右,其焊接性开始变差。强度等级 $\sigma_s > 450$ MPa 的钢,如 18MnMoNb,14MnMoV 等钢,碳当量 $C_E > 0.5\%$,焊接性差,必须预热。总的说来,钢的合金元素越多,碳当量越大,焊接性越差;钢的强度等级越高,焊接性越差;还有板厚越大,焊接性越差。对于强度等级高、碳当量大、厚度大的低合金结构钢埋弧焊时,会出现热影响区脆化和裂纹等主要问题。

(1)过热区粗晶脆化

低合金结构钢焊接时,近焊缝处被加热到 1100 ℃ 以上形成过热区。埋弧焊的线能量大于焊条电弧焊或 CO_2 气体保护焊的线能量,这就使过热区的范围加大,金相组织晶粒显著变大。埋弧焊线能量过大,过热区的粗晶现象更为严重,出现脆性的金相组织。对于含有 Ti,V 强化元素的低合金钢,焊接线能量过大时,过热区还出现 TiC,VC,VN,这些物质使晶粒细化的作用大大削弱,过热区呈现粗大晶粒,导致韧性下降,焊接接头脆化。

(2)冷裂纹

低合金结构钢由于加入 Mn,Cr,Mo,V 等合金元素,强度等级提高,同时碳当量增大,钢的淬硬倾向增大。焊接时热影响区易产生淬硬的马氏体组织,且焊缝对氢的敏感性也增强,在较大的焊接应力作用下,焊接接头就会产生裂纹。这种裂纹是在 200 ℃ ~ 300 ℃ 以下产生的,称之为冷裂纹,以区别焊缝一次结晶(液相转为固相)产生的热裂纹。冷裂纹可能在焊后立即出现,也可能焊后几小时、几天,甚至几周才出现,这种冷裂纹称为延迟裂纹。延迟裂纹是由氢引起的,坡口上的水、锈、油、漆等污物,焊剂未烘干,焊丝玷污都会使焊缝吸收氢而产生延迟裂纹。

(3)热裂纹

低合金结构钢的成分,一般是碳少、硫少、锰多,钢中 Mn/S 都能达到要求,具有抗热裂性能,低合金结构钢的热裂倾向比碳钢低得多。但当钢的成分不合要求或严重偏析(化学成分分布不均匀),使局部的 C,S 含量偏高时,局部的 Mn/S 过低,也会产生热裂纹。低合金结构钢中的镍和硫结合生成硫化镍(N_3S_2),熔点仅 645 ℃,是低熔杂质,这就提高了钢的热裂倾向。当钢中的 w_{Ni} 超过 1.5% 时,其热裂倾向更为明显了。铌和钛能和碳形成低熔杂质(NbC 和 TiC),也可能导致埋弧焊焊缝产生热裂纹。严格控制 C,S,P 和 Ni,Nb,Ti 是防止热裂纹的重要冶金措施。增大坡口角度减小熔合比,有助于减小热裂倾向。

(4)热影响区层状撕裂

焊接大厚度轧制钢板时,在热影响区或热影响区附近,产生与钢板表面平行的裂纹,称为层状撕裂。它多发生在角接接头和 T 形接头的焊缝附近。层状撕裂通常在 200 ℃ 以下,在钢板厚度方向(通常称为 Z 向)较大的焊接应力作用下发生的。它是焊接冷裂纹的一种特殊形式。大厚度钢板轧制时,在钢板中存在着非金属杂物的夹层,这个夹层本身就隔开了钢的组织(相当于有一层缝隙),在板厚方向焊接应力作用下,形成撕裂且扩展到大尺寸的宏观裂纹。防止层状撕裂的主要措施:①改进焊接接头的设计,减少钢板厚度方向的应力,如图5-5所示;②堆焊低强度、高塑性的熔敷金属作为过渡层,如图5-6所示。

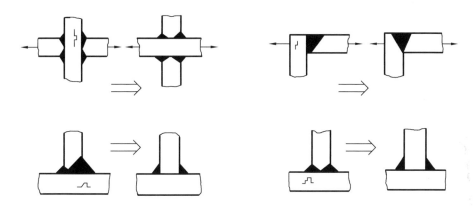

图 5 - 5　层状撕裂及改进焊接接头形式

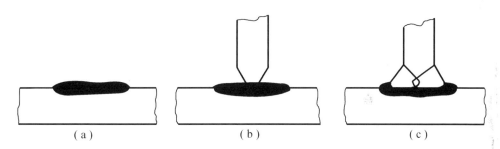

图 5 - 6　堆焊过渡层防止层状撕裂

(a)堆焊塑性好的熔敷金属;(b)装上垂直板;(c)双面埋弧焊

同样的理由,低碳钢厚板焊接接头也会产生层状撕裂的缺陷。不过,目前已经很少制造低碳钢厚板结构了,它已为强度高的低合金钢所替代,且厚度减薄、重量减轻、成本降低。

三、低合金结构钢的埋弧焊工艺

1. 焊前坡口清理

低合金钢埋弧焊的焊前坡口清理,显得更为重要,因为防止冷裂纹需要建立起低氢的焊接环境。坡口上的水、锈、油、漆等污物都是在电弧高温下产生氢的来源。

对于用气割加工的坡口,焊前必须清理坡口上的氧化皮和熔渣,用砂轮打磨出金属光泽。埋弧焊时,坡口两侧也堆聚焊剂,且宽度也较大,所以也应对坡口两侧各 20 mm 宽范围内用砂轮打磨。

对于坡口上吸附的水分,用火焰进行烘干,切忌稍微加热敷衍了事,这样在母材冷却作用下会生成水珠,水珠进入坡口间隙内,反面易产生气孔和冷裂纹。

2. 坡口

低合金钢埋弧焊使用的焊接电流较大,熔深较深,通常板厚 14 mm 以下不开坡口,进行双面焊接。

3. 焊丝和焊剂

低合金结构钢埋弧焊选用焊丝的主要依据是强度,根据等强度原则,选用与母材钢强度相匹配的焊丝。其次考虑坡口的形状(熔合比大小),还应和焊剂配合作用,如表 5 – 10 所示。

表 5 – 10　低合金结构钢埋弧焊选用的焊丝和焊剂

抗拉强度 /MPa	屈服强度 /MPa	钢　号	埋弧自动焊	
			焊　丝	焊　剂
420	295	09MnV 09Mn2 09Mn2Si 09Mn2V 09Mn2VCu 12Mn	H08A H08E H08MnA	HJ430 HJ431 SJ301
500	345	16Mn 16MnCu 14MnNb 16MnR 18Nb	不开坡口对接 H08A,H08E 中板开坡口对接 H08MnA,H10Mn2 H10MnSi	HJ430 HJ431 SJ501 SJ502 SJ301
			厚板深坡口 H10Mn2	HJ350 SJ301
550	390	15MnV 15MnTi 15MnVCu 16MnNb 15MnVRe	不开坡口对接 H08MnA 中板开坡口 H10Mn2 H10MnSi H08Mn2Si	HJ430 HJ431 SJ101
			厚板深坡口 H08MnMoA	HJ250 HJ350 SJ101
600	440	15MnVN 15MnVTiRe 15MnVNCu 15MnVNR	H10Mn2	HJ431 HJ350
			H08MnMoA H04MnVTiA H08Mn2MoA	HJ350 HJ250 HJ252 SJ101
700	490	14MnMoV 18MnMoNb 14MnMoVCu 18MnMoNbg 18MnMoNbR	H08Mn2MoA H08MnMoVA H08Mn2NiMo	HJ250 HJ250 + HJ350 HJ350 SJ101

强度等级低的低合金结构钢可用无锰或低锰焊丝;强度等级稍高的低合金结构钢宜用中锰、高锰焊丝;强度等级较高的低合金结构钢要用高锰加钼等合金元素的焊丝;对于强度等级很高(σ_s 为 690~780 MPa)的低合金结构钢多采用 Mn – Cr – Mo 系、Mn – Ni – Mo 系或 Mn – Ni – Cr – Mo 系焊丝。

埋弧焊向焊缝渗合金,既可用焊丝,又可用熔渣,故两者宜配合使用。当焊丝渗合金不足时,可用焊剂补充,例如焊 16Mn 钢,可用低锰焊丝 H08A 配高锰焊剂 HJ430;也可用高锰焊丝 H10Mn2 配中锰焊剂 HJ350。目前使用较多的是熔炼焊剂,对韧性要求高的低合金钢,最好使用烧结焊剂。表 5 – 10 为低合金结构钢埋弧焊选用的焊丝和焊剂。

低合金结构钢埋弧焊前,必须烘干焊剂,熔炼焊剂为 250 ℃ ~ 400 ℃/2h。对于焊接强度很高的钢,宜提高焙烘温度达 470 ℃ ~ 500 ℃。而对于含中氟化钙(CaF_2)的焊剂,烘干温度超过 450 ℃ 会析出氟,不利焊接,这种焊剂最好采用 350 ℃ 烘干 2 h。焊丝最好采用镀铜的,如有锈蚀必须用砂纸擦净,或使用除锈盘丝机清理。

4. 预热

低合金结构钢选定预热温度时,主要考虑以下几个因素:①母材的碳当量,对碳当量 $C_E < 0.40\%$ 的低合金结构钢,一般不必预热。如 $C_E > 0.41\%$ ~ 0.45% 的低合金结构钢,可按碳钢埋弧焊工艺进行预热;当钢的 $C_E > 0.45\%$ 时,预热温度为 100 ℃ ~ 150 ℃。②构件的刚性及板厚,刚性大、板厚大要考虑预热。16Mn 钢板厚 $\delta \geq 30$ mm,要预热 100 ℃ ~ 150 ℃。③焊接环境温度,通常环境温度低于 – 5 ℃ 时,预热 100 ℃ ~ 150 ℃。

对于一些常用的低合金结构钢,预热温度已积累了大量的实验资料和生产经验。常用低合金钢推荐的预热温度见表 5 – 11。

表 5 – 11　常用低合金钢推荐的预热温度

母　材　编　号	板厚/mm	预热温度/℃
16Mn,HT50,17Mn4,19Mn6,15Mo3,15MnV,15MnTi	≥30	100 ~ 150
20MnMo,HT60,12CrMo,15CrMo,13CrMo44	≥15	150 ~ 200
14MnMoV, 18MnMoNb, 13MnNiMo54, HT70, 10CrMo910,22NiCrMo37	>10	150 ~ 200
12CrMoV,13CrMo42,HT80,24CrMoV55,12Cr2WVTiB	≥6	150 ~ 200

5. 焊接工艺参数

(1)焊接电流种类和极性　焊接低合金钢考虑焊缝金属中的氢含量要求低些,避免冷裂纹,不宜使用直流正接,可以用交流,最好使用直流反接。

(2)焊丝直径　埋弧焊焊对接接头,大多选用 4 mm 与 5 mm 直径焊丝。对于大焊脚角焊缝,可选用 6 mm 直径焊丝。焊接圆筒工件的环形焊缝时,焊丝直径取决于圆筒直径。直径小于 1 m 的环缝,用 3 mm 直径焊丝;圆筒直径小于 0.5 m 时,最好采用 2 mm 直径焊丝。

(3)焊接电流　主要参照焊件所需要的熔深而定。对于不开坡口 I 形对接,每 100 A 可获得 1 ~ 1.1 mm 熔深而选定。4 mm 与 5 mm 焊丝使用的电流通常为 400 ~ 800 A。

（4）电弧电压　为了获得良好的焊缝成形,电弧电压要和焊接电流匹配,对于焊接电流为 400 ~ 800 A,其电弧电压为 32 ~ 38 V。

（5）焊接速度　主要考虑焊接线能量和焊缝成形,有些钢号埋弧焊的线能量受到限制,则焊接速度不能过慢。还有焊接速度影响到焊缝成形问题,选用合适的焊接速度,既能获得良好的焊缝成形,又能满足焊接线能量的控制要求。

6. 焊接线能量

由于不同低合金钢的脆化倾向和冷裂倾向的不同,因此,对焊接线能量的要求也不相同。

（1）碳含量低的热轧钢 09Mn2,09MnNb 及碳当量低的 16Mn 钢埋弧焊时,焊接线能量没有严格的限制,因为这些钢的脆化倾向和淬硬倾向小。

（2）焊接碳当量偏高的 16Mn 钢,宜采用较大的焊接线能量,这样可以降低淬硬倾向,防止冷裂纹。

（3）焊接含有 V,Nb,Ti 的低合金钢,为了减小热影响区粗晶脆化,应选用不大的线能量,如 15MnVTi 钢、15MnVN 钢的焊接线能量控制 40 ~ 45 kJ/cm 以下。

（4）焊接淬硬倾向较大的钢,如 18MnMoNb 钢等,宜选用较大的焊接线能量,但也不能过大,以免过热。

（5）焊接调质高强度钢,大线能量会显著降低冲击韧度。对于屈服强度小于 700 MPa 的调质高强度细晶粒钢,埋弧焊的最大许用线能量列于表 5 - 12。屈服强度大于 755 MPa 的调质高强度钢埋弧焊时,为了保证焊接接头的韧性,焊接线能量必须限制在 17 kJ/cm 以下。

（6）焊前预热,用不大的焊接线能量进行焊接,既可以防止冷裂纹,又能防止晶粒粗化。

表 5 - 12　调质高强度细晶粒钢埋弧焊最大许用线能量,kJ/cm

预热和层间温度 /℃	板　　厚/mm				
	5	12	20	25	30
20	11(7)	28(18)	50(35)	不限	不限
100	9(6)	22(16)	40(28)	70(45)	不限
150	7(5)	18(15)	35(22)	50(34)	不限(50)
200	5(4)	16(13)	25(17)	45(26)	50(40)

注:1. 本表适用于屈服强度小于 700 MPa 的调质高强度细晶粒钢;

　　2. 焊接 T 形接头角焊缝,线能量可增大 25%;

　　3. 括号内数字,适用于压力容器。

7. 后热、消氢处理、焊后消除应力处理

（1）后热　焊接结束后立即将焊接区加热到 150 ℃ ~ 250 ℃ 温度范围,并保持一段时间后冷却,这种工艺称为后热处理,简称后热。后热的主要作用有两点:其一,降低了焊接接头的冷却速度,减弱了淬硬倾向;其二,后热延长了焊接接头在 100 ℃ 以上温度区间停留的时间,使焊缝金属中的氢有比较多的时间向外扩散,从而降低了焊缝金属内氢的含量。加热时使焊缝及近缝区因热膨胀而受到压应力,冷却到室温时,焊缝及近缝区的残余应力又变成拉应力,但这时的拉应力对冷裂纹的形成已不再是一种威胁了。

后热主要用于焊前预热还不足以防止冷裂纹、焊接性相当差的低合金钢或高拘束度焊接接头。后热比焊前预热能更有效防止冷裂纹。后热的温度和时间,取决于被焊钢的冷裂敏感性、焊接材料的氢含量及焊接接头的拘束度。后热温度越高,保温时越长,去氢效果越显著。实际生产中经常采用的后热温度为 150 ℃ ~ 250 ℃,保温时间按板厚 1 min/mm 计算,但至少不小于 30 min。低温后热的应用有一定的局限性,如对于屈服强度高于 650 MPa、壁厚大于 80 mm 的厚壁焊接接头,后热已不是可靠的防止裂纹措施。因为厚壁多层焊时,焊缝中氢含量随着焊道数的增加而提高,特别是在焊缝上部,氢含量通过氢向上的扩散聚集而成倍提高,结果是加剧冷裂倾向,导致产生冷裂纹。对于这种裂纹,如只采用焊前预热和焊后低温后热,是难以完全消除的。

(2)消氢处理 焊后立即将焊接区加热到 300 ℃ ~ 400 ℃ 温度,并保持一段时间后冷却,这种工艺称为消氢处理。消氢处理的温度提高到 300 ℃ 以上,在 300 ℃ 以上氢的扩散速度明显加快,使聚集在焊缝上部的氢充分向外扩散逸出,经 300 ℃ 消氢处理的焊缝,氢含量降低到很低的数值。消氢处理同样对焊缝有缓冷等作用,消氢处理比后热处理更有效防止冷裂纹。消氢处理可以代替低合金钢壁厚部件的中间消除应力处理,这样节约能源消耗,缩短生产周期。有的钢种消氢还可以代替焊前预热,这样可以改善焊工的劳动条件。

氢的逸出程度取决于加热温度和时间,温度越高,保温时间越长,消氢的效果越好。在实际生产中消氢处理的温度为 300 ℃ ~ 400 ℃,保温时间为 1 ~ 2 h。

(3)消除应力处理 将焊件均匀地以一定的速度加热到 A_{C1} 点(钢的金相组织转变温度)以下足够高的温度,保温一段时间后随炉均匀地冷却到 300 ℃ ~ 400 ℃,最后将焊件移到炉外空冷,这种工艺称为消除应力处理。实际上消除应力处理温度与钢材回火温度重合,因此消除应力处理亦兼有回火的作用。如焊件单纯为消除焊接残余应力而进行热处理,则焊件加热温度应控制在该种钢的回火温度以下 30 ℃ ~ 60 ℃,以避免损害回火处理所获得优良性能。

低合金结构钢焊后通过消除应力处理后,可达到以下几个目的:

①消除焊缝金属中的氢,提高焊接接头的抗裂性和韧性;

②降低焊接接头残余应力,消除冷作硬化,提高接头的抗脆断能力和抗应力腐蚀能力;

③改善焊缝及热影响区组织,使淬硬组织经受回火处理而提高韧性;

④降低焊缝及热影响区的硬度,易于切削加工。

常用低合金结构钢焊件消除应力处理的温度参见表 5 – 13。消除应力处理可采取整体热处理或局部热处理两种方法。整体热处理是将整个焊接结构放入炉内加热;而局部消除应力处理是利用气体火焰、工频加热装置、电加热器和远红外加热器等对焊缝局部加热。加热区的宽度可取工件厚度的 8 倍,但至少为 200 mm。

表 5 – 13　几种常用低合金结构钢焊件消除应力处理的温度

钢　　号	现行温度/℃	推荐温度/℃
16Mn,19Mn6	500 ~ 650	550 ~ 600
15MnV,15MnTi,15MnVN	550 ~ 650	600 ~ 650
14MnMoV,15MnMoVN	600 ~ 660	620 ~ 650
18MnMoNb,20MnMo	580 ~ 660	600 ~ 640
13MnNiMo54	560 ~ 640	580 ~ 620

四、低合金结构钢埋弧焊举例

1. 低合金钢大板梁腹板拼接的双面埋弧焊

（1）产品结构和材料

100 MW 锅炉大板梁腹板是拼接而成的,板厚为 16 mm,材质为 16Mn 钢。采用悬空双面埋弧焊,不开坡口 I 形对接,间隙 0 ~ 1 mm,坡口如图 5 – 7 所示。

焊丝为 H10MnSi,焊剂 HJ431。

本产品埋弧焊有两个不同点:一是16 mm不开坡口,这是采用较大的焊接电流来获得足够的焊透;二是焊丝用 H10MnSi,而不是 H10Mn2 或 H08MnA,这是使焊缝中有稍多的 Si,提高强度和改善韧性。上述两点改动,经焊前的焊接工艺评定获得通过认可。

（2）焊接工艺

①清理腹板坡口及其两侧各 20 mm 范围内的油、锈等污物。

②用 E5015（结 507）4 mm 焊条进行定位焊,并在接缝两端焊上与腹板等厚度的引弧板和熄弧板。焊条应经过焙烘。

③用埋弧焊焊接正面接缝,工艺参数参见表 5 – 14。

④将焊件翻身。

⑤用埋弧焊焊接反面接缝,工艺参数同焊接正面接缝。

⑥焊后用射线探伤检验。

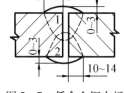

图 5 – 7　低合金钢大板梁腹板拼接双面埋弧焊的坡口形式及焊缝

表 5 – 14　腹板 I 形对接埋弧焊的工艺参数

板厚 /mm	坡口	焊丝直径 /mm	焊接电流 /A	电弧电压 /V	焊接速度 /(m/h)	送丝速度 /(m/h)	焊接电源	备　注
16	I 形坡口 间隙 0 ~ 1 mm	5	850	38 ~ 45	24	85	交流	焊丝 H10MnSi 焊剂 H431

2.高强度钢甲板大接缝CO₂气体保护焊打底埋弧焊

（1）产品结构和材料

在船台船体大合拢时，要进行甲板大接缝的焊接（见图5-8）工作，目前较广泛采用的是陶质衬垫CO₂气体保护半自动焊打底的埋弧焊。用CO₂气体保护焊打底，容易保证打底层焊缝的质量，不会烧穿、效率也高。

某船甲板大接缝，甲板的材质为DH36，系高强度船体结构钢，板厚为24 mm，采用陶质衬垫CO₂气体保护焊打底的埋弧焊。坡口如图5-9所示。

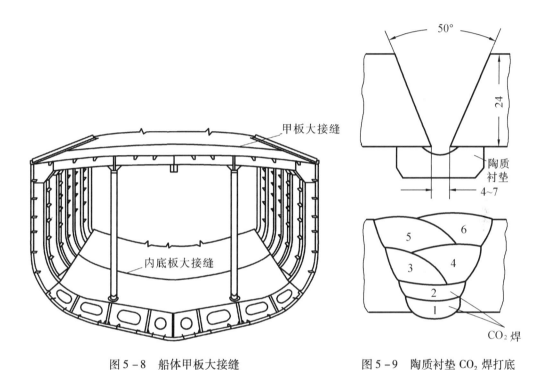

图5-8　船体甲板大接缝　　　　　　图5-9　陶质衬垫CO₂焊打底
　　　　　　　　　　　　　　　　　　　　　埋弧焊的坡口及焊缝

CO₂气体保护焊材料：MG-50T焊丝，$\phi = 1.2$ mm；JN4型陶质衬垫。

埋弧焊材料：H10Mn2G焊丝，$\phi = 5$ mm；SH331焊剂（焊前300 ℃，焙烘2 h）。

（2）焊接工艺

①焊前清理坡口及其两侧各20 mm范围内的污物，打磨光洁。

②用"∏形马"对甲板大接缝进行定位焊，"∏形马"间距约500 mm。底板、内底板、傍板等的大接缝同时进行装配定位焊，待全部大接缝装配定位后，方可焊接。

③焊工进入船舱内，在甲板大接缝下面粘贴陶质衬垫，要使衬垫中心线对准大接缝坡口中心线。

④用CO₂气体保护焊在有陶质衬垫的坡口上焊两层，第一层焊接电流略小，以防止烧穿，并要求单面焊两面成形。焊第二层焊接电流略大，焊后焊缝厚度达7 mm以上。焊接工艺参数见表5-15。

⑤用埋弧焊焊填充层和盖面层，焊接工艺参数见表5-15，焊后焊缝余高达0~3 mm。

⑥焊后对焊缝进行超声波探伤，按比例进行射线探伤。

3．低合金钢高压球形气瓶环缝预封底埋弧焊

（1）产品结构和材料

低合金钢高压球形气瓶压力为 31.38 MPa，工作温度为 -20 ℃ ~ 45 ℃，有效容积为 1.4 m³，属三类压力容器，内贮氮气、氢气和空气。球形气瓶材质为 15MnMoVN 低合金调质高强度钢。球形气瓶直径为 1 532 mm，壁厚为 66 mm，其结构简图如图 5 - 10 所示。此产品按 GB150 - 89《钢制压力容器》、《压力容器安全技术监察规程》及《高压球形气瓶技术条件》进行制造和验收。

表 5 - 15 CO₂ 气体保护焊打底埋弧焊的焊接工艺参数

板厚 /mm	坡口	焊道序	焊接方法	焊丝直径 /mm	焊接电流 /A	电弧电压 /V	焊接速度 /(m/h)	焊接电源种类	备注
24	V 形坡口间隙 4 ~ 7 mm 角度 50°	1	CO₂ 焊	1.2	180 ~ 200	23 ~ 26	—	直流反接	流量 20 L/min
		2	CO₂ 焊	1.2	220 ~ 240	25 ~ 28	—		
		3 ~ 6	埋弧焊	5	750 ~ 850	31 ~ 36	32 ~ 34	直流反接	

高压球形气瓶的环缝采用焊条电弧焊封底焊的埋弧焊。焊接材料：E7015（结 707）焊条，H08Mn2NiMo 焊丝，HJ250 + HJ350（2∶1）焊剂。

环缝坡口形状如图 5 - 11 所示，埋弧焊的是 U 形坡口，焊条电弧焊的是 V 形坡口。

（2）焊接工艺

①焊前坡口准备

a. 清理坡口内外两侧各 20 mm 范围内的油、锈、漆、氧化皮等污物。

b. 环缝两侧各大于 150 mm 范围进行预热，温度为 100 ℃ ~ 150 ℃。

c. 在容器外，将"冂形马"焊在接缝两侧的钢板上，作为环缝的定位焊，不允许在坡口内进行定位焊，"冂形马"的底应和球形气瓶外形相吻合。

②焊条电弧焊进行封底焊。

a. 对环缝两侧大于 150 mm 范围进行预热 100 ℃ ~ 150 ℃。

b. 在气瓶内，用焊条电弧焊进行封底焊，第一层 $\phi = 4$ mm，$I = 140 ~ 160$ A。以后层 $\phi = 5$ mm，$I = 200 ~ 220$ A。焊前结 707 焊条应经 350 ℃ ~ 400 ℃ 焙烘 2 h。

c. 封底焊的层间温度控制在 100 ℃ ~ 150 ℃。

d. 封底焊要连续焊满 V 形坡口，焊后立即将构件送入炉中进行后热处理 150 ℃ ~ 200 ℃ 2 h。

③埋弧焊

a. 埋弧焊前，用碳刨刨去"冂形马"和工件

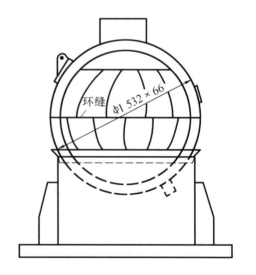

图 5 - 10 低合金钢高压球形气瓶结构简图

连接的焊缝,将定位用的"冂形马"拆除。将工件置放在滚轮架上。

b. 将预热温度升高到 150 ℃～200 ℃。

c. 埋弧焊焊 U 形坡口,工艺参数见表 5－16。焊剂 HJ250 和 HJ350 应经 300 ℃～400 ℃焙烘 2 h,按 2∶1 混合均匀。

d. 埋弧焊层间温度控制在 150 ℃～250 ℃。

e. 埋弧焊连续焊满 U 形坡口后,立即入炉进行 300 ℃～400 ℃消氢处理 2 h。

f. 球形气瓶全部焊缝焊接后进行热处理,600 ℃～620 ℃保温 4 h。

④焊后检验

a. 对所有定位焊热影响区及焊缝进行磁粉探伤。

b. 对环缝进行 100% 射线探伤和超声波探伤。

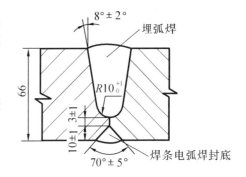

图 5－11　低合金钢球形气瓶环缝的坡口形状

表 5－16　低合金钢球形气瓶环缝埋弧焊的工艺参数

板厚 /mm	坡口	焊道层	焊丝直径 /mm	焊丝电流 /A	电弧电压 /V	焊接速度 /(m/h)	送丝速度 /(m/h)	焊丝伸出长度/mm	备注
66	U 形坡口埋弧焊	首层	4	550～600	33～35	25～30	85～95	30～35	母材 15MnMoVN 焊丝 H08Mn2NiMo 焊剂 HJ250＋HJ350(2∶1) 直流反接
		以后层	4	600～650	34～36	25～30	85～95	30～35	

第四节　低合金耐热钢的埋弧焊

一、耐热钢的基本特性

在高温下具有足够的强度和抗氧化性的钢,称为耐热钢。在碳钢基础上加入提高热稳定性和热强性的合金元素,这些合金元素有:Cr,Mo,W,Ti,Nb,Si,Re(稀土)等元素。根据钢中所加入合金元素的总量可分为:低合金耐热钢(合金元素总量小于 5%),中合金耐热钢(合金元素总量 5%～10%)及高合金耐热钢。钢中加入的合金元素的种类和含量不同,钢的组织和耐热性能不一样。高合金耐热钢的组织主要有三种:奥氏体、铁素体、马氏体。例如 1Cr18Ni9 钢,由于它的组织是奥氏体,又称奥氏体型高合金耐热钢,它可以在 600 ℃～810 ℃范围工作。也有铁素体型高合金耐热钢和马氏体型高合金耐热钢。低、中合金耐热钢主要是珠光体钢,其中典型的是铬钼珠光体耐热钢,金相基体组织是珠光体＋铁素体。这类钢的工作温度范围为 350 ℃～620 ℃。显然低合金耐热钢的价格低,被广泛应用于电站锅炉、汽轮机、化工设备中的耐热零件,属于这类钢的牌号有 12CrMo,15CrMo,20CrMo,Cr2Mo,12Cr2MoWVTiB,12Cr3MoVSiTiB,2.25Cr-1Mo 等。钢中加入钼(Mo)就可提高钢的高温强度;钢中加入铬(Cr)就可提高钢的高温抗氧化性。常用珠光体耐热钢还必须有足够的室温强度、塑性和韧性,并具有良好的焊接性和其他加工工艺性能。

二、低合金耐热钢的焊接性

低合金耐热钢中含有较多的 Cr,Mo 及其他合金元素,钢的基体组织是珠光体,又称铬钼珠光体耐热钢。Cr,Mo 对钢的淬硬倾向大,铬钼珠光体耐热钢的焊缝金属和热影响区会形成冷裂敏感的马氏体组织。耐热钢中的 Cr,Mo,V,Nb,Ti 等强烈的碳化物元素,会使焊接接头过热区产生再热裂纹的倾向。还有某些耐热钢焊接接头中存在一定量的残余元素时,具有明显的回火脆性。

1. 淬硬引起冷裂纹

耐热钢的淬硬性取决于它碳的含量、合金成分及其含量。低合金耐热钢中的主要合金元素是 Cr 和 Mo,它们的淬硬性比 Mn 还要大,且 Cr,Mo 的质量分数也较大,所以焊缝金属和热影响区在焊接热循环作用下,即使在空气中冷却,也会形成高硬度的马氏体金相组织,它对冷裂纹敏感性很大,易生成冷裂纹。

2. 再热裂纹

耐热钢焊接时,为了防止氢致延迟裂纹和改善焊接接头的性能,往往在焊后要进行清除应力处理。再热裂纹就是焊好结构后,再次加热(如消除应力处理)时出现的裂纹。

再热裂纹总是发生在焊接热影响区的粗晶区应力集中的部位,对于低合金耐热钢约在 500 ℃~700 ℃ 的敏感温度区间。

再热裂纹的产生和焊接残余应力、应力集中、消除应力条件及钢的成分和组织有着密切的关系。钢中的 Cr,Mo,V,Ti,Nb 对再热裂纹有着不同程度的影响。

防止再热裂纹主要采取以下措施:①选用高温塑性优于母材的焊丝;②提高预热温度达 250 ℃ 以上,可以降低焊接残余应力的峰值;③采用小线能量焊接,缩小焊接过热区的宽度,细化晶粒。

3. 回火脆性

铬钼珠光体耐热钢及其焊接接头在 350 ℃~500 ℃ 温度区间内长期运行过程中,发生剧烈脆变(韧性下降)现象,称为回火脆性。例如一台 2.25Cr-Mo 耐热钢制成的炼油设备,在 332 ℃~432 ℃ 温度下运行了 30 000 h 后,钢的 40J 的脆性转变温度(钢从高温冷却到低温某一临界值时,钢将出现延性断裂到脆性断裂的转变,这个温度称为该钢的脆性转变温度),从 -37 ℃ 提高到 60 ℃,结果是该设备在运行中发生脆性断裂,最终导致灾难性的设备事故。

耐热钢的回火脆性和钢中杂质余量有着密切关系,这些杂质主要是磷(P)、砷(As)、锑(Sb)、锡(Sn)等残余元素。防止回火脆性的有效措施是降低焊缝金属的杂质。

三、低合金耐热钢埋弧焊工艺

1. 坡口加工

由于铬钼耐热钢的淬硬性,火焰切割后,切割边缘易发生开裂现象,为此,对含 C 较高的铬钼钢,如 2.25Cr-Mo,3Cr-Mo,1.25Cr-0.5Mo 及 15 mm 以上的 0.5Mo 钢,切割前应预热。低合金耐热钢火焰切割的预热温度见表 5-17。

表 5 - 17 低合金耐热钢火焰切割的预热温度

钢号	2.25CrMo	3CrMo	1.25Cr - 0.5Mo		0.5Mo
板厚	任意	任意	>15 mm	≤15 mm	>15 mm
预热温度	150 ℃	150 ℃	150 ℃	100 ℃	100 ℃

2. 焊丝和焊剂

低合金耐热钢埋弧焊的焊丝,其 Cr,Mo 的含量应该和母材钢种的量基本上接近。此外,还要求焊丝中的 C 含量应小于母材的 C 含量。但是焊丝中 C 含量太低,也会导致钢的韧性下降。通常耐热钢焊丝中 C 含量控制在 0.08% ~ 0.16% 范围内。低合金耐热钢厚壁容器埋弧焊时,焊丝应严格控制 P,S,Sn,Sb 及 As 等有害杂质的含量。耐热钢埋弧焊多使用熔炼焊剂,也可使用烧结焊剂。焊剂在使用前必须经过严格的焙烘。表 5 - 18 为低合金耐热钢埋弧焊选用的焊丝和焊剂。

表 5 - 18 低合金耐热钢埋弧焊选用的焊丝和焊剂

母材钢种	母材钢号	焊　丝	焊　剂
C - 0.5Mo	—	H08MnMoA	HJ350
0.5Cr - 0.5Mo	12CrMo	H10CrMoA	HJ350
		H08CrMoA	HJ260
			SJ103
1Cr - 0.5Mo 1.25Cr - 0.5Mo	15CrMo 20CrMo	H08CrMoA H13CrMoA	HJ350 HJ250 SJ103
		H12CrMo	HJ350
1Cr - 0.5MoV	12CrMoV 12Cr1MoV	H08CrMoVA	HJ350 HJ250 SJ103
	15Cr1Mo1V	H18CrMoA	HJ250 HJ260
2.25Cr - 1Mo	(Cr2Mo)	H08Cr3MoMnA	HJ350
		H13Cr2Mo1A	HJ250
		H08Cr2MoA	SJ103
		H10Cr3MoMnA	SJ104
2Cr - MoWVTiB 5Cr - 0.5Mo	12Cr2MoWVTiB 12Cr5Mo	H08Cr2MoWVNbB H10Cr5Mo	HJ250 HJ260 HJ350
Mn - Mo	14MnMoV 18MnMoNb	H08Mn2MoA	HJ350 SJ101
Mn - Ni - Mo	13MnNiMoNb	H08Mn2NiMo	HJ350 SJ101

3. 预热

预热是焊接耐热钢的重要工艺措施。预热可以减缓焊缝金属和热影响区的焊后冷却速度,避免产生淬硬的马氏体组织。又可减小因马氏体转变而产生的组织应力。预热是防止焊接耐热钢冷裂纹的有效措施。选定预热温度的主要依据是钢的合金成分、构件的板厚及刚性。常用低合金耐热钢的预热温度参见表 5 – 19。预热温度并非越高越好,过高的温度对焊后热处理的效果有影响。

表 5 – 19　常用低合金耐热钢的预热温度和回火温度

钢　　号	预热温度/℃	焊后回火温度/℃
12CrMo	150 ~ 250	650 ~ 700
15CrMo	150 ~ 250	670 ~ 700
20CrMo	250 ~ 300	650 ~ 700
12Cr1MoV	250 ~ 350	710 ~ 750
15CrMoV	300 ~ 400	720 ~ 750
20CrMoV	300 ~ 350	680 ~ 720
12CrMoWVB	250 ~ 300	750 ~ 800
12Cr3MoVSiTiB	250 ~ 300	750 ~ 760
12MoVWBSiRe	200 ~ 300	750 ~ 770
2.25Cr – Mo	150 ~ 200	650 ~ 700

通常对耐热钢焊件进行局部预热,尤其是大型构件难以做到整体预热。局部预热可以取得和整体预热相近的效果。局部预热的宽度应大于板厚的 5 倍,且至少不小于 150 mm。预热要确保焊接钢板内外表面均达到规定的温度。

4. 焊接线能量

从防止钢的淬硬性来考虑,焊接线能量要选适当大些,这样焊缝冷却缓慢,不易产生冷裂纹。但是过大的焊接线能量会使热影响区的晶粒粗大,其强度和韧性也会明显降低。在良好的预热条件下,选用适当小的焊接线能量,有利于晶粒细化,改善显微组织而提高韧性。采用多层多道焊可以避免用过大的线能量焊接,又可以实施后道焊缝对前道焊缝的回火作用,改善焊缝的力学性能。

5. 焊后热处理

对于焊接的铬钼耐热钢来说,焊后热处理是非常必要的。焊后热处理的作用有:(1)减小焊接残余应力;(2)消除或减少热影响区的淬硬组织;(3)使焊缝中的扩散氢逸出,避免延迟裂纹;(4)降低焊接接头的硬度,提高塑性、韧性及高温工作性能(高温蠕变强度和组织稳定性)。

低合金铬钼耐热钢的焊接接头都要进行回火处理。焊接接头回火处理的温度要根据母材的化学成分和原始热处理状态而定,通常与母材的回火温度相接近,约 680 ℃ ~ 780 ℃ 之间。适当提高加热温度和保温时间,可显著减小焊接残余应力,并使焊缝金属韧性有所提高。但回火温度过高或保温时间过长,反而会使焊缝金属强度降低,甚至韧性下降。还有在回火热处理过程中应缩短在 500 ℃ ~ 650 ℃ 范围内的加热时间,因为钢在该温度范围内会使冲击韧性下降。常用低合金耐热钢的焊后回火温度见表 5 - 19。大型焊接构件可采用局部热处理,其加热带的宽度为钢板厚度的 5 倍,且至少不小于 150 mm。

四、低合金耐热钢埋弧焊的举例

1. 耐热钢加氢反应器环缝埋弧焊

(1)产品结构和材料

耐热钢加氢反应器是盛装油 - 氢的容器,设计压力为 8.9 MPa,设计温度为 300 ℃,属Ⅲ类压力容器,其结构简图如图 5 - 12 所示。材质为 2.25Cr

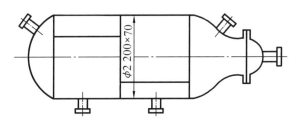

图 5 - 12　耐热钢加氢反应器结构简图

- 1Mo 铬钼耐热钢。容器由三条环缝和二条纵缝组成,纵缝采用电渣焊,环缝采用焊条电弧焊封底的埋弧焊。容器直径为 2 200 mm,壁厚 70 mm。其坡口形式如图 5 - 13 所示。

焊接材料:焊条 E6015 - B3(热 407)、焊丝 H10Cr3MoMnA、焊剂 HJ350 + HJ250(1∶1)

容器按 JB1148 - 73《单层高压容器技术条件》制造。先用电渣焊焊接纵缝,形成筒节,然后筒节、封头装配合拢,用埋弧焊焊接环缝,构成整个容器。

(2)环缝的焊接工艺

①焊前坡口准备

a. 焊前检查环缝的坡口加工及装配质量。

b. 清理坡口及其两侧各 20 mm 范围内的油、锈、漆等污物,打磨出金属光泽。

c. 对坡口两侧各大于 200 mm 范围预热 250 ℃ ~ 300 ℃。

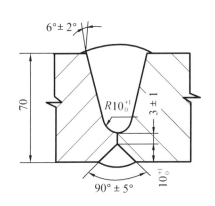

图 5 - 13　耐热钢环缝埋弧焊坡口形式

d. 用 E5015(结 507)ϕ4 mm 焊条,焊"冂形马",将筒体定位固定。不允许在坡口内定位焊。

②焊条电弧焊封底

a. 继续对环缝的坡口两侧各大于 200 mm 范围预热,温度保持至 200 ℃ ~ 250 ℃。

b. 用 E6015 - B3(热 407)焊条进行环缝的封底焊,第一层 ϕ4 mm,$I = 150 ~ 170$ A。以后层 ϕ5 mm,$I = 200 ~ 240$ A。焊满 V 形坡口。

c. 封底焊的层间温度控制在 200 ℃ ~ 350 ℃。

d. 焊条电弧焊后立即进行消氢处理,300 ℃ ~ 400 ℃ 保温 2 ~ 3 h 后空冷。

③埋弧焊

a. 升高预热温度达 250 ℃ ~ 300 ℃。

b. 用 ϕ4 mm H10Cr3MoMnA 焊丝和 HJ350 + HJ250 焊剂(比例为 1∶1),焊前焊剂 300 ℃ ~ 400 ℃ 焙烘 2 h。

c.埋弧焊实施多层焊,第一层焊接电流偏小些,以后层焊接电流可选大些。焊接工艺参数见表5-20。

d.埋弧焊过程中应保持层间温度200℃~300℃。

e.每条环缝连续焊满后应立即送入炉中,进入300℃~400℃消氢处理2~3h。

④焊后检验

a.焊后对环缝内外表面进行100%磁粉探伤。

b.对焊缝进行100%超声波探伤。

c.发现焊缝缺陷用焊条电弧焊修补。

⑤焊后热处理

三条环缝及接管角焊缝全部焊好,经检验合格后,将反应器入炉进行消除应力热处理,温度650℃~670℃,保温7h。

表5-20　铬钼耐热钢环缝埋弧焊工艺参数

板厚/mm	坡口形式	焊道层序	焊丝直径/mm	焊接电流/A	电弧电压/V	焊接速度/(m/h)	焊丝伸出长度/mm	焊丝偏移距离/mm	备注
70	U形坡口埋弧焊	第一层	4	550~600	33~35	21~23	30~35	50~55	焊丝H10Cr3MoMnA 焊剂HJ350+ HJ250(1:1) 直流反接
	V形坡口焊条电弧焊预封底	以后层	4	600~650	34~35	21~23	30~35	50~55	

2.耐热钢过热器集箱环缝的埋弧焊

（1）产品结构和材料

电站锅炉过热蒸汽压力为18.2 MPa,温度为540℃,其过热器集箱结构如图5-14所示,集箱属Ⅲ类容器,集箱两封头采用15CrMo钢,和封头连接的筒体采用材质为SA335 P12(美国钢号,相当于国产15CrMo)无缝钢管,管的直径为610 mm,壁厚为92 mm。集箱中部为三通,材质为15CrMo。集箱整体由6条环缝和一条马鞍形焊缝连接而成。现讨论环缝的埋弧焊,采用变角度的U形坡口,如图5-15所示。变角度的U形坡口,既便于焊接底部,又能节省熔敷金属。选用氩弧焊打底,焊条电弧焊加高,埋弧焊焊满坡口。

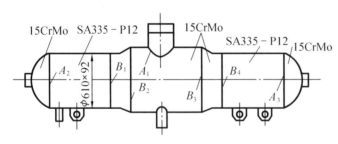

图5-14　耐热钢过热器集箱结构简图

A_1—三通马鞍形焊缝;A_2、A_3—封头环形焊缝;B_1~B_4—环形焊缝

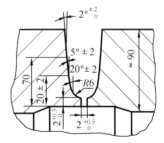

图5-15　集箱环缝变角度的U形坡口

氩弧焊焊丝为 ER80S‑B2L;

焊条电弧焊焊条为 E5515‑B2(热307);

埋弧焊焊丝为 H13CrMo,焊剂为 HJ350。

(2)焊接工艺

①焊前坡口准备,变角度的 U 形坡口采用机加工制成,焊前清理坡口及其两侧各 20 mm 范围内的锈、油、水等污物。

②手工钨极氩弧焊打底,焊前预热不低于 100 ℃,焊丝采用 ER80S‑B2L,ϕ 为 2.5 mm。焊打底层一层,应确保焊缝反面成形良好。氩弧焊的工艺参数参见表 5‑21。

③焊条电弧焊,焊前预热不低于 150 ℃,焊条用 E5515‑B2(热307),ϕ 为 4 mm,5 mm,焊条电弧焊的工艺参数见表 5‑21。焊前焊条进行 350 ℃~400 ℃焙烘 2 h。焊条电弧焊焊三层,焊缝厚度近 10 mm,转为埋弧焊。如不能立即进行埋弧焊,则必须对焊缝进行 200 ℃~250 ℃后热处理 2 h。

表 5‑21　耐热钢集箱环缝预打底单面埋弧焊的工艺参数

板厚/mm	坡口形式	焊接顺序	焊接方法	焊丝或焊条直径/mm	焊接电流/A	电弧电压/V	焊接速度/(m/h)	焊接层数	电源种类	备注
90	变角度 U 形坡口	1	钨极氩弧焊	2.5	100~120	12~14	—	打底1层	直流反接	氩气流量 8~10 L/min
		2	焊条电弧焊	4	140~160	22~24	—	焊3~4层	直流反接	
				5	200~220	23~25				
		3	埋弧焊	3	450~500	30~32	20~22	焊满坡口	直流反接	焊丝伸出长度 30~35 mm

④埋弧焊前,对环缝两侧各 200 mm 范围预热 150 ℃。对焊剂进行 300 ℃~400 ℃焙烘 2 h。

⑤埋弧焊的工艺参数见表 5‑21。焊接过程中控制层间温度 150 ℃~350 ℃。

⑥埋弧焊结束后或因故中断,应立即进行 200 ℃~250 ℃保温 2 h 后热处理。

⑦焊后检验,焊缝应进行 100% 超声波探伤和 100% 磁粉探伤,查出缺陷,对缺陷处局部预热,用焊条电弧焊修补。

⑧过热器集箱全部焊缝焊接后,对集箱进行 660 ℃~690 ℃保温 2.5 h 焊后热处理。

第五节　低温钢的埋弧焊

一、低温钢的基本特性

能在 ‑253 ℃ ~ ‑20 ℃低温工作的专用钢材,称为低温钢。低温钢主要用于低温下工作的容器、管道和结构。近几年来,石油化工工业的迅猛发展,大力开发了液化气,以液态贮存和远距离运输是最经济的,因此,需要建造大量的液化气贮存和运输装备。液化气的沸点都是低温的,如丙烷为 $-42.1\ ℃$、乙炔为 $-88.6\ ℃$、乙烯为 $-103.5\ ℃$。对低温钢的要求是在低温工作条件下,具有足够的强度、塑性及良好的冲击韧性。一般钢材在低温工作时会发生脆断,导致结构的破坏。低温钢的材料试验必须做低温冲击韧性试验,以满足低温工作时的韧性要求。

低温钢可分为无镍和含镍两大类,钢中加入镍,能显著改善钢的低温冲击韧性,加入镍量增多,使用温度降低。钢中加入 V、Al、Nb、Ti 及 Re 等合金元素,通过这些合金元素来细化晶粒,也能获得良好的低温韧性,如 09Mn2V 钢是 09Mn2 钢中加入 V 元素,使钢可在 $-70\ ℃$ 低温工作。16MnR 钢也可以改良成为 $-40\ ℃$ 低温用钢 16MnDR。铬镍奥氏体不锈钢(1Cr18Ni9 等)也可作为低温钢使用,工作温度可下降到 $-253\ ℃$,关于奥氏不锈钢的焊接列入不锈钢埋弧焊一节中讨论,不在本节中论述。常用低温钢的牌号有 16MnDR($-40\ ℃$),09Mn2VDR($-70\ ℃$),09MnTiCuReDR($-70\ ℃$),3.5Ni($-100\ ℃$),06AlNbCuN($-120\ ℃$),5Ni($-110\ ℃$),9Ni($-196\ ℃$),15Mn26Al4($-253\ ℃$)等。牌号后的 DR 表示低温容器用钢,D 是"低"字拼音的首位字母。5Ni 钢表明钢中含有 5% 的 Ni。低温钢在规定的低温工作条件下,有足够的低温冲击韧度。含 Ni 的低温钢不仅工作温度低,还具有较高的强度。

二、低温钢的焊接性

低温钢的碳含量低,其淬硬倾向小,产生冷裂纹的可能性很小,低温钢具有良好的焊接性。如 16MnDR 钢工作温度为 $-40\ ℃$,其成分和 16Mn 钢相差不多,仅 S、P 含量不大于 0.035%,16MnDR 钢的杂质比 16Mn 钢还少,所以说和 16Mn 钢焊接性相同。其他的无 Ni 低温钢,通常加入 V、Ti、Cu、Mo 等合金元素,但加入的量不多,碳当量也不高,所以焊接性也是良好的。不过,在焊接低温钢过程中,也存在以下几个问题。

1. 粗晶组织

通常埋弧焊是用大线能量的,如果线能量过大,会使热影响区扩大,且高温停留时间延长,冷却速度减慢,从而使热影响区的组织和性能发生不良影响,主要表现为过热区晶粒粗化,低温韧性下降。

2. 回火脆性

板厚大于 16 mm 的低温钢焊接结构,焊后通常需要进行消除应力热处理。对于含有 V、Ti、Nb、Cu、N 等元素的低温钢,在消除应力热处理时,如果加热温度处于回火脆性敏感温度范围,会析出脆性的金相组织,呈现回火脆性,使焊接接头低温韧性显著下降。因此,焊后要合理选择消除应力热处理的加热温度、保温时间及冷却方式。对于含 Ni 低温钢中若有较多的 S、P 杂质,则也存在回火脆性的问题。但只要限制钢中 S、P 的量,就可避免含 Ni 低温钢的回火脆性。

3. 热裂倾向

含 Ni 低温钢,由于加入 Ni 使焊缝的塑性和韧性有所提高,所以不会产生冷裂纹。然而 Ni 在焊缝中会和 S 结合生成低熔的 NiS 硫化镍(熔点 645 ℃),这就使焊缝易生成热裂纹。

三、低温钢埋弧焊的工艺

1. 限制焊接线能量

低温钢埋弧焊必须采用小线能量,这样才可以避免热影响区扩大和过热区晶粒粗大,防止焊接接头低温韧性下降。可以采用细直径焊丝、小电流、快速焊。通常焊接电流不大于600 A,焊接线能量不大于 25 kJ/cm。

2. 预热

对于低合金无 Ni 的低温钢,一般不预热,只有在板厚大于 25 mm,或焊接接头的刚性拘束较大时,才考虑预热 100 ℃ ~150 ℃。对于 3.5Ni 低温钢,板厚大于 25 mm,且刚性较大的焊接接头,考虑预热 150 ℃,层间温度不高于 200 ℃。

3. 焊丝和焊剂

低温钢埋弧焊的重要问题是保证焊缝金属的低温韧性,防止脆断现象。要求焊丝中的C,Si 含量要低,S,P 等有害杂质含量尽可能低。焊丝可选用含 Ni 焊丝、Mn - Mo 系焊丝、C - Mn 系焊丝。根据焊缝的使用温度,焊丝中加入一定量的 Ni。加入 Ni 含量越多,焊缝的使用温度越低。为了不使焊缝强度过高而影响低温韧性,当 Ni 含量高时,要适当降低 Mn 含量。为了消除回火脆性,应在焊丝中加入 0.3% 左右的 Mo 含量。

当采用 C - Mn 系焊丝时,需要通过烧结焊剂向焊缝渗入 Ti,B,Ni 等合金元素,以确保焊缝金属良好的低温韧性。采用含 Ni 焊丝,都配用烧结焊剂。采用 Mn - Mo 系焊丝,配用熔炼焊剂。低温钢埋弧焊选用的焊丝和焊剂见表 5 - 22。

表 5 - 22　低温钢埋弧焊选用的焊丝和焊剂

工作温度	母材钢号	焊　丝	焊　剂
-40 ℃	16MnDR	H08A	HJ431
		H08MnMoA	HJ350
		H10MnNiMoA	SJ101
		H06MnNiMoA	SJ603
-46 ℃	DG50 低温高强钢	H10Mn2Ni2MoA	SJ603
-60 ℃	09MnTiCuReDR	H08Mn2MoVA H10MnMoVTiA	HJ250 SJ102 SJ603
-70 ℃	09Mn2VDR	H08Mn2MoVA H10MnMoVTiA	HJ250
	2.5Ni	H08Mn2Ni2A	SJ603
-90 ℃	06MnNb	H05MnMoA	HJ250
	3.5Ni	H05Ni3A	SJ603
		H06Ni3Mo	SJ101,HJ250
-196 ℃	20Mn23Al	HCDM - 40	HJ173
	9Ni	YS9Ni(日本)	FS9Ni(日本)
-253 ℃	15Mn26Al4	HCDM - 40	HJ173

4.采用多层多道焊

低温钢埋弧焊时,可以适当加大坡口角度,采用细焊丝、小电流进行多层多道焊,实质上就是小线能量焊接,这样可以减小焊道过热,有利于细化晶粒,改善焊缝的低温韧性。

5.避免焊接缺陷

低温钢焊接时,应避免焊接缺陷(如弧坑未填满、未焊透及未熔合、咬边及焊缝成形不良等)。焊后应仔细检查,发现缺陷应及时进行修补。如果将缺陷带入低温钢结构件中,低温工作时,钢材对缺陷和应力集中的敏感性大,于是导致焊接结构的低温脆性断裂。

6.焊后热处理

3.5Ni 低温钢焊后需进行消除应力热处理。对于无镍低温钢,除了厚板、刚性大及焊接残余应力较大的场合,需要进行消除应力热处理外,其余可不予考虑。如需热处理,其规范参数要避开回火脆性敏感温度范围。

四、低温钢埋弧焊生产举例

1.16MnDR 低温容器封头拼板的埋弧焊

(1)产品结构和材料

有一低温容器封头直径较大,采用两块板拼接而成,对接焊缝至封头中心距离应小于 1/4 的封头直径(D_g),如图 5-16(a)所示,因为压制封头时,这个区域受到拉应力小,焊缝边缘裂开可能性小,焊后磨去焊缝边缘的余高,便于压制成形,如图 5-16(b)所示。工作温度为 -40 ℃,选用 16MnDR 低温容器用钢,板厚 36 mm。采用焊

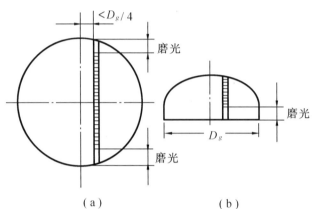

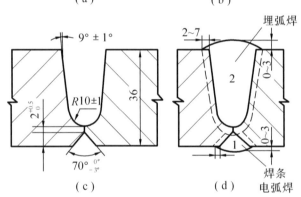

图 5-16 封头拼接的坡口及焊缝

(a)封头板拼接;(b)热加工成封头;
(c)封头板拼接的坡口;(d)封头板拼接后的焊缝

条电弧焊预封底的单面埋弧焊,坡口及焊缝形式如图 5-16(c)、(d)所示。焊条电弧焊一侧为 70°V 形坡口,埋弧焊一侧为 U 形坡口。

焊条牌号为 E5015(结 507);焊丝牌号为 H08MnMoA;焊剂牌号为 HJ350。

焊条焊前 350 ℃~400 ℃焙烘 2 h;焊剂焊前 250 ℃~300 ℃焙烘 2 h。

(2)焊接工艺

①焊前清理坡口内及两侧各 20 mm 范围内的污物和杂质。

②用 E5015(结 507)4 mm 焊条,对拼板坡口进行定位焊。

③从减小焊接变形考虑,先焊 70°坡口,用 E5015(结 507)4 mm 焊条焊第一层,$I = 160 \sim$ 180 A;以后层用 5 mm 焊条,$I = 200 \sim 220$ A,焊满 V 形坡口。

④将焊件翻身,用碳弧气刨进行清根,并打磨飞刺。

⑤用埋弧焊焊接 U 形坡口,工艺参数见表 5 - 23,多层多道连续焊。要重视层间清渣工作。

⑥埋弧焊过程中,层间温度不超过 300 ℃。

⑦封头板焊后,磨去焊缝边缘区域的余高,热加工成半球形。

⑧正火 + 回火综合热处理。正火 910 ℃ ~930 ℃进行 0.5 h,回火 610 ℃ ~630 ℃进行 1.5 h。为了调整热加工成形封头焊件母材和焊接接头的各项力学性能,需对焊件做正火处理。原焊件做高温空冷正火处理时,由于焊件表面和心部冷却速度不同,会产生较高的内应力,再通过回火消除应力,并使钢的综合力学性能达到要求。这样就构成了正火 + 回火综合热处理。

⑨焊后对 100% 焊缝进行射线探伤。

表 5 - 23　16MnDR 低温钢封头拼接埋弧焊的工艺参数

板厚/mm	坡口形式	焊丝直径/mm	焊接电流/A	电弧电压/V	焊接速度/(m/h)	焊接电源种类	备　注
36	U 形坡口埋弧焊 V 形坡口焊条电弧焊	4	580 ~620	32 ~34	28 ~30	直流反接	焊丝 H08MnMoA 焊剂 HJ350

2. 3.5Ni 钢低温结构件的埋弧焊

(1)产品结构和材料

某低温结构件,工作温度 -90 ℃,选用 3.5Ni 钢,板厚 30 mm,采用双面埋弧焊,V 形坡口对接如图 5 - 17 所示。

定位焊用的焊条牌号为 E5515 - C2(温 907Ni);埋弧焊焊丝牌号为 H06Ni13Mo(德国牌号焊丝);焊剂为 HJ250 或 SJ101。

焊前焊剂 300 ℃ ~ 350 ℃焙烘 2 h;焊条 350 ℃ ~ 460 ℃焙烘 2 h。

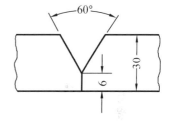

图 5 - 17　3.5Ni 低温钢 V 形坡口

(2)焊接工艺

①用氧气切割粗加工坡口,留 3 ~5 mm 余量做机械加工,消除切割的热影响区。

②用低温钢焊条 E5515 - C2(温 907Ni)ϕ4 mm,进行定位焊。

③对坡口两侧各 150 mm 范围内加热,预热温度为 100 ℃ ~150 ℃。

④先焊 V 形坡口一侧,用 3 mm 细焊丝,施行多层多道焊,即小线能量(不大于 25 kJ/cm)焊接可确保焊接接头的低温韧性,焊接工艺参数见表 5 - 24。

⑤将焊件翻身,焊缝反面碳弧气刨深约 6 mm,并用砂轮打磨光洁。

⑥焊反面焊缝,仍用 3 mm 细焊丝,多层多道焊,工艺参数见表 5 - 24。

⑦层间温度保持 100 ℃ ~200 ℃。

⑧焊后检验:焊接接头做 100% 超声波探伤;焊缝表面做 100% 磁粉探伤。发现缺陷用焊条电弧焊修补。

⑨焊后热处理 600 ℃ ~620 ℃进行 1.5 h。

表 5 - 24 3.5Ni 钢的焊接工艺参数

板厚 /mm	坡口形式	焊丝直径 /mm	焊接电流 /A	电弧电压 /V	焊接速度 /(m/h)	备 注
30	V 形坡口 多层多道	3	400 ~ 450	28 ~ 30	30 ~ 32	焊丝 H06Ni13Mo(德) 焊剂 HJ250

第六节　不锈钢的埋弧焊

一、不锈钢的基本特性

铬的质量分数 w_{Cr} 高于 12% 的钢,在空气、水、蒸汽中能不腐蚀和生锈,这种钢称为不锈钢。不锈钢是高合金钢,广泛应用于石化容器、制冷装置、发电设备、船舶、车辆和建筑工业中。在不锈钢的焊接结构中,目前多采用氩弧焊和焊条电弧焊。随着科技的发展,不锈钢板的厚度不断在加大,这就要求使用高效率的焊接方法,于是不锈钢的埋弧焊工艺的开发引起人们的重视,在实际生产中得到了推广使用。

不锈钢按其金相组织不同可分为:奥氏体不锈钢、铁素体不锈钢、马氏体不锈钢。

1. 奥氏体不锈钢

钢中铬的质量分数 w_{Cr} 高于 18%,镍的质量分数 w_{Ni} 高于 8%,便形成稳定的奥氏体组织,这种钢称为奥氏体不锈钢。具有足够量的铬,保证了钢的抗腐蚀性;加入镍使钢的组织和性能得到改善,获得较好的工艺性能和力学性能。奥氏体不锈钢具有良好的抗腐蚀性,无磁性,具有好的韧性和塑性,还有较好的加工性能。属于这种钢的牌号有 0Cr18Ni9,00Cr18Ni10,1Cr18Ni9Ti,0Cr18Ni12Mo2Ti,0Cr25Ni20 等。钢号中第一位数字表示碳含量,0Cr18Ni9 表示低碳不锈钢,00Cr18Ni10 表示超低碳不锈钢。奥氏体不锈钢常用来制造化工、炼油、食品加工设备中的容器。

2. 铁素体不锈钢

钢的金相组织是铁素体,以铬为主要合金元素,铬含量 w_{Cr} 为 13% ~ 30%,而碳含量 $w_C < 0.1\%$。这种钢具有良好的热加工性和一定的冷加工性,经淬火也不会硬化,但加热到 475 ℃ 时会发生脆化。属于这种钢的牌号有 0Cr13,1Cr17,0Cr17Ti,1Cr25Ti 及 1Cr17Mo2Ti 等。这种钢的耐腐蚀性不及奥氏体不锈钢,只能用于工作温度在 300 ℃ 以下受力不大的耐酸结构及作抗氧化钢使用。

3. 马氏体不锈钢

钢的金相组织是马氏体,除了含有 12% ~ 18% 的铬外,还含有较高量的碳($w_C > 0.15\%$)。这种钢具有很高的强度和硬度,淬硬性也很强,但其耐腐蚀性还不如铁素体不锈钢。属于这种钢的牌号有 1Cr13,2Cr13,3Cr13 及 1Cr17Ni2 等,它被用来制造汽轮机叶片、水压机阀、盛装有机酸水溶液和食品工业的容器等。

常用不锈钢的化学成分见表 5 - 25,常用不锈钢的力学性能见表 5 - 26。

表5-25 常用不锈钢的化学成分(质量分数,%)(GB1220-75)

类别	钢号	化学成分/%										
		C	Si	Mn	S	P	Cr	Ni	Ti	Mo	其他	注
奥氏体型	0Cr18Ni9	≤0.06	≤1.00	≤2.00	≤0.030	≤0.035	17.0~19.0	8.0~11.0	—	—		
	1Cr18Ni9	≤0.12	≤1.00	≤2.00	≤0.030	≤0.035	17.0~19.0	8.0~11.0	—	—		
	0Cr18Ni9Ti	≤0.08	≤1.00	≤2.00	≤0.030	≤0.035	17.0~19.0	8.0~11.0	5×c%	—		Ti~0.7%
	1Cr18Ni11Nb	≤0.10	≤1.00	≤2.00	≤0.030	≤0.035	17.0~20.0	9.0~13.0	—		Nb 8×c%	Nb~1.5%
	0Cr18Ni12Mo2Ti	≤0.08	≤1.00	≤2.00	≤0.030	≤0.035	16.0~19.0	11.0~14.0	5×c%	1.80~2.50		Ti~0.7%
	00Cr17Ni14Mo3	≤0.03	≤1.00	≤2.00	≤0.030	≤0.035	16.0~18.0	12.0~16.0		2.50~3.50	—	
	0Cr25Ni20	≤0.08	≤1.50	≤2.00	≤0.035	≤0.030	24.0~26.0	19.0~22.0	—	—		
铁素体型	0Cr13	≤0.08	≤0.60	≤0.80	≤0.030	≤0.035	12.0~14.0	—	—	—	—	
	1Cr17	≤0.12	≤0.80	≤0.80	≤0.030	≤0.035	16.0~18.0	—	—	—		
	1Cr28	≤0.15	≤1.00	≤0.80	≤0.030	≤0.035	27.0~30.0	—	≤0.20	—		
	0Cr17Ti	≤0.08	≤0.80	≤0.80	≤0.030	≤0.035	16.0~18.0		5×c%			
	1Cr17Mo2Ti	≤0.10	≤0.80	≤0.80	≤0.030	≤0.035	16.0~18.0		≥7×c%	1.60~1.90		
马氏体型	1Cr13	0.08~0.15	≤0.60	≤0.80	≤0.030	≤0.035	12.0~14.0					
	2Cr13	0.16~0.24	≤0.60	≤0.80	≤0.030	≤0.035	12.0~14.0					
	1Cr17Ni2	0.11~0.17	≤0.80	≤0.80	≤0.030	≤0.035	16.0~18.0	1.50~2.50				

表5-26 常用不锈钢的力学性能

类别	钢号	热处理状态		力学性能标准值(不低于)					
		淬火制度	回火制度	σ_b/MPa	σ_s/MPa	δ_5/%	φ/%	a_{KU}/(J/cm²)	HRC
奥氏体型	0Cr18Ni9	1 080℃~1 130℃水淬	—	492	197	45	60		
	1Cr18Ni9	1 100℃~1 150℃水淬	—	541	197	45	50		

表 5-26(续)

类别	钢 号	热处理状态		力学性能标准值(不低于)					
		淬火制度	回火制度	σ_b /MPa	σ_s /MPa	δ_5 /%	φ /%	a_{KU} /(J/cm²)	HRC
奥氏体型	0Cr18Ni9Ti	950 ℃~1 050 ℃ 水淬	—	492	197	40	55		
	1Cr18Ni11Nb	1 000 ℃~1 100 ℃ 水淬	—	541	197	40	55		
	0Cr18Ni12Mo2Ti	1 000 ℃~1 100 ℃ 水淬	—	541	216	40	55		
	00Cr17Ni14Mo3	1 050 ℃~1 100 ℃ 水淬		482	177	40	60		
	0Cr25Ni20	1 000 ℃~1 100 ℃ 水淬	—	≥520	≥206	≥40	—	—	—
铁素体型	0Cr13	1 000 ℃~1 050 ℃ 油或水淬	700 ℃~790 ℃ 油冷或空冷	492	344	24	60	—	
	1Cr17	—	750 ℃~800 ℃空冷	393	246	20	50	—	
	1Cr28		700 ℃~800 ℃空冷	443	295	20	45		
	0Cr17Ti		700 ℃~800 ℃空冷	443	295	20			
	1Cr17Mo2Ti		750 ℃~800 ℃空冷	492	295	20	45	—	
马氏体型	1Cr13	1 000 ℃~1 050 ℃ 油淬	700 ℃~790 ℃ 油冷 空冷	590	413	20	60	88.2	
	2Cr13	1 000 ℃~1 050 ℃ 油淬	660 ℃~770 ℃ 油冷 空冷	649	443	16	55	78.4	
	1Cr17Ni2	950 ℃~1 050 ℃ 油淬	275 ℃~350 ℃空冷	1 082	—	10	—	49.0	

二、奥氏体不锈钢的埋弧焊

1. 奥氏体不锈钢的焊接性

奥氏体不锈钢的焊接性优于铁素体不锈钢和马氏体不锈钢。焊接奥氏体不锈钢不会产生冷裂纹。但焊接时会产生下列几个问题。

(1)焊接接头的晶间腐蚀

奥氏体不锈钢加热到 450 ℃~850 ℃,保持一定时间升高温度,碳在不锈钢晶粒内部的扩散速度大于铬的扩散速度。因为室温时碳在奥氏体中溶解度很小(约为 0.02%~0.03%),而一般奥氏体钢中 w_C 均超过此值,故多余的碳就向奥氏体晶粒边界扩散,并和铬化合,在晶粒之间生成碳化铬的化合物。结果使晶界附近铬含量小于12%质量分数(w_{Cr}< 12%),形成贫铬区,失去了抗腐蚀能力,在腐蚀介质作用下,就沿着晶粒边缘不断腐蚀,破坏了晶粒间的相互结合,导致了沿晶界开裂。

当加热温度小于 450 ℃或大于 850 ℃时,不会产生晶间腐蚀。因为小于 450 ℃,温度低,不会形成碳化铬的化合物。而当大于 850 ℃时,晶粒内的铬扩散能力增强,有足量的铬扩散至晶界,不会形成贫铬区。所以说 450 ℃ ~850 ℃是产生晶间腐蚀的"危险温度区",其中尤以 650 ℃为最危险。焊接时,焊缝两侧热影响区中处于危险温度区的地带最易发生晶间腐蚀。

（2）热裂纹

奥氏体不锈钢含有较多的镍（$w_{Ni} \geqslant 8\% \sim 20\%$），同时钢中还存在 S,P 等杂质元素,S 和 Ni 会生成 Ni_3S_2 低熔共晶杂质,熔点为 645 ℃,而 $Ni - Ni_3S_2$ 低熔共晶杂质熔点仅 625 ℃。这些低熔共晶杂质存在于熔池中。不锈钢从液态转为固态（即结晶）的时间较长,于是有足够的时间把尚处于液态的低熔共晶杂质推置至焊缝中央聚集,形成一个液态薄膜层（没有抗拉强度）,在略大的焊接拉应力作用下,液态薄膜被拉成裂纹。

含镍多的 25 - 20 型奥氏体不锈钢比 18 - 8 型奥氏体不锈钢更易产生热裂纹。含 S,P 杂质多的焊丝和母材,易产生热裂纹。

（3）应力腐蚀

不锈钢在拉应力和腐蚀介质共同参与下,由腐蚀受应力作用而引起的裂纹称为应力腐蚀裂纹。不锈钢在冷热加工过程中,母材表面钝化膜遭到了破坏（如划伤、磨痕、引弧斑点等）,腐蚀介质作用形成腐蚀,在拉应力作用下,生成裂纹,并扩展造成板的断裂。在应力腐蚀裂纹断口表面常积存 Cl^-（氯离子）,S 和 O_2 等物质。能引起应力腐蚀裂纹的腐蚀介质主要有:各种氯化物溶液、氢氧化物、硫酸和硫酸盐溶液、硝酸、盐酸、氢氟酸混合液等。不锈钢冷作加工残余应力和焊接残余应力会加速应力腐蚀裂纹的产生和扩展。铬镍奥氏体不锈钢比铬不锈钢更易产生应力腐蚀裂纹。

2. 奥氏体不锈钢的埋弧焊工艺

（1）坡口准备

奥氏体不锈钢的下料可采用等离子电弧切割,切割后的切割边缘要用机械加工去除其切割热影响区。如果薄板用冲剪下料,则应除去冷作硬化带。

奥氏体不锈钢的坡口尺寸可参照碳钢坡口尺寸。

焊前要用丙酮清除坡口及其两侧的油污。为了避免碳钢屑混入焊缝,打磨坡口或清根只能使用专磨不锈钢的砂轮片,切不可使用磨碳钢的砂轮片;同理,钢丝刷必须是不锈钢制成的。

（2）焊丝和焊剂

奥氏体不锈钢埋弧焊选用焊丝时,首先考虑焊丝成分和母材成分接近,由于焊接过程中铬要烧损,焊丝中铬的含量应多于母材。例如母材 00Cr18Ni10,选用焊丝 H00Cr21Ni10。其次考虑焊丝中的碳含量应小于母材,这样在焊接过程中减少了碳化铬的形成,对防止晶间腐蚀是有利的。例如母材 1Cr18Ni9,选用焊丝 H0Cr21Ni9。对于一些耐腐蚀性特别要求高的化工设备（如尿素装置和硝酸设备）,要采用特种超低碳高铬镍不锈钢焊丝,如 H00Cr22Ni10。还有为了防止焊缝晶间腐蚀,可选含有 Ti 或 Nb 稳定的奥氏体不锈钢焊丝。表 5 - 27 为奥氏体不锈钢埋弧焊选用的焊丝。对于 25 - 20 型奥氏体不锈钢一般不宜采用埋弧焊。

表 5-27 奥氏体不锈钢埋弧焊选用的焊丝

母材钢号	焊丝牌号	母材钢号	焊丝牌号
0Cr17Ni12Mo2	H00Cr19Ni12Mo	00Cr18Ni10	H00Cr19Ni9
0Cr17Ni12Mo3Ti	H0Cr17Ni13Mo3Ti		H00Cr21Ni10
00Cr17Ni13Mo	H00Cr17Ni13Mo2		H00Cr22Ni10
0Cr17Ni13Mo2Ti	H00Cr17Ni13Mo2	1Cr18Ni11Nb	H0Cr20Ni10Nb
0Cr17Ni13Mo3Ti	H0Cr17Ni13Mo3Ti	00Cr18Ni12Mo2	H00Cr19Ni12Mo2
00Cr17Ni14Mo2	H00Cr19Ni11Mo3		H00Cr19Ni14Mo3
00Cr17Ni14Mo3	H00Cr19Ni12Mo2	0Cr18Ni12Mo2Ti	H0Cr18Ni12Mo2Ti
	H00Cr19Ni14Mo3	1Cr18Ni12Mo2Ti	H0Cr18Ni12MoNb
00Cr18Ni9	H00Cr19Ni9		H00Cr18Ni11Mo3
0Cr18Ni9	H0Cr21Ni10		H00Cr19Ni11Mo3
0Cr18Ni9Ti	H0Cr19Ni9Ti		H0Cr19Ni11Mo3Ti
	H0Cr19Ni9Si2	0Cr18Ni12Mo3Ti	H00Cr19Ni11Mo3
	H0Cr20Ni10Nb		H0Cr19Ni11Mo3Ti
	H00Cr21Ni10		H0Cr19Ni14Mo3
	H0Cr20Ni10Ti	1Cr18Ni12Mo3	H0Cr19Ni12Mo3
	H00Cr22Ni10	1Cr18Ni12Mo3Ti	H0Cr19Ni14Mo3
1Cr18Ni9Ti	H0Cr19Ni9Ti		H0Cr19Ni11Mo3Ti
	H0Cr19Ni9Si2	0Cr18Ni14Mo2Cu2	H00Cr19Ni12Mo2Cu2
	H1Cr19Ni9Ti	00Cr19Ni14Mo2	H00Cr19Ni12Mo2
	H00Cr19Ni12Mo2		
	H0Cr20Ni10Nb		
	H0Cr20Ni10Ti		
	H00Cr21Ni10		

　　奥氏体不锈钢宜选用无锰中硅中氟和无锰低硅高氟焊剂,如 HJ151,HJ172。对于耐腐蚀性要求不高的焊缝,可选用低锰高硅中氟焊剂 HJ260。在欧美工业国,奥氏体不锈钢埋弧焊几乎都采用烧结焊剂。国内用于焊接奥氏体不锈钢的烧结焊剂牌号有:SJ601,SJ103,SJ641。烧结焊剂具有良好的工艺性能,脱渣容易,焊缝成分稳定且容易控制。其中 SJ601 可与除超低碳不锈钢焊丝之外的各种不锈钢焊丝配用。SH641 焊剂为 CaO - MgO - CaF$_2$ - SiO$_2$ 渣系,可配用高铬镍不锈钢焊丝 H0Cr21Ni10,H0Cr19Ni12Mo2 等焊丝。表 5-28 为奥氏体不锈钢埋弧焊选用的焊剂。

　　(3)不预热,控制层间温度

　　对于焊接奥氏体不锈钢来说,不应该预热,即使是厚板也不需要预热,并要控制层间温度,不能超过 150 ℃。因为预热造成焊接接头缓冷,使奥氏体不锈钢在 450 ℃～850 ℃停留时间延长,对避免晶间腐蚀不利。

表 5 - 28　奥氏体不锈钢埋弧焊选用的焊剂

焊剂牌号	焊剂类型	应　用
HJ150	无锰中硅中氟型	通用。脱渣性不良,不宜用于多层多道焊
HJ151		
HJ151Nb	无锰中硅中氟加 Nb 粉	适用于含 Nb 不锈钢
HJ172	无锰低硅高氟型	通用。宜用于含 Ti,Nb 不锈钢及超低碳不锈钢
HJ260	低锰高硅中氟型	通用。有氧化性,宜配用高铬镍焊丝
SJ103	氟碱型	能保证焊缝有足够的 Cr,Mo,Ni 含量
SJ601	氟碱型	配用非超低碳不锈钢焊丝
SJ641	CaO－MgO－CaF$_2$－SiO$_2$	配用高铬镍奥氏体不锈钢焊丝

(4)焊接工艺参数

埋弧焊通常采用大线能量焊接,熔池尺寸大,冷却速度慢,这对铬镍奥氏体不锈钢是不利的,会使加剧结晶过程中合金元素和杂质的偏析,促使形成粗大的结晶,导致焊缝和近缝区的热裂倾向。另一方面冷却缓慢,奥氏体不锈钢在 450 ℃～850 ℃停留时间延长,这对防止晶间腐蚀也是不利的。

从奥氏体不锈钢的物理性能来看,奥氏体不锈钢的导热率仅为碳钢的1/3,其熔点低于碳钢。不锈钢的熔点低、散热慢,在相同的焊接电流条件下,可以取得比碳钢大的熔深。碳钢每 100 A 可以取得1.0～1.1 mm 的熔深,而不锈钢每100 A 可以取得1.2 mm 的熔深。所以奥氏体不锈钢埋弧焊应使用较碳钢小 20%～25%的焊接电流,并配以较高的焊接速度,实现较小线能量的焊接。

奥氏体不锈钢的电阻率是碳钢的 5 倍,奥氏体不锈钢埋弧焊时,若选用和碳钢相同的焊丝伸出长度,和相同的 I,U,V,则由于焊丝的电阻热大增,焊丝的熔化系数提高。还有奥氏体不锈钢的熔点低,焊丝的熔化系数更进一步提高。过高的熔化系数会使焊缝成形不良,为此必须减小焊丝伸出长度。不锈钢埋弧焊时,通常焊丝伸出长度取小于 10 倍焊丝直径。表5 - 29 为不锈钢 I 形对称双面埋弧焊的工艺参数;表 5 - 30 为 V 形、X 形对接埋弧焊工艺参数。

表 5 - 29　不锈钢板 I 形对接双面埋弧焊工艺参数

板厚/mm	间隙/mm	层次	焊丝直径/mm	焊接电流/A	电弧电压/V	焊接速度/(m/h)	线能量/(J/cm)
4.0	<0.3	1	2.4	300	28	72	4 200
		2		300	28	60	5 040
4.0	<0.3	1	3.0	320	32	72	5 120
		2		360	32	48	8 640
5.0	<0.3	1	3.0	350	32	60	6 720
		2		350	32	42	9 600
6.0	<0.5	1	3.0	300	32	75	4 608
		2		400	33	60	7 920

板厚/mm	间隙/mm	层次	焊丝直径/mm	焊接电流/A	电弧电压/V	焊接速度/(m/h)	线能量/(J/cm)
6.0	<0.5	1	3.0	350	34	54	7 933
		2		400	34	30	16 320
8.0	<0.5	1	4.0	500	34	30	20 400
		2		550	34	24	28 050
8.0	<0.5	1	4.0	550	34	42	16 030
		2		600	34	30	22 480
10	<0.8	1	4.0	600	34	36	20 400
		2		650	35	24	34 125
10	<0.8	1	4.0	650	35	42	19 500
		2		700	36	30	30 240

表 5－30　不锈钢 V 形、X 形对接埋弧焊工艺参数

板厚及坡口形式/mm	层次	焊丝直径/mm	焊接电流/A	电弧电压/V	焊接速度/(m/h)	线能量/(J/cm)	其他工艺参数
	1	4	600	34	80	9 180	预先用焊条电弧焊打底焊 焊条直径 ϕ2.5 mm
	2	4	600	34	50	14 700	
	1	4	600	34	35	21 000	预先用焊条电弧焊打底焊 焊条直径 ϕ2.5 mm
	2	4	600	34	35	21 000	
	1	4	600	34	40	18 360	预先用焊条电弧焊封底 焊条直径 ϕ3.25 mm
	2	4	600	34	30	24 480	
	3	4	600	34	40	18 360	
	1	4	600	34	35	21 000	预先用焊条电弧焊封底 焊条直径 ϕ3.25 mm
	2	4	600	34	35	21 000	
	3	4	600	34	40	18 360	
	4	4	600	34	35	21 000	

（5）内外纵、环缝的焊接顺序

在焊接奥氏体不锈钢容器时，正确的焊接顺序是先焊外纵、环缝，后焊内纵、环缝。与腐蚀介质接触的内纵、环缝焊道，应尽可能最后焊接。如果先焊好与腐蚀介质接触的内纵、环缝焊道，继后焊的焊接热对已焊好的内纵、环缝焊道多次加热，使停留在 450 ℃～850 ℃的时间较长，易产生晶间腐蚀。

（6）焊缝快速冷却

奥氏体不锈钢焊缝焊接后，应立即将焊接接头快速冷却，使不锈钢停留在 450 ℃～850 ℃的时间缩短，有利于防止晶间腐蚀。

将不锈钢焊件压紧在通水冷却的铜衬垫上进行埋弧焊,可以达到一定的快速冷却的效果。在焊缝背面浇水或喷压缩空气,一边焊接,一边浇水,可达到较好的冷却效果。但切忌水或空气侵入熔池。

(7)焊后构件处理

为了确保奥氏体不锈钢构件的耐腐蚀性,焊后需对构件进行处理。

①固溶化处理或稳定化处理　为了消除奥氏体不锈钢的晶间腐蚀,焊后可以对焊件进行固溶化处理或稳定化处理。

固溶化处理就是将焊件加热到 1 050 ℃ ~ 1 100 ℃,这时碳又重新溶入奥氏体中,然后急速冷却,碳来不及和铬化合,便可得到稳定的奥氏体组织,耐腐蚀性最好。

稳定化处理是将焊件加热到 850 ℃ ~ 900 ℃,保温 2 h,使奥氏体晶粒内部的铬有充分时间扩散到晶界,使晶界处的铬含量又重新恢复到大于 12% 质量分数,这样就避免产生晶间腐蚀。

②抛光处理和钝化处理　不锈钢如有电弧伤点、刻痕、粗糙点和污点等表面不光滑缺陷,会加速腐蚀。为此,焊后应进行表面处理。处理的方法有抛光处理和钝化处理。

抛光处理是把不锈钢表面抛光,使表面粗糙变细,并在表面生成一种致密而均匀的氧化膜,这层氧化膜就能保护内部金属不再受到氧化和腐蚀。

钝化处理是先用酸洗方法去除不锈钢的氧化皮,然后用钝化液擦表面,最后冲洗吹干,使不锈钢表面形成一层银白色的氧化膜,保护表面。

三、铁素体不锈钢的埋弧焊

1. 铁素体不锈钢的焊接性

铁素体不锈钢对高温热作用比较敏感,在焊接热影响区容易形成粗晶区,使焊接接头的塑性和韧性下降。在焊接厚板和刚性大的焊接接头时,还会产生裂纹。铁素体不锈钢的焊接性比奥氏体不锈钢差。

(1)晶粒粗化

铁素体不锈钢含有足量的铬($w_{Cr} > 13\%$),有的还配有少量铁素体形成元素(钼、钛或铝),其铁素体组织十分稳定,在熔化前几乎不发生任何相变。但加热后铁素体晶粒长大,也不能通过热处理来细化。凡加热到 930 ℃ 以上温度区域,都会产生晶粒粗化,使钢的脆性大增,塑性和韧性下降。同时伴随晶粒长大而引起晶间腐蚀,降低耐腐蚀性。焊接过程中就是要防止过热,减少粗晶。

(2)475 ℃ 脆化

铁素体不锈钢在 475 ℃ 左右温度长时间加热,铁素体焊缝的塑性和韧性会显著下降,性能变脆,称为 475 ℃ 脆化。所以铁素体不锈钢的工作温度是 300 ℃ 以下。对于已形成475 ℃ 脆化的焊接接头,可以通过 900 ℃ 淬火而消除。

(3)冷裂倾向

铁素体不锈钢本身的塑性、韧性较低,焊接后经脆化,塑性、韧性下降剧烈,在焊接应力作用下,就会增加冷裂倾向。预热可以减小焊接应力,防止冷裂。

2. 铁素体埋弧焊工艺

(1)坡口

铁素体不锈钢可采用等离子电弧切割,切割前应预热切割线两侧,温度为 150 ℃ ~200 ℃。切割后工件应做退火处理,用机械加工制成坡口形状。

焊前用丙酮彻底清除坡口表面及两侧的油污等。

（2）焊丝和焊剂

铁素体不锈钢埋弧焊选用焊丝有两种方案：一种是和母材金属成分相近的铁素体不锈钢焊丝（如 H0Cr13，H1Cr17 等）；另一种是高铬镍奥氏体不锈钢焊丝（如 H1Cr24Ni13，H0Cr21Ni10 等）。选用同质铁素体不锈钢焊丝，需要焊前预热和焊后热处理，但焊接接头的耐腐蚀性和母材基本相同。选用异质奥氏体不锈钢焊丝，焊前无需预热和焊后不必热处理，焊缝有较高的塑性和韧性，能防止产生冷裂纹，但焊接接头的耐腐蚀性低于同质焊丝的焊接接头。

铁素体不锈钢埋弧焊的焊剂，主要是防止铬合金元素氧化烧损，为此应选用氧化性低的焊剂。HJ260 焊剂系低锰高硅中氟型，用直流反接，电弧稳定，焊缝成形良好，但仍有一定的氧化性，故需配用高铬镍的不锈钢焊丝。HJ150，HJ172 型焊剂氧化性较低，但脱渣性欠佳，不宜用于多层焊。SJ601 型烧结焊剂，呈碱性，用直流反接，焊缝成形好，开始被广泛采用。表 5-31 为铁素体不锈钢埋弧焊选用的焊丝和焊剂。

表 5-31　铁素体不锈钢埋弧焊选用的焊丝和焊剂

母材钢号	焊丝	焊剂
0Cr13	H0Cr14	HJ150
	H0Cr18	HJ150
	H1Cr19Ni9	HJ260
	H1Cr25Ni13	
	H1Cr25Ni20	
	H1Cr24Ni13	HJ150
	H1Cr26Ni23	HJ260
1Cr13MoTi	H0Cr19Ni12Mo2	SJ601
00Cr17Ti	H00Cr24Ni13	HJ151
	H00Cr21Ni10	HJ172
0Cr17Ti	H0Cr17Ti	HJ150
	H0Cr20Ni10nB	HJ260
	H1Cr19Ni9	SJ601
	H1Cr25Ni13	
1Cr17	H1Cr17	HJ151
1Cr17Ti	H0Cr21Ni10	HJ172
1Cr17Mo	H0Cr26Ni21	SJ601
	H1Cr24Ni13	SJ608
Cr17Mo2	H0Cr19Ni12Mo2	
1Cr17Mo2Ti	H0Cr19Ni12M02	HJ151
	H1Cr19Ni9	HJ260
	H1Cr25Ni13	SJ601

表 5 – 31(续)

母材钢号	焊丝	焊剂
1Cr25Ti 1Cr28	H0Cr26Mo1 H0Cr26Ni21 H1Cr26Ni10 H1Cr24Ni13	HJ151 HJ172 SJ601
00Cr18MoTi	H00Cr19Ni12Mo2	HJ151 HJ172

（3）预热

常温状态下冲击韧性较低的铁素体不锈钢，又经焊接加热造成粗晶脆化和475 ℃脆化，如果焊接应力较大时，会产生裂纹。预热可以减小焊接应力，又可提高铁素体不锈钢的韧性，这是防止裂纹的有效措施。预热温度一般为150 ℃～300 ℃，Cr含量较高时，可相应提高到200 ℃～300 ℃。若预热温度过高，会使过热区的晶粒更为粗大，这样焊后韧性反而降低。层间温度控制在200 ℃～400 ℃。如果采用奥氏体不锈钢焊丝进行焊接，可以不预热。

（4）焊接工艺参数

铁素体不锈钢过热会引起晶粒粗大，为此宜用小线能量焊接。选用细焊丝、小电流、快焊速、多层多道焊。

铁素体不锈钢的熔点比碳钢低，电阻率比碳钢大，应选用短的焊丝伸出长度。

（5）焊后热处理

铁素体不锈钢焊接后要进行退火处理，可以消除焊接残余应力，并能使铬均匀分布，恢复耐腐蚀性。退火温度在低于晶粒长大的温度下进行，退火温度适宜为750 ℃～850 ℃，退火后应快速冷却（水冷或空冷），避免在370 ℃～570 ℃之间缓冷，防止出现475 ℃脆化。

用奥氏体不锈钢焊丝焊接铁素体不锈钢，可以不进行焊后热处理。

四、马氏体不锈钢的埋弧焊

1. 马氏体不锈钢的焊接性

在不锈钢中，马氏体不锈钢的焊接性是最差的，其耐腐蚀性也是最差的。马氏体不锈钢焊接存在以下几个问题。

（1）冷裂纹

马氏体不锈钢加热后在空气中冷却也会淬硬。马氏体不锈钢经焊接加热和冷却后，焊缝和热影响区的组织为硬而脆的马氏体。当焊接结构刚性大或焊缝含氢量高时，在较大的焊接拉应力作用下，由高温冷却至100 ℃～120 ℃以下时，就产生裂纹。不锈钢中碳含量越高（如2Cr13,3Cr13,4Cr13），淬硬越严重，越易产生冷裂纹。

（2）过热区脆化

马氏体不锈钢焊接时，在温度超过1 150 ℃的过热区内，其晶粒显著长大，快速冷却后会形成粗大的马氏体组织，塑性下降。如果冷却速度过慢，可能使过热区内产生粗大的铁素体加碳化物组织，也会使塑性显著降低。总之，过热区是粗晶组织，塑性显著降低，呈现过热区脆化。

马氏体不锈钢焊接,也会产生 475 ℃脆化,但晶间腐蚀现象极少出现。

2. 马氏体不锈钢的埋弧焊工艺

（1）预热

预热是焊接马氏体不锈钢的必要工艺措施,目的是防止冷裂纹。预热温度的高低主要取决于不锈钢中的碳含量、焊丝成分及焊件的刚性等,钢的碳含量越高,预热温度越高。碳含量 $w_c < 0.1\%$ 的马氏体不锈钢（1Cr13）,预热温度为 150 ℃ ~ 200 ℃；$w_c = 0.1\% \sim 0.2\%$ 的马氏体不锈钢,预热 200 ℃ ~ 250 ℃；$w_c > 0.2\%$ 的马氏体钢,预热 250 ℃ ~ 350 ℃。层间温度同预热温度。

（2）焊丝和焊剂

马氏体不锈钢埋弧焊选用焊丝也有两种方案:一种是焊丝成分和母材接近的马氏体不锈钢焊丝;另一种是高铬镍奥氏体不锈钢焊丝。

选用同种类焊丝焊接,焊缝和母材成分接近,焊接后焊缝和热影响区会同时变硬而脆,为了防止冷裂,必须预热和焊后热处理。由于焊缝和母材的膨胀系数差异很小,因此热处理后有可能完全消除焊接残余应力。

当焊接构件没有条件进行焊后热处理时,可选用异质高铬镍奥氏体不锈钢焊丝,得到的焊缝是奥氏体组织,焊缝的塑性和韧性较好,能松弛焊接应力,并能较多地固溶氢,因而能降低冷裂倾向。但是焊后构件工作时,由于焊缝和母材异质,膨胀系数也不同,若构件在循环变化温度的工作环境下,构件的应力也在周期性的变动,就有可能产生热疲劳裂纹。

不锈钢埋弧焊选用焊丝时,除了考虑母材成分之外,还要考虑两个问题:①构件工作温度环境;②构件能否焊后热处理。如果构件工作温度波动小,又是大型构件难以进行焊后热处理,则可选用奥氏体不锈钢焊丝。否则要用同种类不锈钢焊丝。焊接 Cr13 型马氏体不锈钢用的焊丝,应严格控制有害杂质 S,P 及 Si 等的含量。

表 5 - 32 为马氏体不锈钢埋弧焊选用的焊丝和焊剂。由表可知,选用同类马氏体不锈钢焊丝,焊丝中的铬含量通常略高于母材,而焊丝中的碳含量低于母材。选用奥氏体不锈钢焊丝都是高铬镍的。

表 5 - 32　马氏体不锈钢埋弧焊选用的焊丝和焊剂

母材钢号	焊丝	焊剂
1Cr13 2Cr13	H1Cr13 H0Cr14 H0Cr21Ni10 H1Cr24Ni13 H1Cr26Ni21	SJ601 HJ151 HJ260
1Cr17Ni2	H0Cr26Ni21 H1Cr26Ni21 H1Cr24Ni13	

马氏体不锈钢埋弧焊选用的焊剂通常是 HJ260,HJ151,SJ601 型号。

（3）焊接线能量

为了防止产生冷裂纹，焊接马氏体不锈钢宜用大的焊接线能量，这正好和焊接铁素体不锈钢（用小线能量）相反。马氏体不锈钢埋弧焊时，可选用较大的焊接电流和低的焊接速度，从而获得较大的焊接线能量。但也不宜用过大的焊接线能量，因为当冷却速度过分缓慢，热影响区过热，也会形成粗晶组织而使塑性、韧性降低。

（4）后热及焊后热处理

马氏体不锈钢焊接后需要立即进行热处理，其目的有两个：①降低焊缝及热影响区的硬度，改善塑性和韧性；②消除焊接残余应力，去除焊缝中的扩散氢，防止延迟裂纹。

普通 13Cr 型马氏体不锈钢焊后热处理回火温度为 650 ℃～760 ℃；1Cr17Ni2 型马氏体不锈钢焊后热处理回火温度为 620 ℃～700 ℃。马氏体不锈钢焊后不能直接升温回火处理，否则会产生粗晶组织，降低韧性。通常先将焊件缓冷至 100 ℃～150 ℃，保温 0.5～1 h，然后再加热至回火温度。

马氏体不锈钢如遇焊接中断或焊后未能及时热处理的，应立即施以后热，以防止产生冷裂纹。对于用奥氏体不锈钢焊丝焊接的焊缝，焊后可以不进行热处理。

五、不锈钢埋弧焊举例

1. 奥氏体不锈钢对接的埋弧焊

（1）产品结构和材料

不锈钢结构件中有一对接焊缝，板厚为 26 mm，材质为 0Cr18Ni9 奥氏体不锈钢，采用 X 形接口，如图 5 – 18 所示，用悬空双面埋弧焊。

焊丝选用 H0Cr21Ni10，焊剂用 SJ641，焊条用 E0 – 19 – 10Nb – 16（奥 132）。

（2）焊接工艺

①焊前用丙酮清理坡口及其两侧各 20 mm 范围内的油等污物，露出金属光泽。

②在反面接缝上进行定位焊，用 4 mm E0 – 19 – 10Nb – 16（奥 132）焊条，焊前焊条 150 ℃～250 ℃焙烘 1 h。

③用埋弧焊先焊正面焊缝，多层多道焊，焊接工艺参数见表 5 – 33。

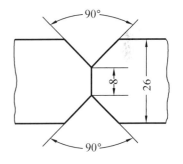

图 5 – 18 奥氏体不锈钢埋弧焊 X 形坡口

表 5 – 33 奥氏体不锈钢 X 形对接双面埋弧焊的工艺参数

板厚 /mm	坡口	焊丝直径 /mm	焊接电流 /A	电弧电压 /V	焊接速度 /(m/h)	备 注
26	X 形对称坡口角度90°钝边 8 mm	4	500～520	34～36	27～29	焊丝 H0CrNi21Cr焊剂 SJ641

④正面焊缝焊好后，将焊件翻身，用碳刨清除定位焊缝，同时进行清根，并用不锈钢锤子

和铲子清理反面接缝,用不锈钢砂轮修磨清根坡口。

⑤用埋弧焊焊反面接缝坡口,多层多道焊,工艺参数同焊接正面接缝坡口。

⑥埋弧焊过程中,层间温度应小于100 ℃,可用水浇焊缝快速冷却,水不能溅入熔池。

⑦焊后焊缝要求100%射线探伤。

2. 奥氏体不锈钢饱和热水塔的埋弧焊

(1)产品结构和材料

饱和热水塔的筒体直径为2 200 mm,壁厚为20 mm。工作介质为半水煤气、变换气,设计压力为2.01 MPa,工作温度为180 ℃,属Ⅱ类容器。材质为1Cr18Ni9Ti奥氏体不锈钢。产品按GB150 -89《钢制压力容器》加工制造。技术要求焊接接头具有抗晶间腐蚀性能,对焊缝组织要求是奥氏体与铁素体双相组织,铁素体含量小于10%。

采用V形坡口对接,坡口形状尺寸如图5 - 19所示,正面用埋弧焊,反面用焊条电弧焊封底。

焊丝为H00Cr22Ni10,焊剂为HJ260,焊条为E0 - 19 - 10 - Nb - 16(奥132)。

(2)焊接工艺

①焊前用丙酮清理坡口及其两侧各20 mm范围内的油等一切污物,露出金属光泽。

②在筒体内进行定位焊,用4 mm E0 - 19 - 10Nb - 16(奥132)焊条。

③用埋弧焊先焊筒体外接缝,多层多道焊接工艺参数参见表5 - 34。焊前焊剂300 ℃ ~ 400 ℃焙烘2 h。

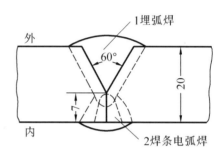

图5 - 19 奥氏体不锈钢埋弧焊
V形对接坡口及焊缝

④焊接过程中控制层间温度小于120 ℃,清渣应使用不锈钢专用铲子,切忌用普通高速钢铲子,以免表面渗碳。

⑤外接缝焊好后,在圆筒体内用碳刨清根,并用不锈钢专用砂轮修磨飞刺。

⑥用4 mm E0 - 19 - 10Nb - 16(奥132)焊条焊接筒体内接缝,多层多道焊,道间温度应小于120 ℃。

⑦焊接接头进行100%射线探伤。

⑧焊后构件进行900 ± 20 ℃稳定化热处理1 h。

表5 - 34 奥氏体不锈钢埋弧焊工艺参数

板厚及坡口	焊道序	焊丝或焊条直径/mm	焊接电流/A	电弧电压/V	焊接速度/(m/h)	焊丝伸出长度/mm	焊接电源种类	备 注
板厚20 mm V形坡口60° 钝边7 mm 间隙0 ~1 mm	埋弧焊第一道	3	350 ~400	30 ~32	26 ~28	30 ~32	直流反接	焊丝 H00Cr22Ni10
	埋弧焊以后道	3	350 ~400	30 ~32	30 ~32	30 ~32	直流反接	焊剂 HJ260
	焊条电弧焊	4	140 ~170	22 ~24	—	—		奥132

3.铁素体不锈钢对接的埋弧焊

（1）产品结构和材料

不锈钢对接接头，材质为 0Cr13 铁素体不锈钢，板厚 20 mm，采用 X 形坡口对接，坡口角度60°，钝边 3 mm，间隙 0～1 mm，如图 5－20 所示。

焊丝选用同质铁素体不锈钢 H0Cr14 焊丝；焊剂选用无锰中硅焊剂 HJ151。

（2）焊接工艺

①焊前 X 形坡口采用机械加工法制成，用丙酮清洗坡口及两侧 20 mm 范围内的油等污物，同时清洗焊丝、送丝轮及矫正轮等。

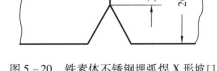

图 5－20　铁素体不锈钢埋弧焊 X 形坡口

②用奥氏体不锈钢焊条 E0－19－10Nb－16（奥 132）在反面坡口进行定位焊。

③将不锈钢焊件预热到 250 ℃～300 ℃。

④用埋弧焊参照表 5－35 的焊接工艺参数焊接正面焊缝两层。

⑤正面焊缝焊后，将焊件翻身，用碳刨清根，并用专用砂轮打磨。

⑥用埋弧焊参照表 5－35 的焊接工艺参数焊接反面焊缝两层。

⑦焊接过程中层间温度不应低于 250 ℃。

⑧焊后立即进行 760 ℃ 退火处理 1.5 h。

⑨焊后 100% 射线探伤。

表 5－35　铁素体不锈钢埋弧焊的工艺参数

板厚及坡口	焊丝直径 /mm	焊接电流 /A	电弧电压 /V	焊接速度 /(m/h)	焊接电流种类	备　注
板厚 20 mm，间隙 0～1 mm X 形坡口 60°，钝边 3 mm	3	380～400	30～32	23～25	直流反接	焊丝 H0Cr14 焊剂 HJ151 预热 250 ℃

第七节　异种钢的埋弧焊

一、异种钢焊接工艺措施

1.异种钢

两种组织、成分和性能有较大差异的钢，称为异种钢，把两种钢焊接在一起，称为异种钢的焊接。在现代钢结构中，不仅需要大量的同种钢的焊接工作，还需要相当数量的异种钢焊接工作。运用异种钢来制造钢结构，它可以充分发挥两种钢的性能优势，使结构设计合理，节省大量的贵重金属，降低建造成本。在某种情况下，异种钢结构的综合性能胜过单一同种钢结构。异种钢的焊接是一门新的焊接技术，开始受到人们的重视，异种钢的焊接有着广阔的发展前景。当前异种钢的焊接工作中,焊条电弧焊和氩弧焊占着主要地位,由于厚板钢结构的发展才开始使用埋弧焊,经过短时期的实践,人们也感受到埋弧焊焊接异种钢具有生产率高、质量比较稳定的优点。随着科学技术的发展,异种钢的埋弧焊将日益被推广应用。

2. 异种钢焊接的困难

在同种钢的焊接工作中,除了低碳钢焊接性优良和强度不高的低合金钢焊接性良好外,其他钢的焊接都存在着不同程度的困难。其困难反映在焊缝、熔合区、热影响区和母材存在着组织、成分和性能上的差异,也即焊接的不均匀性。异种钢焊接时,熔敷金属和两种母材存在着更大的差异,三种不同组织或成分、性能不同的钢要合在一起,其不均匀性的问题更为严重,尤其是熔合区。异种钢的不均匀性,影响到结合性能和使用性能。总的来说,异种钢的焊接要比同种钢的焊接困难,必须采取一定的工艺措施,以提高焊接接头结合性能和改善使用性能。

3. 对焊接异种钢的要求

(1) 连接两种钢的焊缝应该是成形良好、无裂纹和未熔合的缺陷。

(2) 异种钢焊缝的力学性能的强度、塑性、韧性等分项指标,不应该低于两钢中的较低值。其他性能也不应该低于两钢中的较低值。

(3) 异种钢的焊缝由焊丝金属加上两种母材三者熔合而成。一般说来,焊缝合金有固溶体和金属间化合物之分。金属间化合物是一种脆性化合物,这是需要避免或控制的。固溶体是两合金组元在固态时仍能互相溶解而形成均一的某一组元晶格类型的固体合金,合金组织的塑性和韧性良好,这也是理想的焊缝金属。熔池边缘熔合区的温度低于熔池内的温度,熔合区金属无法和熔池内焊缝金属充分混合,其成分就介于相邻母材与焊缝金属之间,即熔合区的合金成分少于焊缝金属的合金成分。焊接接头的化学成分不均匀会形成金相组织的不均匀。异种钢焊接的焊缝金属应避免形成金属间化合物,并要力求焊接接头的化学成分和金相组织均匀。

(4) 异种钢的焊缝和两种母材金属的化学成分差异,它们的导热系数和膨胀系数不同,焊后焊接接头中存在着较大的焊接残余应力,当温度变化时还有温度应力,这些应力不应该导致结构件的破坏。

4. 异种钢埋弧焊的工艺措施

异种钢焊接要获得良好的焊接接头,必须采取特殊的焊接工艺措施。异种钢的种类繁多,工艺措施不全相同,但需要遵守以下几个共同原则。

(1) 选择合适的焊丝和焊剂

异种钢的焊接质量,在很大程度上取决于所选用的焊丝和焊剂。在选择焊丝时,必须考虑两种母材的化学成分、金相组织、性能和焊接接头的使用要求。首先考虑的是结合性能,其次才考虑使用性能。通常先区分两种钢母材焊接性的差别,选用焊丝时一般是以焊接性好的钢为主要参照,然后再考虑焊接性差的钢中的合金成分。

(2) 熔合比和坡口角度

异种钢的熔合比影响着焊接接头的质量。熔合比小就是焊缝中母材的量小,而焊丝熔敷入焊缝中的量多。焊缝的性能主要取决于焊丝和焊剂,焊缝中焊丝熔敷金属量多,容易得到良好的焊接接头,所以异种钢焊接时,通常要求熔合比小为佳。增大坡口(增大坡口角度和间隙),就可以减小熔合比。但如果两母材的成分、组织较相近的话,如 16Mn 和 15MnV,则也不必增大坡口,减小熔合比。增大坡口,要增大焊丝的消耗量。

（3）焊接线能量

熔合比大小跟焊接线能量有一定的关系。焊接线能量大,即单位长度焊接接头吸收电弧的热量多,则母材被熔化的量多,熔合比大。异种钢焊接通常要求熔合比小,要用小线能量焊接,可采用小电流、高焊速、多层多道焊来实现小线能量焊接。

（4）预热

焊接性差的钢需要预热来防止产生冷裂纹。异种钢焊接时,一种钢不需要预热,另一种钢需要预热,两种钢焊接在一起,则应该采取预热措施。例如低碳钢（不要预热）和珠光体耐热体（要预热）焊在一起,则应该按珠光体耐热钢来选定预热温度。一种钢预热温度高,另一种钢预热温度低,两种钢焊在一起时,应选择预热温度高的作为预热规范。因此,异种钢焊接的预热温度应按焊接性差的选定。

（5）焊后热处理

焊后热处理是异种钢焊接构件制造工艺中复杂的问题,单一钢种制成的焊接构件,焊后热处理可达到的主要目的:①消除焊接残余应力;②改善焊缝及热影响区的淬硬组织和性能。对于热物理性能相近的异种钢,利用高温退火可以减少焊接残余应力。而对于热物理性能差异大的异种钢焊接接头,加热到高温时两种钢呈塑性状态,应力消失,但从高温冷却到室温时,由于热膨胀系数不同,收缩量有大小,于是产生了新的温度应力。如低碳钢和奥氏体不锈钢焊接接头焊后是不进行回火处理的。对于金相组织类型相同的异种钢焊接,可以通过焊后热处理来改善金相组织和性能,而热处理的规范要兼顾两者。如珠光体耐热钢16CrMo44（德）和珠光体低合金钢18MnMoNb焊接,16CrMo44钢的回火温度为680 ℃～720 ℃,而如果温度升到700 ℃以上,18MnMoNb钢就会使碳化物聚集长大,回火后使冲击韧度下降,为了兼顾两者的力学性能,选用回火热处理温度为680 ℃～690 ℃。对于金相组织类型不同的异种钢焊后热处理问题必须慎重考虑,需要对两种钢的化学成分、金相组织、物理性能及焊缝的成分与组织等进行综合分析,必要时通过实验才能确定。一般来说,是参照两种钢中焊接性差的钢来初定热处理规范,再要兼顾另一种钢,最后定论。

二、低碳钢和低合金结构钢的埋弧焊

1. 低碳钢和低合金结构钢的焊接性

低碳钢焊接性优良,低合金结构钢的焊接性要视母材的碳当量,碳当量高的焊接性差。16Mn钢的碳当量为0.39%左右,焊接性良好。18MnMoNb钢的碳当量为0.57%,焊接性差。当低碳钢和低合金结构钢焊在一起时,其焊接性取决于低合金结构钢,在低合金钢侧热影响区的淬硬倾向大,碳当量越高,淬硬倾向越大。在环境温度较低、母材板较厚及焊接结构刚性较大的情况下,热影响区会产生裂纹。

2. 低碳钢和低合金结构钢焊接工艺

（1）焊丝的选择

低碳钢和低合金结构钢焊接时,按强度等级低的低碳钢的要求来选择焊丝,熔敷金属的成分与低碳钢的成分接近,这就是低匹配选择焊材。当低合金结构钢的强度等级较高时,焊丝适当增加含锰量,可选用H08MnA或H10Mn2焊丝。表5-36为低碳钢和低合金结构钢埋弧焊选用的焊丝和焊剂。

表 5 – 36   低碳钢和低合金钢埋弧焊选用的焊丝和焊剂

异种钢母材钢号		焊丝	焊剂
20g Q235	09MnV	H08A，H08E	HJ431
	09MnNb		
	14MnNb	不开坡口：H08A，H08E	HJ431
	16Mn	开坡口：H08MnA，H10Mn2	HJ350
20g	15MnV	H08MnA	HJ431
	15Mn	H10Mn2	HJ350
	15MnVN		
	20MnMo	H08，H08MnA	HJ431
		H10Mn2	HJ230
	15CrMoV	H08MnMoA	HJ350

（2）预热

低碳钢和低合金钢结构钢焊接时，预热温度主要按低合金结构钢来选择，还要考虑钢板厚度、环境温度及结构刚性等因素。低碳钢和 16Mn 钢焊接时的预热温度可参照表 5 – 37。

表 5 – 37   低碳钢和 16Mn 钢焊接时的预热温度

板厚/mm	环境温度/℃	预热温度/℃
<10	< −15	200 ~ 300
10 ~ 16	< −10	150 ~ 250
18 ~ 24	< −5	100 ~ 200
25 ~ 40	<0	100 ~ 150
>40	任何温度	100 ~ 150

（3）焊接工艺参数及焊接线能量

低碳钢埋弧焊对焊接工艺参数及焊接线能量是无要求的，只要保证焊透和成形良好即可。低碳钢和低合金结构钢埋弧焊时，应该按照低合金结构钢的焊接线能量的要求来选定焊接工艺参数。焊接低碳钢和 16Mn 钢时，焊接线能量宜大些，可减小淬硬倾向。焊接低碳钢和 15MnVN 钢时，线能量应控制在 40 ~ 45 kJ/cm 以下。

（4）焊后热处理

低碳钢和低合金结构钢焊接后，一般不进行热处理，只有在钢板厚度 $\delta \geqslant 35$ mm 或结构件要求保持机加工精度时，需要进行高温回火。回火后可以达到消除焊接残余应力和改善金相组织与性能的目的。对于需要焊后热处理又不能及时热处理的，则要及时进行后热处理，以防止氢致延迟裂纹出现。

低碳钢和低合金结构钢埋弧焊的工艺要点可以归纳为：焊丝可按低碳钢来选定，而预热、焊后热处理及焊接线能量是参照低合金结构钢来选定。

三、异种低合金钢的埋弧焊

1.异种低合金钢的焊接性

低合金钢可分成两大类：一类是常温工作有强度要求的低合金结构钢，如 16Mn 钢（$\sigma_s \geqslant 350$ MPa）、15MnV 钢（$\sigma_s \geqslant 400$ MPa）、18MnMoNb 钢（$\sigma_s \geqslant 500$ MPa）、船用 AH32（$\sigma_s \geqslant 314$ MPa）及船用 EH36（$\sigma_s \geqslant 353$ MPa）等；另一类是有高温力学性能要求的低合金耐热钢，如 12CrMo 钢、15CrMo 钢等。两类低合金钢的金相组织都是珠光体。

低合金钢的焊接性主要取决于钢的碳当量，通常碳当量高，强度高，焊接性差。异种低合金钢的焊接性主要取决于两钢中的碳当量高的钢。焊接 16Mn 钢和 15Mn 钢时，焊接性良好，因为两钢的碳当量都不高。当两钢中只要有一钢的碳当量大于 0.45% 时，焊接性就变差。异种低合金结构钢焊接时主要困难是冷裂纹和热影响区脆化。异种低合金耐热钢焊接时，还要考虑再热裂纹问题。低合金结构钢和耐热钢焊接时同样存在冷裂纹、热影响区脆化和再热裂纹的问题。

2. 异种低合金钢的焊接工艺

（1）焊丝和焊剂的选择

异种低合金结构钢焊接时，选择焊丝按低匹配原则主要是参照较低强度的钢，适当考虑较高强度钢中的 Mo,V 合金元素。应用较普遍的是 H10Mn2A 和 H08MnMoA 焊丝，配用的焊剂是 HJ431 和 HJ350。表 5-38 为异种低合金钢埋弧焊选用的焊丝和焊剂。被焊母材中有铬钼低合金耐热钢时，选焊丝就要考虑有较多的 Cr, Mo 合金元素，应用较普遍的是 H12Cr3MnMoA 焊丝，配用 HJ350 焊剂。

表 5-38　异种低合金钢埋弧焊选用的焊丝、焊剂及预热温度

被焊母材钢号	焊　丝	焊剂	预热温度/℃
16Mn + 15MnV	H08MnA, H10Mn2A	HJ431	一般不预热, 厚板预热 100 ℃
16Mn + 15MnTi	H08MnA, H10Mn2A	HJ431	一般不预热, 厚板预热 100 ℃
16Mn + 20MnMo	H08MnA, H10Mn2A	HJ431	100
16Mn + 15MnVN	H10Mn2A	HJ431	100
16Mn + 40Cr	H10Mn2A	HJ230	200
16Mn + 12Cr2MoAlV	H08CrNi2MoA	HJ431	150
15MnV + 20MnMo	H10Mn2A	HJ431	200
14MnMoV + 20MnMo	H08MnMoA	HJ350	200
15MnV + 14MnMoV	H08MnMoA	HJ350	200
14MnMoV + 18MnMoNb	H08Mn2MoA	HJ350	200
	H08Mn2MoVA	HJ250	
12MnAlV + 12Cr2MoAlN	H12Cr3MnMoA	HJ350	200 ~ 250
15CrMo + 20CrMo9	H12Cr3MnMoA	HJ350	200 ~ 250
20CrMo9 + Cr5Mo	H12Cr3MnMoA	HJ350	200 ~ 350
20CrMo9 + 18MnMoNb	H08Mn2Mo	HJ350	200
16Mn + 15CrMoV	H08MnMoA	HJ350	200 ~ 250
2.25Cr - 1Mo + Cr5Mo	H12Cr3MnMoA	HJ350	200 ~ 250

（2）预热

大部分珠光体钢焊接时，都存在着不同程度的淬硬倾向，并导致产生冷裂纹。预热是防止冷裂的有效措施。当被焊钢中之一其碳当量大于0.45%时，必须采取预热措施。低合金耐热钢的铬和钼，对钢的淬硬倾向很大，当异种低合金钢中有一种是铬钼珠光体耐热钢，焊接时也必须预热。异种低合金钢焊接时预热温度可参阅表5-38。异种低合金钢预热温度也不宜过高，以防止焊接热影响区粗晶区脆化而韧性下降。异种低合金钢的预热温度还应考虑结构的刚性、板厚及环境温度等。

（3）焊接线能量

异种低合金钢埋弧焊时，对于大多数钢种来说，大线能量焊接有利于防止冷裂纹，但过大的焊接线能量会影响过热区的塑性和韧性。当两钢中有含V,Nb,Ti等强度等级较低的正火钢（如15MnVN,15MnVTi），为防止粗晶脆化，宜选用较小的焊接线能量。对于强度等级较高的调质钢，加入异种钢焊接时，也宜用偏小的焊接线能量。

（4）焊后热处理

由于异种低合金钢的金相组织皆属珠光体钢，焊接后可以通过回火处理来消除应力和改善组织。异种低合金钢焊接接头进行回火时应该做到以下几点：

①对于有强烈淬硬倾向的钢，焊后必须立即进行回火热处理。若焊后不能及时热处理，则要及时进行后热处理。

②选定回火温度应该兼顾两者。

③为了防止焊件变形，焊后立即进行回火的焊接结构件，装炉时的炉内温度应不低于450 ℃。

④回火的升温速度应小于200 ℃/h。

⑤为了消除构件的热应力和变形，冷却速度应小于200 ℃/h。

四、珠光体钢和奥氏体钢的焊接

1. 珠光体钢和奥氏体钢的焊接性

珠光体钢和奥氏体钢在化学成分、金相组织及物理性能都存在着很大的差异。以16Mn钢和1Cr18Ni9Ti钢为例，一个是以锰为主合金成分的珠光体组织，一个是以铬、镍为主合金成分的奥氏体组织，奥氏体钢的膨胀系数是珠光体钢的1.4倍，而奥氏体钢的导热率是珠光体钢的0.2倍，而且两种钢的力学性能也存在着差异。两种钢焊接在一起存在以下几个问题。

（1）焊缝金属铬、镍合金成分的稀释，产生马氏体组织

珠光体钢和奥氏体钢焊接时，必须用奥氏体钢焊丝作为熔敷金属，并熔化两侧母材钢，共同组成焊缝。由于珠光体钢熔入焊缝金属，这就稀释了焊缝中Cr,Ni合金成分。当焊缝中Cr,Ni减小到一定程度后，焊缝中会产生马氏体组织，焊缝变得脆硬。

（2）熔合区会形成薄脆的马氏体过渡层

在紧靠珠光体钢一侧熔合区及焊缝金属，由于处于熔池的边缘，温度低且流动性差，不能使熔化的母材和熔敷金属充分、均匀地熔合，也即熔合区内的Cr,Ni比例更小，结果形成一个成分和焊缝中部成分不同的很薄的马氏体过渡层。这个过渡层的硬度很高，脆性也很大，是珠光体钢和奥氏体钢焊接接头在使用中最易破裂的部位。

（3）碳的扩散降低了焊接接头的高温强度

母材珠光体钢中的碳多，焊缝奥氏体钢中的碳少，形成浓度差，珠光体钢中的碳要扩散

到奥氏体钢中。焊接接头在高温下(高于427 ℃)加热或长期使用,碳的扩散结果使珠光体钢熔合区两侧分别形成脱碳层和增碳层。珠光体钢一侧产生脱碳层而软化,奥氏体钢一侧产生增碳层引起析出碳化物而硬化。一边硬一边软使焊接接头的高温持久强度降低。

(4)焊接接头的热应力大

奥氏体钢母材与焊缝的线膨胀系数、导热率和珠光体母材的差异大,因此,在焊后冷却、焊后热处理以及较高温度使用过程中,都会产生很大的热应力。尤其是当温度变化速度较大时,或者承受热循环时,较大的交变热应力极易使焊接接头产生热疲劳而开裂。珠光体钢和奥氏体钢的焊接接头是不能用焊后热处理来消除焊接残余应力的。

2.珠光体钢和奥氏体钢的焊接工艺

(1)焊丝的选择

珠光体钢和奥氏体钢焊接时,如果采用珠光体钢作焊丝,焊缝组织的极大部分或全部是硬而脆的马氏体组织。通常选用铬镍奥氏体钢作为熔敷金属,才可能避免产生马氏体组织。考虑到珠光体钢对焊缝金属奥氏体钢的稀释,应采用高铬镍的奥氏体钢作为焊丝。例如焊接 Q235 钢和1Cr18Ni9 钢可选用 H1Cr25Ni13 焊丝。表5-39 为珠光体钢和奥氏体不锈钢埋弧焊选用的焊丝,选用的焊剂多为烧结焊剂。

表5-39 珠光体钢和奥氏体不锈钢埋弧焊用焊丝

母 材	焊 丝
Q235 + 1Cr18Ni9	H1Cr25Ni13,H1Cr20Ni10Mn6
Q235 + 1Cr17Ni13Mo12Ti	H1Cr25Ni13
Q235 + 1Cr16Ni13Mo12Nb	H1Cr20Ni10Mo
16Mn + Cr18Ni12Mo3Ti	H1Cr24Ni13Mo2

(2)降低熔合比

为了减小焊缝金属的稀释,应降低熔合比。宜采用大坡口、小电流、快速焊、多层多道焊等工艺。

(3)设置堆焊过渡段

用高铬镍焊丝和大坡口焊缝,有时也不能得到稀释率低的缝。于是可设置堆焊过渡段,即用高铬镍熔敷金属堆焊在珠光体钢坡口上,然后将不锈钢母材和堆焊过渡段金属焊在一起,如图5-21所示。这样焊缝中珠光体稀释大大减小,获得铬镍含量较高的奥氏体不锈钢焊缝。

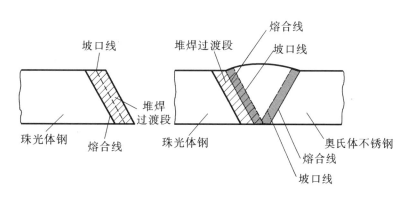

图5-21 设置堆焊过渡段

(4)预热

焊前是否需要预热,应根据珠光体钢母材对冷裂敏感性而定。奥氏体不锈钢母材不仅不需要预热,还要求尽量使其快速冷却,而珠光体钢要视其碳当量而异。低碳钢和奥氏体不锈钢焊接,不需要预热;淬硬倾向大的珠光体钢和奥氏体不锈钢焊接时,对珠光体钢母材一侧可以单独进行预热,且预热温度可比同种珠光体钢焊接的低一些,因为奥氏体不锈钢的导热率低,可使珠光体钢母材及热影响区的冷却速度有所减缓。还有焊缝是奥氏体组织,在冷却过程中仍能保持对氢有较高的溶解度,不会向珠光体钢母材及热影响区排氢,减小了冷裂倾向。

(5)焊后热处理

珠光体钢和奥氏体钢在热物理性能上存在较大的差异,焊后通常不进行热处理。只有在淬硬倾向较大的珠光体钢和奥氏体不锈钢焊接时,需要进行焊后热处理,以防止出现淬硬组织,防止产生冷裂纹。焊后热处理的温度可参照珠光体钢的热处理温度,并考虑对不锈钢腐蚀性的影响。

五、不锈复合钢板的焊接

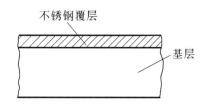

图 5 - 22   不锈复合钢板

不锈钢具有优良的耐腐蚀性,用不锈钢制成的容器,在工作期限内,其被腐蚀的量往往不大,也即大部分不锈钢未被充分利用。现代科技制成了不锈复合钢板(见图 5 - 22),它由覆层(不锈钢)和基层(低碳钢或低合金钢)组成,用复合轧制或爆炸焊法形成双金属板材。覆层较薄(1.5 ~ 3.5 mm),其作用是抵抗腐蚀介质的侵入;基层较厚,其作用是保证有足够的强度。不锈复合钢板可以节省大量的贵重不锈钢。

不锈复合钢板的覆层多系奥氏体不锈钢,如 1Cr18Ni9Ti,1Cr18Ni12Mo2Ti 钢等。基层多系低碳钢或低合金结构钢,如 Q235,20g,16Mn 钢等。不锈复合钢板的导热率比单体不锈钢高 1.5 ~ 2 倍,因此特别适用于既要求耐腐蚀又要求传热效率高的设备。

1. 不锈复合钢板的焊接性

不锈复合钢板的焊接也是异种钢的焊接。它不同于前面叙述的珠光体钢和奥氏体不锈钢对接接头的焊接(焊接时电弧两侧是异种钢),而不锈复合钢板焊接时,焊基层和焊接低碳钢或低合金钢相同。当电弧焊至基层与覆层分界处,熔合区的上下是异种钢,该熔合区是由两种母材钢和熔敷金属三者在分界处熔合。在焊缝中央则是原基层焊缝金属和新加入的熔敷金属相互熔合。焊至覆层又要变化。焊接不锈复合钢板有三种焊接对象:焊基层、焊基层与覆层分界处、焊覆层。基层通常采用低碳钢或焊接性良好的低合金钢,故焊接的主要困难在于焊基层与覆层分界处,焊接该处的焊缝层又称过渡层。

(1)过渡层容易产生裂纹

覆层含合金元素 Cr,Ni 量高,基层含 C 量高,在过渡层的焊缝中,基层钢 C 对不锈钢焊缝有稀释作用,会形成淬硬的马氏体组织。另一方面由于基层钢和覆层钢的热物理性能差异很大,随焊接温度升高或降低,在分界面处会形成较大的应力。还有焊接过程中,在不锈复合钢板厚度方向上也可能产生较大的焊接应力。这两种应力的叠加,导致产生焊接裂纹,使基层和覆层分裂。

（2）降低覆层的抗腐蚀性

基层的厚度远大于覆层，若采用不开坡口埋弧焊，或不采取工艺措施，则大量的基层钢中的碳稀释焊缝，使焊缝中的铬含量降低，影响了焊缝的抗腐蚀性。同时碳进入覆层焊缝，增加了生成碳化铬的量，进一步使晶界上铬含量降低，当铬含量低于12%（质量分数）时，焊缝就失去了抗腐蚀性。

2. 不锈复合钢板的焊接工艺

不锈复合钢板埋弧焊工艺的主要关键是减小基层钢对不锈钢覆层焊缝的稀释作用。

（1）焊丝的选择

焊接不锈复合钢板要用三种焊丝：①焊接基层焊缝，选用与基层钢相适应的低碳钢或低合金钢焊丝，如 16Mn 钢基层可用 H08MnA 焊丝；②焊接覆层焊缝，选用与覆层相适应的不锈钢焊丝，如 1Cr18Ni9Ti 不锈钢覆层可用 H0Cr19Ni9Ti 焊丝；③焊接过渡层焊缝要选用 Cr，Ni 含量比覆层钢高的焊丝，如覆层 1Cr18Ni9Ti 钢，焊过渡层用 H1Cr24Ni13 焊丝。表 5-40 为不锈复合钢选用的焊接材料。

（2）坡口

不锈复合钢板的坡口加工要求较高的精度，防止覆层的错位，影响覆层的工作。通常坡口采用刨削加工。

一般采用 V 形或 X 形坡口进行双面埋弧焊。对于容器来说，有外坡口和内坡口之分。而容器内的不锈钢覆层是必须开坡口或碳刨清根扣槽，否则无法实施过渡层焊接。采用不对称的 X 形坡口，大坡口开在外面基层上，可以节省不锈钢焊丝。

表 5-40　不锈复合钢板选用的焊接材料

不锈复合钢板		焊条电弧焊		埋弧焊	
		牌号	型号	焊丝	焊剂
基层	Q235	J422，J427	E4303，E4315	H08A	HJ431
	20，20g	J422，J427 J507	E4303，E4315 E5015	H08Mn2SiA，H08A H08MnA	HJ431
	09Mn2 16Mn 15MnTi	J502，J507 J557	E5003，E5015 E5515-G	H08MnA H08Mn2SiA H10Mn2	HJ431
过渡层		A302，A307 A312	E309-16，E309-15 E309Mo-16	H0Cr26Ni21 H00Cr29Ni12TiAl H1Cr24Ni13	HJ260
覆层	1Cr18Ni9Ti 0Cr18Ni9Ti	A102，A107 A132，A137	E308-16，E308-15 E347-16，E347-15	H0Cr19Ni9Ti H00Cr29Ni12TiAl	HJ260
	CR18Ni12Mo2Ti Cr18Ni12Mo3Ti	A202，A207 A212	E316-16，E316-15 E318-16	H0Cr18Ni12Mo2Ti H00Cr18Ni12Mo3Ti H00Cr29Ni12TiAl	HJ260

注：（1）J422、J507 即结 422、结 507，结构钢焊条；

　　（2）A102、A312 即奥 102、奥 312，奥氏体不锈钢焊条。

（3）装配和定位焊

不锈复合钢板的装配应以覆层为基准面，要防止覆层的错位。定位焊应采用基层焊条在基层侧进行，不允许在覆层上定位焊，也不允许用覆层焊条对基层进行定位焊。

（4）焊接顺序

不锈复合钢板的焊接顺序是先焊基层，然后焊过渡层，最后焊覆层。外坡口的焊接顺序如图5－23所示，这样可以保证不锈复合钢板的焊缝具有良好的抗腐蚀性。

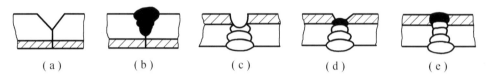

图5－23　不锈复合钢板外坡口的焊接顺序

(a)装配；(b)焊基层；(c)清焊根；(d)焊过渡层；(e)焊覆层

对于小直径容器只能采用外坡口单面焊接时，可在容器外用氩弧焊先焊容器内的覆层，再用其他焊接方法焊过渡层，最后焊基层。

（5）焊基层

采用焊同种低碳钢或低合金钢的焊丝，焊基层的要求是不能熔化覆层不锈钢，防止碳渗入奥氏体不锈钢，稀释铬镍不锈钢，使之脆化或产生裂纹。基层焊缝应离分界面1~2 mm。基层焊接后，经焊接检验合格后，方可焊过渡层。

（6）焊过渡层

采用高铬镍不锈钢焊丝（高于覆层不锈钢的铬镍含量），小线能量焊接，减小对基层焊缝的熔深，以免过多的碳、锰熔入过渡层焊缝，减小稀释，防止形成马氏体脆硬组织。过渡层的焊缝高度达覆层厚度的一半左右。

（7）焊覆层

采用焊同种奥氏体不锈钢的焊丝，焊接工艺和焊接奥氏体不锈钢相同，小电流、快焊速、小线能量多道焊。

（8）焊后减小残余应力

不锈复合钢板焊后热处理是个复杂的问题。热处理时基层中的碳向覆层中扩散，结果是基层碳钢侧形成脱碳层而软化，而覆层不锈钢侧形成增碳层而硬化。同时由于两钢种的热膨胀系数差异大，会产生较大的残余应力，且在不锈钢表面上为拉应力，在容器工作过程中会引起应力腐蚀而开裂。因此，不锈复合钢板焊接后原则上是不进行热处理的。既不进行不锈钢覆层的固溶处理，也不进行消除应力热处理。对于基层很厚的不锈复合钢板，可以在焊接基层后进行热处理消除应力，然后再焊过渡层和覆层。

对于存在残余拉伸应力的焊接结构件，从外部施加拉伸变形（以弹性变形的大小为限），则存在残余拉伸应力的区域会引起塑性变形而使残余应力减小。通过应用拉伸变形法达到减小不锈复合钢容器上不锈钢部分的残余应力是可行的。

六、异种钢埋弧焊举例

1.低合金结构钢和低碳钢埋弧焊举例

(1)产品结构和材料

某船船侧的甲板平面分段,由几块甲板拼接而成。分段和船傍板连接的甲板称之为甲板边板,对该板的强度要求较高,选用 AH32 级钢高强度船体结构钢,属低合金结构钢。与甲板边板相邻的甲板以及其他甲板均选用 A 级船体一般强度结构钢,属低碳钢。甲板边板和甲板的拼接坡口如图 5 - 24 所示。板厚为 14 mm,采用不开坡口对接,实施悬空两面埋弧焊。

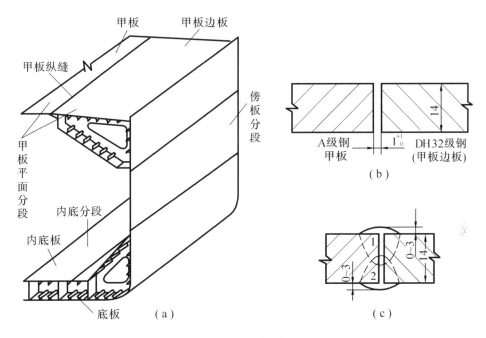

图 5 - 24 甲板纵缝及其坡口
(a)甲板纵缝;(b)坡口;(c)焊缝

这是异种钢的焊接,两种钢各自的焊接性是良好的。两者的强度等级有高低的,两种强度等级不同的钢焊在一起,焊材选用是按照低匹配的原则,即按照强度等级低的 A 级钢来选用焊丝。本例可选用 H08A 焊丝和 HJ431 焊剂。

(2)焊接工艺

①清理坡口端面及两侧各 20 mm 范围内的锈、油等污物。

②用 4 mm E4315(结 427)焊条定位焊,定位焊缝长 30 ~ 50 mm,间距 200 ~ 250 mm。并在接缝两端焊上引弧板和熄弧板,两工艺板的材质为 A 级钢或 Q235 钢,板厚同焊件。

③用 5 mm H08A 焊丝 + HJ431 焊剂,按表 5 - 41 的工艺参数,埋弧焊焊接正面焊缝,焊缝余高达 0 ~ 3 mm。

④用相同的埋弧焊工艺焊接甲板平面分段上的其他对接焊缝。

⑤将焊件翻身。

⑥按表 5 - 41 的工艺参数,埋弧焊焊接反面焊缝。

⑦焊接过程中如遇中途熄弧,则必须在弧坑后退 20 mm 处开始引弧,或将弧坑处 100 mm 刨去扣槽再引弧焊接,焊后应将焊缝接头处过高的焊缝磨光,使焊缝光顺过渡至母材。

⑧焊后对焊缝的两端部进行超声波探伤。

表 5－41　异种钢甲板接缝埋弧焊的工艺参数

母材	板厚及坡口	焊丝直径 /mm	焊缝	焊接电流 /A	电弧电压 /V	焊接速度 /(m/h)	焊丝伸出 长度/mm	备　注
A 级钢 + DH32 级钢	板厚 14 mm I 形坡口 间隙 0～1 mm	5	正	750～800	33～35	29～30	40	H08A 焊丝 HJ431 焊剂
			反	800～850	35～37	29～30	40	

2. 异种低合金结构钢埋弧焊举例

（1）产品结构和材料

十万千瓦机组锅炉锅筒材质为 14MnMoVg 钢，封头材质为 BHW－35 钢（13MnNiMo54），两者环缝对接。这是异种低合金钢的埋弧焊。板厚均为 85 mm，焊接坡口如图 5－26 所示，筒内 V 形坡口用焊条电弧焊焊接，筒外 U 形坡口用埋弧焊焊接。

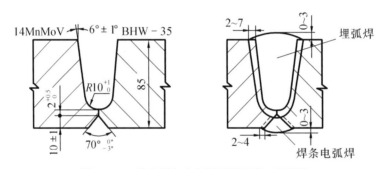

图 5－25　异种低合金钢埋弧焊的坡口及焊缝

BHW－35 钢和 14MnMoVg 钢的化学成分和力学性能见表 5－42 和表 5－43。

表 5－42　BHW－35 钢和 14MnMoVg 钢的化学成分

成分 钢号	C /%	Si /%	Mn /%	P /%	S /%	Cr /%	Mo /%	Nb /%	Ni /%
BHW－35	≤0.15	0.10～0.50	1.00～1.80	≤0.025	≤0.025	0.20～0.40	0.20～0.40	—	0.60～1.00
14MnMoVg	0.10～0.18	0.20～0.50	1.20～1.60	≤0.040	≤0.045	—	0.40～0.65	—	—

表 5－43　BHW－35 钢和 14MnMoVg 钢的力学性能

检验项目 数据	抗拉强度 σ_b /MPa	屈服强度 σ_s /MPa	延伸率 σ_5 /%	冲击韧度（20 ℃） a_k/(J/cm²)
BHW－35	568～735	≥392	≥18	60
14MnMoVg	≥637	≥490	≥16	34

埋弧焊材料:焊丝为 H08Mn2MoA;焊剂为 HJ350。焊条电弧焊材料:E6015 - D1(结607)。

（2）焊接工艺

①焊前清理坡口两侧各 20 mm 范围内的污物。

②在环缝外侧进行定位焊,用 E6015D1(结607)4 mm 焊条,电流 140~170 A,定位焊缝长 50 mm,间距 200 mm,焊前预热环缝 150 ℃~200 ℃,焊条焙烘。

③定位焊后继续对环缝加热,保持 150 ℃~200 ℃。

④用焊条电弧焊焊接内环缝 V 形坡口,第一层用 4 mm 焊条,$I = 140~170$ A,以后层为 5 mm,$I = 200~220$ A,焊满 V 形坡口,保持层间温度 150 ℃~350 ℃。

⑤在容器外侧,用碳刨进行清根,并用砂轮打磨。

⑥持续对环缝加热,保持 150 ℃~200 ℃。

⑦用埋弧焊焊接外环缝 U 形坡口,工艺参数见表 5-44,多层焊焊满坡口,余高达 0~3 mm。层间温度 150 ℃~350 ℃。

⑧焊后立即进行消氢处理,350 ℃~400 ℃,保温 2 h。

⑨射线探伤,发现缺陷可用焊条电弧焊修补,补焊前仍需对环缝局部加热。

⑩焊后对锅炉进行热处理,600 ℃~630 ℃,保温 7 h。

表 5-44　异种低合金钢锅筒环缝埋弧焊的工艺参数

母材	坡口	焊接顺序及方法		焊条或焊丝直径/mm	焊接电流/A	电弧电压/V	焊接速度/(m/h)	送丝速度/(m/h)	焊接材料	备注
14MnMoVg + BHW - 35	V 形坡口 焊条电弧焊	1	焊条电弧焊	4	140~170	22~25	—	—	E6015 - D1 (结607)	板厚 85 mm 预热 150 ℃~ 200 ℃
				5	200~220	24~28	—	—		
	U 形坡口 埋弧焊	2	埋弧焊	4	640~680	34~36	20~30	95~108	H08Mn2MoA + HJ356	

3. 低合金结构钢和低合金耐热钢埋弧焊举例

（1）结构和材料

110 m³ 蒸煮锅由筒体、上下球台、上下锥体及上下锅颈等组成,结构简图如图 5-26 所示。由于筒体上下工作温度的不同,筒体、上球台、上锥体及上锅颈的材质为 16MnR 钢,而下球台、下锥体及下锅颈的材质为 15CrMoVR 耐热钢。筒体和下球台的环缝对接是 16MnR 钢和 15CrMoVR 钢的异种钢的焊接,此环缝对接处于蒸煮锅的直线段位置,可安置在滚轮架上进行埋弧焊。现讨论此环缝的埋弧焊,两板厚均为 26 mm,采用 X 形坡口对接,如图 5-27 所示,实施悬空双面埋弧焊。

焊接材料:焊丝 H08MnMoA,焊剂 HJ350。

（2）焊接工艺

①焊前清理坡口及其两侧 20 mm 范围内的污物。

②对筒体和下球台的对接环缝进行加热,预热温度为 200 ℃~250 ℃,加热范围坡口两侧各 150 mm。

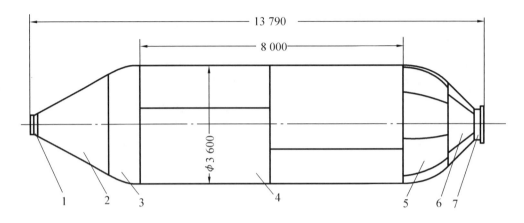

图 5 – 26 110 m³ 蒸煮锅结构简图

1—下锅颈;2—下锥体;3—下球台;4—筒体;5—上球台;6—上锥体;7—上锅颈

③用 E5015(结 507)焊条在筒体外面进行定位焊。

④保持环缝的预热温度,埋弧焊先焊筒体内环缝,用 5 mm H08MnMoA 焊丝和 HJ350 焊剂,焊二层三道,其焊接工艺参数见表 5 – 45。

⑤在筒体外,用碳刨清根扣槽,同时清除定位焊缝。

⑥持续对环缝进行预热,温度为 200 ℃ ~ 250 ℃。

⑦埋弧焊焊筒体外环缝,焊二层三道,焊接工艺参数见表 5 – 45。

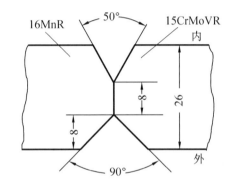

图 5 – 27 低合金结构钢和耐热钢埋弧焊的坡口

⑧层间温度控制在 200 ℃ ~ 300 ℃。层间清渣。

⑨焊后超声波探伤和射线探伤。

⑩焊后蒸煮锅进行 720 ℃ ~ 750 ℃ 2 h 回火处理。

表 5 – 45 低合金耐热钢和低合金结构钢埋弧焊的工艺参数

坡口及焊缝	焊丝直径 /mm	焊道序	焊接电流 /A	电弧电压 /V	焊接速度 /(m/h)	焊丝偏移 距离/mm	备 注
	5	1	800 ~ 850	34 ~ 36	24 ~ 25	40 ~ 50	反面碳刨 清根槽深 10 ~ 12 mm H08MnMoA 焊丝 HJ350 焊剂 预热 200 ℃ ~ 250 ℃
		2	650 ~ 700	33 ~ 35	28 ~ 30		
		3	650 ~ 700	33 ~ 35	28 ~ 30		
		4	850 ~ 900	36 ~ 38	24 ~ 25		
		5	650 ~ 700	35 ~ 36	29 ~ 31		
		6	650 ~ 700	35 ~ 36	29 ~ 31		

4.低合金钢和奥氏体不锈钢埋弧焊举例

（1）产品结构和材料

有一换热器,筒体和封头材质均为0Cr18Ni9Ti,换热器筒体中加入一16Mn锻件法兰,于是换热器有两条16Mn+0Cr18Ni9Ti异种钢对接环缝,法兰和筒体连接坡口如图5-28所示,板厚均为25 mm。采用堆焊过渡段,即在16Mn钢堆焊的坡口侧面堆焊高铬镍熔敷金属,然后用不锈钢焊丝进行埋弧焊,连接堆焊过渡段焊缝和不锈钢母材,最后焊条电弧焊进行反面封底焊。

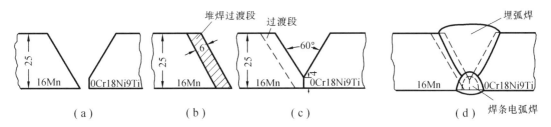

图5-28 低合金钢和奥氏体不锈钢埋弧焊的坡口和焊缝
(a)堆焊前的坡口;(b)低合金钢上堆焊过渡段;(c)过渡段机加工后的坡口;(d)焊缝

焊接材料:堆焊段焊缝,E309-16(奥302)焊条;正面埋弧焊焊缝,H0Cr18Ni10Ti焊丝和HJ260焊剂;反面封底焊缝,E309-16(奥302)焊条。

（2）焊接工艺

①分别加工两钢种的坡口面,16Mn钢采用氧气切割;0Cr18Ni9Ti钢采用机械加工。

②清理坡口两侧的油等污物,可用丙酮清洗油污,并用氧炔焰加热坡口,去除水和潮气。

③在16Mn钢坡口面上用E309-16(奥302)高铬镍焊条堆焊过渡段,如图5-29(b)所示。用小电流、快焊速、多层多道焊,工艺参数见表5-46。焊缝的接头要错开,堆焊段焊缝厚度应大于6 mm,道间温度不高于100 ℃。

表5-46 低合金钢和奥氏体不锈钢埋弧焊的工艺参数

母材	板厚及坡口	焊道序	焊接方法	焊丝或焊条直径/mm	焊接电流/A	电弧电压/V	焊接速度/(m/h)	备 注
16Mn+0Cr18Ni9Ti	板厚25 mm V形坡口 堆焊过渡层	1.焊过渡段焊缝	焊条电弧焊	4	130~150	24~28	—	E309-16 (奥302)
		2.焊正面焊缝	埋弧焊	4	450~480	34~36	35~36	H0Cr18Ni10Ti HJ260
		3.焊反面封底焊缝	焊条电弧焊	4	130~150	24~28	—	E309-16 (奥302)

④对堆焊过渡段焊缝进行机械加工。

⑤筒体和法兰进行装配和定位焊,如图5-29(c)所示。定位焊宜设置在筒体内面。用E309-16(奥302)4 mm焊条。

⑥在筒体外埋弧焊,用不锈钢焊丝 H0Cr18Ni10Ti 焊剂 HJ260 焊正面焊缝,多层多道焊,焊满坡口,工艺参数见表 5-46。层间清渣,层间温度不高于 100 ℃。

⑦正面焊缝焊好后,反面碳刨清根并打磨。

⑧用 E309-16(奥 302)焊条进行封底焊,如图 5-29(d)所示,工艺参数见表 5-46。

⑨焊后射线探伤。

5. 不锈复合钢板焊接举例

(1)产品结构和材料

6.4 m 蒸馏减压塔的简单结构如图 5-29 所示。筒体下半段工作的介质是原油,具有一定的腐蚀性,因此采用材质为不锈复合钢板,下半段封头也是不锈复合钢板,封头为分瓣式,由焊条电弧焊焊成。筒体上半段工作的介质是原油加工后的半成品,对筒体材质无抗腐蚀性的要求,采用 16Mn 钢。现讨论筒体下半段的纵缝焊接,材质是 16Mn + 0Cr18Ni9Ti 不锈复合钢板,基层 16Mn 钢 20 mm 厚,覆层 0Cr18Ni9Ti 钢 2 mm 厚。纵缝的坡口形式如图 5-30 所示。

在不锈复合钢板的焊接工作中,由于埋弧焊的熔深大,且难以控制,而覆层不锈钢仅 2 mm 厚,若用埋弧焊,必须选用小线能量,这样显不出埋弧焊的优点。若用大线能量埋弧焊,熔深大,则稀释率大,质量差。所以比较合理的做法是:基层用埋弧焊,过渡层和覆层用焊条电弧焊。

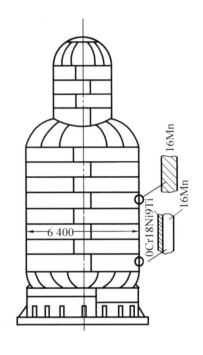

图 5-29 蒸馏减压塔的结构简图

本例的焊接材料为:基层是埋弧焊 + 焊条电弧焊,材料是 H10Mn2 焊丝,HJ331 焊剂,E5015(结 507)焊条;过渡层是焊条电弧焊,E309-16(奥 302)焊条;覆层是焊条电弧焊,E308-16(奥 102)焊条。

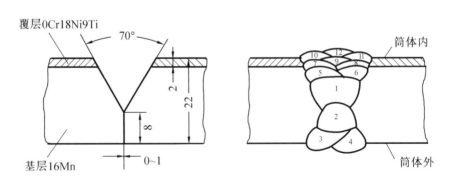

图 5-30 不锈复合钢板焊接的坡口及焊缝

1,2,3,4—基层埋弧焊;5,6—基层焊条电弧焊;

7,8,9—过渡层焊条电弧焊;10,11,12—覆层焊条电弧焊

(2)焊接工艺

①清理坡口及两侧 20 mm 范围内的油等污物。

②在基层上进行定位焊,用 E5015(结 507)焊条,定位焊缝长 30 mm,间距约 150 mm。

③在筒体内,埋弧焊焊基层第一道焊缝,用 4 mm 焊丝 H10Mn2,焊剂 HJ331,工艺参数见表 5-47。

④在筒体外,用碳刨清根扣槽,槽深 10 mm,后磨光。

⑤在筒体外,埋弧焊焊二层三道,用 5 mm 焊丝 H10Mn2,焊剂 HJ331,工艺参数见表 5-47,层间清渣。

⑥焊工回到筒体内,在第一道埋弧焊缝上,用 5 mm E5015(结 507)焊条进行加焊两道焊道,使焊道表面离覆层 1~2 mm,不能和覆层不锈钢相交。工艺参数见表 5-46。

由于埋弧焊基层焊缝的尺寸较难控制,为此在埋弧焊焊缝上加焊焊条电弧焊,以调整基层焊缝和覆层之间距离。若埋弧焊焊缝较低,则焊条电弧焊焊得厚些;若埋弧焊焊缝较高,则焊条电弧焊焊得薄些。总之,要求基层焊缝离覆层 1~2 mm。

表 5-47　不锈复合钢板焊接的工艺参数

母材及坡口	焊道序	焊接方法	焊丝或焊条直径/mm	焊接电流/A	电弧电压/V	焊接速度/(m/h)	备　注
16Mn20 mm + 0Cr18Ni9Ti 2 mm V 形坡口	1	埋弧焊	4	600~650	28~30	42	焊丝 H10Mn2 焊剂 HJ331 焊基层
	2	埋弧焊	5	650~700	30~32	40	
	3,4	埋弧焊	5	575~625	34~36	42	
	5,6	焊条电弧焊	5	200~220	24~26	—	E5015(结 507)焊基层
	7,8,9	焊条电弧焊	4	150~170	22~24	—	E309(奥 302)焊条焊过渡层
	10,11,12	焊条电弧焊	4	150~170	22~24	—	E308(奥 102)焊条焊覆层

⑦基层焊好后,用超声波探伤检验基层焊缝,发现缺陷用焊条电弧焊修补。

⑧用高铬镍不锈钢焊条 E309-16(奥 302)4 mm 焊条,焊过渡层(7,8,9 焊道),工艺参数见表 5-47。过渡层焊缝厚度达到覆层 1 mm(1/2 覆层厚度)。

⑨用 E308(奥 102)4 mm 焊条,焊覆层,要保证两侧和不锈钢熔合良好。焊接工艺参数见表 5-47。

⑩焊后对焊缝进行射线探伤。

第六章 高效埋弧焊

埋弧焊是一种高效焊接法,对于厚板而言,它的生产率远高于焊条电弧焊和CO_2气体保护电弧焊。随着焊接钢结构的发展,母材板厚也日益增厚,这就需要埋弧焊在原有的基础上,再进一步提高生产率。经过多年的生产实践,有相当一部分高效埋弧焊接方法在生产中切实可行,并日趋完善。提高埋弧焊效率的方法有:①增加焊丝数,由单丝改成多丝(2~4丝),焊接时多个电弧同时燃烧,一个焊程完成多层焊,提高了生产率。②丝极改为带极,在堆焊工作中,以钢带作为电极,电弧在钢带下燃烧并漂移,熔敷率(单位时间内熔敷金属的重量)提高,焊道宽而美观。③双面焊改成单面焊,利用反面衬垫托住熔融金属并使成形良好,实现单面焊两面成形,免去了工件翻身和碳刨清根等工序,提高了生产率。单面焊的衬垫有焊剂衬垫、铜衬垫、焊剂铜衬垫、软衬垫等。④减小熔敷金属面积,采用I形坡口或小角度坡口(确保焊透),显著减小熔敷金属面积,提高生产率。钢板越厚,使用小角度坡口(窄间隙),效率越高。⑤提高熔敷速度,其方法有预热焊丝、加长焊丝伸出长度、在坡口中加入铁粉或碎丝。⑥上述几种方法的组合,例如双丝焊剂铜衬垫单面焊、双丝窄间隙埋弧焊等。

第一节 双丝埋弧焊

一、双丝埋弧焊的特点

双丝埋弧焊就是用两根焊丝前后按一定的间距排列,前丝电弧形成的熔池尚未完全凝固时,后丝电弧就跟着加热和熔化,形成一个下窄上宽的达到要求的焊缝。

双丝埋弧焊的特点:①提高生产率,与单丝埋弧焊相比,可提高到1倍以上。单丝埋弧焊不开坡口的板厚为14 mm,否则易造成未焊透缺陷。而双丝埋弧焊不开坡口的板厚可达22 mm。相同板厚、相同坡口的对接焊缝,双丝埋弧焊焊的层数少于单丝埋弧焊的一半,清理焊渣的工作也随之减少。双丝埋弧焊焊接厚板,可用粗焊丝、大电流,进一步提高了生产率。

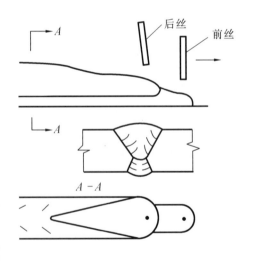

图6-1 双丝埋弧焊形成"一个半"熔池

②焊缝抗裂性好,由于两焊丝距离为30~80 mm(也可大一些),按纵列式排列,在前丝熔池尚未凝固前,后丝电弧再次对前丝熔池加热和熔化,前后两焊丝既不是形成两个完全独立的熔池,也不组成一个共同熔池,因此有人称为"一个半熔池",如图6-1所示。一个半熔池形成一个上宽下窄的焊缝形状,这促使焊缝柱状结晶方向变为往上(见图6-2),同时偏析杂质成分上浮,有效地消除单丝埋弧焊焊缝中心由低熔点杂质偏析形成的脆弱面(导致产

生热裂纹),提高了焊缝中心的抗裂性。

二、双丝埋弧焊的焊接电源

双丝埋弧焊采用两个单独的焊接电源,一个电源供给一根焊丝。有两种供电方式:前丝采用直流电源,后丝采用交流电源,如图6-3(a)所示;两根焊丝都采用交

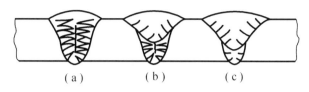

图6-2 双丝埋弧焊焊缝的结晶
(a)单丝单道焊;(b)单丝双道焊;(c)双丝焊

流电源,如图6-3(b)所示。国产 MZ-2×1600 型双丝埋弧自动焊机是采用前丝直流、后丝交流。国外日本大阪、瑞典伊莎和美国林肯也都采用前丝直流、后丝交流。

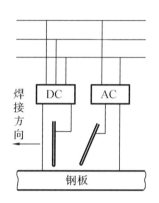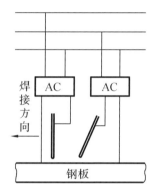

图6-3 双丝埋弧焊电源的供电方式
AC—交流电源;DC—直流电源

三、焊丝和焊剂

双丝埋弧焊使用的焊丝和单丝埋弧焊的焊丝基本相同,只是焊丝直径可扩大到6.4 mm。双丝埋弧焊的焊剂和单丝埋弧焊的不同。单丝埋弧焊的焊接电流一般在1 000 A以下,这时用熔炼焊剂(HJ431)是完全可行的。但在双丝埋弧焊中,前丝的焊接电流常超过1 000 A,最大可达1 400 A以上,这时如仍采用熔炼焊剂,熔池

上部的熔融的熔渣呈现剧烈的翻腾状态,熔渣不能完全覆盖住弧光,在焊缝中经常发现夹渣缺陷,甚至出现裂纹缺陷。采用烧结焊剂完全可以避免上述现象。碳钢和低合金钢双丝埋弧焊常用的焊丝牌号为 H08MnA 和 10Mn2,可配用 SJ101,SJ102,SJ301。双丝埋弧焊用的焊丝和焊剂的性能见表6-1。

表6-1 双丝埋弧焊用焊丝和焊剂的性能

牌　号		SJ101	SJ102	SJ301	SJ402	SJ501	SJ501M	SJ601
成分类别		氟碱型	氟碱型	硅碱型	锰硅型	铝钛型	铝钛型	
碱　度		1.8	3.5	1.0	0.7	0.5~0.8	0.5	1.8
熔敷金属力学性能	配用焊丝牌号	H08MnA	H08MnA	H08A	H08A	H08A	H08A	H0Cr21Ni10
		H10Mn2	H10Mn2	H08MnA		H08MnA		
	屈服强度/MPa	≥360	≥400	≥360	≥400	≥330	≥400	≥290
		≥400	≥450	≥400		≥400		
	抗拉强度/MPa	450~550	490~560	460~560	480~650	415~550	500~600	550~700
		500~600	540~660	530~630		500~600		
	延伸率/%	≥24	≥24	≥24	≥22	≥24	≥24	≥34
		≥24	≥24	≥24		≥22		

表 6-1（续）

牌号			SJ101	SJ102	SJ301	SJ402	SJ501	SJ501M	SJ601
熔敷金属力学性能	冲击功/J	+20 ℃	≥150		≥70	≥40	≥50	≥50	
			≥150		≥70		≥50		
		0	≥110	≥120	≥50	≥34	≥34	≥34	≥47（-103 ℃）
			≥110	≥120	≥50		≥34		
		-20 ℃	≥80	≥90	≥34				
			≥80	≥90	≥34				
		-40 ℃	≥34	≥40					
			≥34	≥40					

由于烧结焊剂容易吸潮,因此对于用塑料、玻璃布、牛皮纸袋装的焊剂,焊前必须焙烘 2 h,温度为 300 ℃~350 ℃。而对用铁皮箱密封的焊剂,则开箱后应立即使用。焊剂在大气中存放时间不得超过 10 h,否则应焙烘后才可使用。

四、焊前坡口准备

1. 坡口形式

双丝埋弧焊的坡口形式可参照国际 GB986-88《埋弧自动焊坡口基本形式及尺寸标准》,考虑到双丝埋弧焊使用粗焊丝、大电流及"一个半熔池"的特点,钢板厚度在 22 mm 以下可不开坡口。当厚板开成 V 形坡口时,钝边可放大到 10 mm,坡口角度为 60°,间隙为 0~0.5 mm。

2. 坡口清理

按普通埋弧焊的规例,坡口表面及其两侧各 20 mm 范围内,必须将锈、油、漆、水等污物清理干净。焊前用氧炔焰加热坡口清除潮气。

3. 装配和定位焊

双丝埋弧焊对接缝装配时,间隙要尽量小,一般为 0~0.5 mm,否则容易烧穿。定位焊可用 CO_2 气体保护电弧焊或焊条电弧焊,定位焊缝长度一般为 30~50 mm,间距为 300~500 mm。考虑到两根焊丝又有间距,引弧板和熄弧板长度应不小于 200 mm。

五、操作要点

1. 焊前焊丝的定位

焊前按工艺要求测量和调整好焊丝的间距和倾角,同时调整好焊丝伸出长度,对接焊时应将焊丝对准坡口中心。

双丝埋弧焊的前丝采用直流反接,并垂直于钢板,可以获得较好的熔深。后丝采用交流电,并向后倾斜 20°,可以改善焊缝的表面成形。对接焊时两丝间距取 30 mm,如图 6-4 所示。适当改变焊丝间距和焊丝的倾角,可以改变熔深和焊缝的外形。

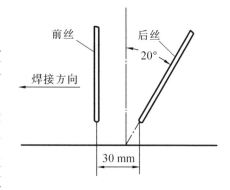

图 6-4 双丝埋弧焊前、后丝的位置

2. 引弧

双丝埋弧焊不是两根焊丝同时引弧的,而是前丝先引弧,待电弧稳定燃烧并向前行进约

$30 \sim 50$ mm 后,后丝在前丝形成的尚未凝固的熔池表面引弧。

3. 焊接

焊接过程中焊工要关注前后焊丝的焊接电流和电弧电压,特别是前后不要搞错。前后丝的焊接速度是相等的。

4. 熄弧

双丝埋弧焊应重视熄弧,不正确的熄弧操作会引起夹渣、边缘未熔合等缺陷。双丝埋弧焊既不是同时引弧的,也不是同时熄弧的。前丝电弧到达熄弧板再焊过约 80 mm 处熄弧,让后丝跟上达到该处也熄弧。

5. 对接焊缝双丝埋弧焊工艺参数

对接焊缝双丝埋弧焊工艺参数见表 6 - 2。由于双丝焊多用于焊厚板对接,故表中所选焊丝直径为 5 mm,由表可知,前丝的焊接电流较大,这是为了获得较深的熔深;后丝的电弧电压较高,这是为了获得较宽的焊缝宽度,使焊缝成形良好。焊反面焊缝的焊接电流和电弧电压略大于正面焊缝,这是为了确保焊透。

表 6 - 2　对接焊缝双丝双面埋弧焊工艺参数(焊丝直径 5 mm)

坡口形式	板厚/mm	焊丝 前丝L/后丝T	正面焊缝 焊接电流/A	正面焊缝 焊接电压/V	正面焊缝 焊接速度/(m/h)	反面焊缝 焊接电流/A	反面焊缝 焊接电压/V	反面焊缝 焊接速度/(m/h)	坡口反面处理
	18	L	1 100	36	40	1 150	38	40	
	18	T	760	40		800	42		
	20	L	1 200	36	38	1 200	38	38	
	20	T	760	40		800	42		
	22	L	1 250	40	37	1 250	40	37	
	22	T	780	44		800	44		
	23	L	1 250	40	37	1 280	40	37	
	23	T	780	44		800	44		
	24	L	1 300	38	35	1 300	40	34	反面刨槽深 3 ~ 5 mm
	24	T	800	44		800	45		
	26	L	1 300	38	35	1 300	40	34	反面刨槽深 5 ~ 6 mm
	26	T	800	44		800	45		
	28	L	1 300	38	35	1 320	40	32	反面刨槽深 6 ~ 8 mm
	28	T	800	44		800	45		
	29	L	1 300	38	34	1 350	40	32	反面刨槽深 8 ~ 10 mm
	29	T	800	44		800	45		
	30	L	1 300	38	34	1 350	40	32	
	30	T	800	44		800	45		
	32	L	1 300	38	34	1 350	40	32	反面刨槽深 10 ~ 12 mm
	32	T	800	44		800	45		
	33	L	1 300	38	34	1 350	40	32	
	33	T	800	44		800	45		

表 6 - 2(续)

坡口形式	板厚/mm	焊丝 前丝L 后丝T	正面焊缝 焊接电流/A	焊接电压/V	焊接速度/(m/h)	反面焊缝 焊接电流/A	焊接电压/V	焊接速度/(m/h)	坡口反面处理
	34	L	1 300	40	32	1 350	40	32	反面刨槽深 6～8 mm
		T	800	45		800	45		
	36	L	1 300	40	32	1 350	40	32	
		T	800	45		800	45		
	38	L	1 320	40	32	1 350	40	32	反面刨槽深 10～12 mm
		T	800	45		800	45		
	40	L	1 320	40	32	1 350	40	32	
		T	800	45		800	45		

6. 角焊缝双丝埋弧焊工艺参数

船形角焊缝双丝埋弧焊工艺参数见表 6 - 3,前后丝的间距较小,约 25 mm,为了获得较大的焊脚,并使焊缝成形良好,前后丝也不在同一直线上,略有偏离。通常前丝的焊接电流偏大,以保证焊透;后丝电流偏小,使焊缝成形好一些。双丝埋弧焊焊接船形角焊缝,焊脚可达 20 mm,生产率高,焊缝成形好。

表 6 - 3　船形角焊缝双丝埋弧焊工艺参数

坡口形式与焊丝位置	焊脚 K/mm	焊丝直径 φ/mm	焊接电流/A	电弧电压/V	焊接速度/(m/h)	电源种类
	6.0	前丝 5.0	700～730	32～35	90～92	直流反接
		后丝 4.0	530～550	32～35		交　流
	8.0	前丝 5.0	780～820	35～37	70～72	直流反接
		后丝 5.0	640～660	35～37		交　流
	10	前丝 5.0	780～820	34～36	55～57	直流反接
		后丝 5.0	700～740	38～42		交　流
	13	前丝 5.0	900～1 000	36～40	40～42	直流反接
		后丝 5.0	840～860	38～42		交　流
	16	前丝 5.0	980～1 100	36～40	27～28	直流反接
		后丝 5.0	880～920	38～42		交　流
	19	前丝 5.0	980～1 100	36～40	20～21	直流反接
		后丝 5.0	880～920	38～42		交　流

平角焊缝双丝埋弧焊的工艺参数见表6-4。前丝直径为4 mm,而后丝直径略细为3.2 mm,前丝熔敷金属较多,且形成水平板焊脚(达到尺寸要求)大于垂直板焊脚。前后丝的间距稍大,约115 mm。这样前丝焊成的熔池有较多的时间冷却,便于后丝的熔池叠在上面,使焊缝成形良好。前丝焊成的焊脚,在水平板上尺寸较大,后丝则在其上焊成,使焊缝达到在垂直板上的焊脚尺寸要求。故前后丝的位置有较大的差别,前丝的电弧偏向水平板,后丝则偏向于垂直板。这些措施都是有利于防止垂直板上产生咬边和焊缝下摊的缺陷。

表6-4 平角焊缝双丝埋弧焊工艺参数

坡口形式与焊丝位置	焊脚 K/mm	焊丝直径 ϕ/mm	焊接电流 /A	电弧电压 /V	焊接速度 /(m/h)	电源种类
	6.0	前丝4.0	480~520	28~30	60~61	直流反接
		后丝3.2	380~420	32~34		交 流
	8.0	前丝4.0	620~660	32~34	48~50	直流反接
		后丝3.2	480~520	32~34		交 流
	10	前丝4.0	640~680	32~34	39~40	直流反接
		后丝3.2	480~520	32~34		交 流

六、双丝埋弧焊举例

1.产品结构和材料

某钢结构中有一平面拼板分段,是四块板并列拼接而成,有三条对接焊缝。板厚25 mm,材质为 Q345C(16Mn)。采用双丝埋弧焊,进行两面焊。坡口如图6-5所示,不开坡口I形对接的间隙为0~1 mm,正面采用无衬垫双丝埋弧焊,焊后反面扣槽5 mm,然后进行反面的双丝埋弧焊。

焊材:H10Mn2 焊丝,SJ102 焊剂。

2.焊接工艺

(1)清理坡口端面及其两侧各20 mm 范围内的污物及杂质等。

(2)用E5015(结507)4 mm 焊条进行定位焊,焊缝长50~60 mm,间距200~300 mm,同时焊上引弧板和熄弧板。

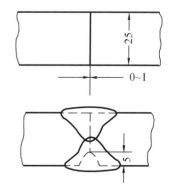

图6-5 拼板双丝双面埋弧焊的坡口及焊缝

（3）调整好焊丝间距和倾角,间距可选为 30 mm,前丝垂直,后丝后倾 20°。

（4）埋弧焊焊接正面焊缝,前丝焊接电流大($I = 1\ 300$ A),以保证熔深达板厚的一半以上。后丝焊接电流小,但电弧电压高达 44 V,以保证正面焊缝有较大的熔宽,良好的焊缝成形。焊接工艺参数见表 6 – 5。

（5）用同样焊接工艺焊接其余两条对接正面焊缝。

（6）将焊件翻身,在反面进行碳刨清根,刨槽深度达 5～6 mm,刨槽后打磨。

（7）按表 6 – 5 的焊接工艺参数焊接反面焊缝。焊接电流可以略大些或焊接速度略慢些,以确保正、反面焊缝的熔深有 2～4 mm 以上的交搭。用同样焊接工艺焊接其余两条反面焊缝。

（8）焊后对 100% 焊缝进行超声波探伤及部分焊缝进行射线探伤。

表 6 – 5　拼板双丝双面埋弧焊的工艺参数

坡口	焊丝直径/mm	焊缝顺序	前丝电流/A	前丝电压/V	后丝电流/A	后丝电压/V	焊接速度/(m/h)	前丝倾角	后丝倾角	前后丝间距/mm	备 注
板厚 25 mm 不开坡口 间隙 0～1 mm	5	正面	1 300	38	800	44	35	0	后倾 20°	30	反面刨槽深 5～6 mm
		反面	1 300	44	800	45	34	0	后倾 20°		

第二节　焊剂垫单面埋弧焊(RF 法)

一、焊剂垫单面埋弧焊(RF 法)的原理及特点

焊剂垫单面埋弧焊(RF 法)的原理如图 6 – 6 所示,以热固化焊剂作为衬垫,衬托在钢板接缝下面,利用软管充气将带有热固化衬垫焊剂和下敷焊剂的焊剂槽上升,使热固化衬垫焊剂紧贴焊件接缝反面,焊接时电弧将焊件熔透,并加热了热固化焊剂,当加热到 80 ℃～120 ℃(约在电弧前方 20 mm)后,热固化焊剂发生脱水缩合反应而固化,强制熔融金属反面成形,从而获得正面焊接两面成形的焊缝。

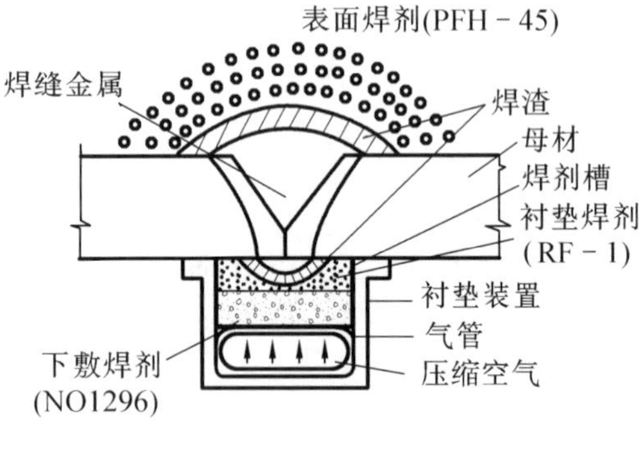

图 6 – 6　焊剂垫单面埋弧焊(RF)法的原理

焊剂垫单面埋弧焊和双面埋弧焊相比具有以下特点:

（1）单面焊接两面成形,不需要焊件翻身,生产率提高 3～4 倍。

（2）由于热固化焊剂的功能,使焊缝反面成形美观,不易出现反面焊缝咬边、焊瘤缺陷。

（3）对坡口的精度要求比较低,对两钢板的板厚差、错边等适应能力较强。

（4）焊缝的力学性能优良。

二、焊接材料

焊剂垫单面埋弧焊使用的焊接材料种类比较多一些,包括焊丝、三种焊剂,还可加铁粉。

1. 焊丝

焊丝无特殊要求,可采用双面焊的焊丝,只要焊丝和母材钢号能配用。

2. 焊剂

焊剂有三种:表面焊剂、衬垫焊剂、下敷焊剂。

(1)表面焊剂 为了大电流能获得较好的焊缝表面成形,采用烧结焊剂。

(2)衬垫焊剂 这是个关键材料,在焊剂中加入具有热硬化特性的酚醛树脂、铁粉和脱氧剂。焊剂未固化前呈粉状,能使焊剂紧贴钢板,加热固化后使焊缝反面强制成形。焊后焊剂热固化后结成渣块,不能重复使用。

(3)下敷焊剂 为了减少衬垫焊剂的消耗,在衬垫焊剂下,敷设非热固化焊剂。

3. 铁粉

焊剂垫单面埋弧焊的坡口中,可加入铁粉,它的功能:①通过调整铁粉在坡口内的撒布量(坡口大铁粉撒布量大,坡口小铁粉撒布量小),可以弥补坡口的不均匀度,使在同一焊接工艺参数下获得比较均匀的焊缝反面成形;②铁粉被电弧熔化处于电弧下,阻碍了电弧潜入基本金属,即熔深减小,可防止烧穿;③铁粉熔化后进入焊缝,提高了熔敷效率。铁粉通常是纯铁粉,含铁的质量分数不低于99.2%。

目前国内工厂中使用较多的是日本神户制钢所生产的焊丝、表面焊剂、衬垫焊剂及下敷焊剂,其牌号与母材的匹配见表6-6。

表6-6 焊剂垫单面埋弧焊用的焊接材料

母材钢种	船用等级	焊丝	表面焊剂	衬垫焊剂	下敷焊剂	铁粉	备注
普通低合金钢	A~E	US-36	MF-38	RF-1	NO.1 296	RR-5	系日本神户制钢所产品
		US-43	PFH-45				
σ_s 为 490 MPa 高强度钢	A~D	US-43	PFH-55E				
		US-43	PFH-60A				

三、焊剂垫装置及辅助装置

焊剂垫单面埋弧焊的焊剂垫装置有固定式和活动式。固定式焊剂垫装置如图6-7所示,它由焊剂槽、气管和托架组成。焊剂槽用耐热橡胶制成,气管用一般的消防水龙带制成。固定式焊剂垫装置用于焊缝之间距离(即钢板宽度)固定不变的列板拼板工作。

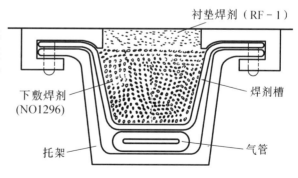

图6-7 固定式焊剂垫装置

在实际焊接生产中,列板拼板平行焊缝的间距是有变化的,为了适应这种工作情况,拼接列板和焊剂垫装置两者必须有一是

可移动的。现介绍移动式焊剂垫装置，如图6
－8所示，它是把固定式衬垫托架装在可移动
的台车上，焊剂垫的升降是采用气管充放气来
实现的。台车可由电动机通过减速器传动，在
导轨上行走，使焊剂托架迅速到达接缝线。

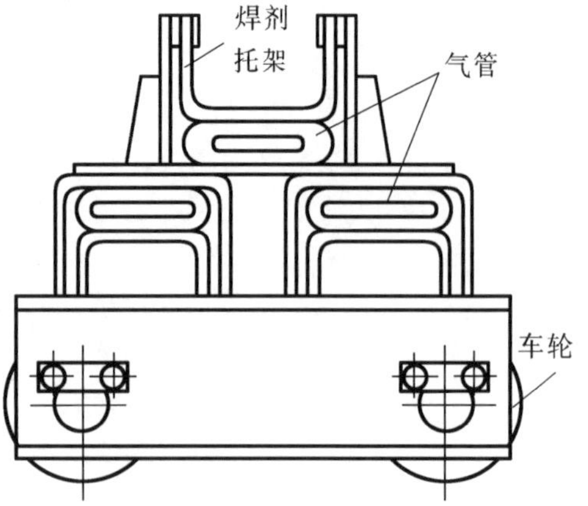

在焊接生产过程中，还应有一台焊剂敷设
小车，用来敷设衬垫焊剂和下敷焊剂。撒布铁
粉可在焊机机头上装一个铁粉撒布漏斗，使铁
粉撒得高度均匀，达到一定的尺寸（10～
20 mm）。焊工应备一把带有网筛的小铲，用于
清除固化的衬垫焊剂。已固化的衬垫不能再次
使用。对于热固化焊剂是不能用烘烤来去除水
分的，一旦焊剂吸潮而变色，就只能报废。

图6－8　移动式焊剂垫装置

四、焊剂垫单面埋弧焊工艺参数

焊剂垫单面焊两面成形埋弧焊用单丝的工
艺参数见表6－7。

表6－7　焊剂垫单丝单面埋弧焊工艺参数

板厚 /mm	V形坡口角度 /(°)	装配间隙 /mm	焊丝直径 φ/mm	焊道顺序	铁粉高度 /mm	焊接电流 /A	电弧电压 /V	焊接速度 /(m/h)	工件倾斜 /(°)
9.0	50$^{+5°}$	0～4	5	1	9.0	720～740	34～36	18～20	0
12	50$^{+5°}$	0～4	5	1	12	800～820	34～36	18～20	0
16	50$^{+5°}$	0～4	5	1	16	900～920	34～36	15～17	3.0
19	50$^{+5°}$	0～4	5	1 2	15 0	850～870 810～830	34～36 36～38	15～17 15～17	0
19	50$^{+5°}$	0～4	5	1 2	15 0	850～870 810～830	34～36 36～38	15～17 15～17	3.0
22	50$^{+5°}$	0～4	5		15 0	850～870 850～870	34～36 36～38	15～16 12～13	3.0
25	50$^{+5°}$	0～4	5	1	15	1 200～1 300	45～47	12～13	0
32	50$^{+5°}$	0～4	5	1	25	1 500～1 600	52～53	12～13	0

焊剂垫单面埋弧焊用得较广的是两丝，其主要的焊接工艺参数：焊丝直径、焊接电流、电
弧电压、焊接速度、两丝间距、焊丝倾角、焊丝伸出长度、气管空气压力及衬垫焊剂层高度等。

1. 前后丝焊接电流

双丝埋弧焊有前丝电流和后丝电流之分。焊剂垫双丝单面埋弧焊的前丝电流是决定焊
缝反面成形的重要因素。前丝电流主要取决于钝边高度，在板厚16～22 mm的V形对接接

头中,取钝边为 6 ~ 7 mm,变化不大,因此前丝焊接电流的变化也不大,一般选择为 1 150 ~ 1 250 A,随板厚的增加,适当减慢焊接速度。后丝电流主要保证正面焊缝的良好成形,同时要控制好与第一道焊缝的熔合比,后丝电流不宜过大,否则由于对第一道焊缝过度重熔而破坏反面焊缝的成形,一般选择为 820 ~ 950 A。

2. 前后丝电弧电压

前丝的电弧电压对反面焊缝成形也有直接的影响,在坡口角度和钝边尺寸一定的情况下,前丝电弧电压太高,焊缝金属浮在上面,露不出底面,焊缝反面不成形;前丝电弧电压太低,反面焊缝窄而高,成形不佳。前丝电弧电压一般选择为 30 ~ 32 V。后丝电弧电压主要影响着表面焊缝的余高和熔宽,为了获得较大的熔宽,选用较高的电弧电压,后丝电弧电压一般选择为 36 ~ 42 V。

3. 焊接速度

焊接速度应和板厚及前、后丝焊接电流值相匹配。在焊接电流与电弧电压等工艺参数确定后,就要依靠焊接速度来保证焊缝有足够的填充金属量,并使反面焊缝成形良好。焊接速度过慢会使前丝熔化量堆积在上,反而影响熔深,致使反面焊缝形成内凹。焊接速度过快,焊缝的填充量太少,则正面焊缝形成平坦等现象。一般焊接 16 ~ 22 mm 板厚对接时,焊接速度应选择在 48 ~ 60 cm/min(即 29 ~ 36 m/h)范围内。当坡口宽度、深度发生变化时,可以通过调节焊接速度来控制焊缝的成形。

4. 两丝间距和焊丝倾角

焊剂垫双丝单面埋弧焊的两丝间距和焊丝倾角也是重要的工艺参数,它们直接影响着焊缝的形状系数和力学性能。两丝间距过大,则如同普通的多层埋弧焊,形成两个独立的熔池,由于后丝的熔深受到实际焊接工艺参数的限制,很难确保清除焊缝中的脆弱面,同时后丝电弧不易稳定,甚至出现拉渣现象。两丝间距过小,两根焊丝将组成一个熔池,这对消除焊缝中心脆弱面也是不利的。同时由于反面焊缝过多的重熔,会使反面焊缝出现内凹现象。试验证明,在焊剂垫双丝单面埋弧焊中,两丝间距以 100 ~ 125 mm 为最佳。

前丝略前倾,有助于确保反面焊缝的焊透和稳定成形,倾角通常为 7° ~ 10°,后丝垂直。前焊丝伸出长度为 25 ~ 30 mm,后焊丝伸出长度为 35 ~ 40 mm。焊剂垫双丝单面埋弧焊两丝的位置如图 6 - 9 所示。

5. 焊剂垫承托的空气压力

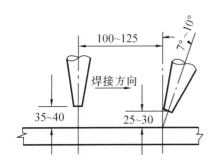

图 6 - 9　焊剂垫双丝单面埋弧焊两丝的位置

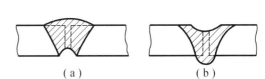

图 6 - 10　焊剂垫承托压力对焊缝成形的影响
(a)承托压力过大(内凹);(b)承托压力过小

焊剂垫单面埋弧焊要控制上、下气管的承托空气压力,下气管空气压力必须保证焊剂垫装置贴近母材接缝处,但不能使钢板上移,其压力为0.2～0.3 MPa。上气管的空气压力直接和反面焊缝成形有关,压力过大会使反面焊缝产生内凹,如图 6－10(a)所示;压力过小会使反面焊缝的余高和熔宽显著增加,如图 6－10(b)所示,压力一般应控制在 0.08～0.10 MPa 范围内。

应该强调的是上、下气管通气的先后操作程序。正确的通气程序:先接通压力为0.2～0.3 MPa 的下气管,这时将焊剂垫托架缓慢上升,直至贴近钢板接缝下表面,然后再接通压力为0.08～0.12 MPa 的上气管,使橡皮槽内的下敷焊剂和衬垫焊剂上升,使衬垫焊剂紧贴接缝处,就可进行正常焊接。上述操作程序如果逆向进行,在焊剂垫托架还未完全贴近钢板接缝下表面时,上气管一通气就将橡皮槽内的焊剂向外溢出,焊接工作就无法进行。

6. 焊剂层高度和铁粉高度

焊剂垫单面埋弧焊用三种焊剂。下敷焊剂层的高度为 90 mm 左右;衬垫焊剂层高度为 8～10 mm;表面焊剂层高度为 25～40 mm。铁粉高度通常填满坡口与钢板表面持平。

焊剂垫双丝单面埋弧焊最适宜使用的钢板厚度为 16～22 mm,表 6－8 为 16～22 mm 钢板焊剂垫双丝单面埋弧焊的工艺参数。

表 6－8　16～22 mm 钢板焊剂垫双丝单面埋弧焊的工艺参数

| 板厚 /mm | 坡口要求 | | | 焊丝 | 焊丝直径 /mm | 焊接规范 | | | 衬垫焊剂厚度 /mm | 铁粉高度 /mm | 气管压力/MPa | | 焊丝间距 /mm |
	坡口角度	钝边 /mm	间隙 /mm			焊接电流 /A	电弧电压 /V	焊接速度 /(cm/min)			下气管	上气管	
16	55°Y	6	0	前	4.8	1 100～1 150	30～32	60	8～10	10	0.2～0.3	0.08～0.1	100～120
				后	4.8	820～840	36～38						
18	55°Y	6	0	前	4.8	1 130～1 160	30～32	55	8～10	12	0.2～0.3	0.08～0.1	100～120
				后	4.8	820～840	36～38						
20	55°Y	6	0	前	4.8	1 150～1 200	30～32	53	8～10	14	0.2～0.3	0.08～0.1	100～120
				后	4.8	840～850	38～40						
22	55°Y	7	0	前	4.8	1 200	30～32	48	8～10	15	0.2～0.3	0.08～0.1	100～120
				后	6.4	950～1 000	40～42						

五、焊剂垫单面埋弧焊举例

1. 产品结构和材料

某船一平面分段,由五张钢板并列拼接而成,板的材质为船用 E 级钢,属低碳钢,板厚为 19 mm。采用焊剂垫双丝单面埋弧焊。开 55°坡口角度,留钝边 6 mm,间隙 0～1 mm,坡口如图 6－11所示。

焊接材料:焊丝 US－43×2 丝;表面焊剂 PFH－45;衬垫焊剂 RF－1;下敷焊剂 NO.1296;铁粉 RR－5,系日本神户制钢所产品。

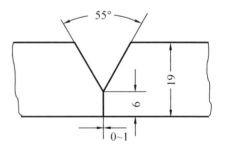

图 6－11　19 mm 板焊剂垫丝单面埋弧焊的坡口

2. 焊接工艺

(1)清理坡口的正、反面各 20 mm 范围内的铁锈、氧化皮、油污及水等杂质。

（2）用 E5015（结 507）3.2 mm 焊条进行定位焊,定位焊缝厚度 4~6 mm,长度 30~50 mm,间距 300~500 mm。同时焊上引弧板和熄弧板。焊后清除定位焊缝的焊渣。

（3）在焊剂槽内敷上 90 mm 厚下敷焊剂,在其上敷 8~10 mm 衬垫焊剂。

（4）将装配好的板列,滚动移位到焊剂垫装置上方,并使接缝处在焊剂槽的中心位置。

（5）接通下气管,压力为 0.2~0.3 MPa,焊剂槽缓慢上升,直至贴近接缝下缘。

（6）接通上气管,压力为 0.08~0.12 MPa,使衬垫焊剂紧贴在接缝处。

（7）将双丝埋弧焊机(选用日本 SWT-24 型双丝埋弧焊机)调整好两焊丝的位置,两丝间距为 100~150 mm,前丝倾角为前倾 7°~10°,后丝垂直。焊丝伸出长度分别为 25~30 mm 和 35~40 mm。前丝选用直流反接,后丝选用交流电源。

（8）在 V 形坡口上撒铁粉,高度和钢板表面持平。

（9）前后丝先后到引弧板上引弧,后转入正常焊接。

（10）参照表 6-9 焊接工艺参数进行焊接。

（11）每道焊缝焊后,移去焊机和焊件,用带网筛的小铲子,将固化衬垫焊剂形成的焊渣去除,该焊渣不能再次使用。其上又铺上衬垫焊剂,供下次使用。

（12）用同样的工艺焊接分段上其余四条接缝。

（13）对焊缝做超声波探伤,按比例对焊缝进行射线探伤。

表 6-9　19 mm 板焊剂垫双丝单面埋弧焊的工艺参数

板厚及坡口	焊丝	焊丝直径/mm	焊接电流/A	电弧电压/V	焊接速度/(cm/min)	衬垫焊剂厚度/mm	下气管压力/MPa	上气管压力/MPa	焊丝间距/mm	焊丝倾角	焊接电源	备　注
19 mm,V形坡口 55°,钝边 6 mm,间隙 0~1 mm	前	4.8	1 140~1 180	30~32	54	8~10	0.2~0.3	0.08~0.10	100~120	前倾 10°	直流反接	焊丝 US-43×2,表面焊剂 PFH-45,衬垫焊剂 RF-1,下敷焊剂 NO.1296
	后	4.8	830~845	37~39						0°	交流	

第三节　焊剂铜衬垫单面埋弧焊(FCB 法)

一、焊剂铜衬垫单面埋弧焊的原理及特点

焊剂垫可以托住液态金属,使焊缝反面成形。铜板也可作衬垫,使焊缝反面成形,铜衬垫能有效控制反面焊缝的余高,但铜衬垫紧贴钢板困难,反面成形差。焊剂铜衬垫单面埋弧焊是综合焊剂垫和铜衬垫的优点而形成的。焊剂铜衬垫单面埋弧焊原理如图 6-12 所示,在铜垫板上撒布厚度均匀的衬垫焊剂,并用压缩空气通入气管,把敷好焊剂的铜垫板以一定的压力贴在钢板对接缝的反面,在正面进行埋弧焊,从而获得单面焊两面成形的焊缝。

焊剂铜衬垫单面焊中,与钢板接缝反面直接接触的是衬垫焊剂,所以它有焊剂垫单面焊的优点,焊缝强制成形、均匀美观。还有焊剂下的铜衬垫既不与熔融金属接触,又不受电弧的作用,它的衬托作用可以有效控制反面焊缝的余高,并可以使用较大的焊接电流。

焊剂铜衬垫单面埋弧焊在国内外船厂的平面分段流水线拼板焊接工作中得到广泛应用,现已成为大型船厂提高拼板焊接的效率和质量的主要焊接工艺。

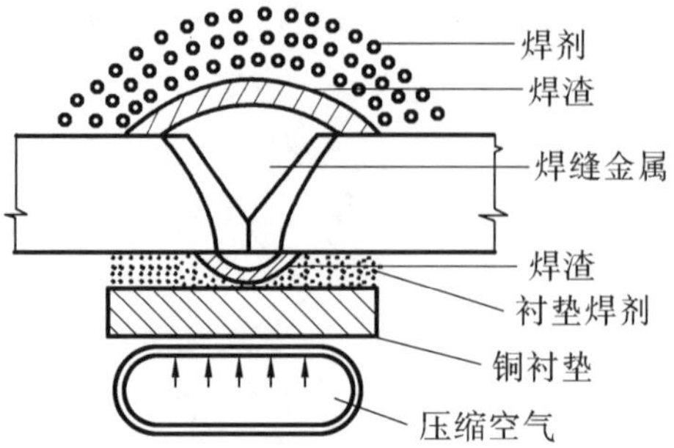

图 6－12　焊剂铜衬垫单面埋弧焊(FCB 法)的原理

（图中标注：焊剂、焊渣、焊缝金属、焊渣、衬垫焊剂、铜衬垫、压缩空气）

二、焊接设备

焊剂铜衬垫单面埋弧焊的实施可以是简单的,有一个气压衬垫装置和铜衬垫板,利用原有的单丝或双丝埋弧自动焊机,就可进行焊剂铜衬垫焊工作。

目前国内引进的焊剂铜衬垫单面埋弧焊整套设备,多数是日本神户制钢所制造的,它是三丝焊,适用于板厚 12～35 mm、板宽 2 000～3 000 mm、板长 16 000 mm 的大拼板焊接。该焊接设备是当前国内外先进的焊接设备,能保证焊剂衬垫紧贴钢板反面,质量稳定可靠。而且能实现焊接过程自动化控制,焊前将焊件板厚和焊缝长度设定输入,焊接时会自行选定最佳的焊接工艺参数,从而获得优质的焊缝。

整套焊接设备主要由门架式台车、衬垫装置、衬垫焊剂敷设及回收装置、三丝埋弧自动焊机、焊接电源及控制装置等组成。

1. 门架式台车

门架式台车由台车移动装置、拼板移位装置及电磁铁组等组成。台车移动装置可根据接缝的间隙进行台车的移动,拼板移位装置可将拼板分段进行移位,在衬垫装置的两侧装 22 个电磁铁,靠磁力将拼板的接缝固定。

2. 衬垫装置

衬垫装置由铜垫板、空气软管、升降装置及微调装置等组成。铜垫板上表面不是一个平面,而是在两边缘开有槽,这样不仅可焊相同板厚的对接接头,也能焊有板厚差的对接接头,其垫板的固定位置如图 6－13 所示。在铜垫板的下方置有两根空气软管,压缩空气通入软管,两软管并列向上顶升,使焊剂铜衬垫紧贴接缝反面。

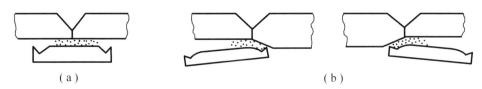

（a）　　　　　　　　　　　　　　　　　（b）

图 6－13　铜垫板的固定位置
(a)相同板厚的铜垫板位置;(b)有板厚差的铜垫板位置

升降装置可使焊剂铜垫板升降,下降焊剂铜垫板,留出作业空间,以便衬垫焊剂敷设在铜垫板上,或被回收。升降的行程为 300 mm。

微调装置的作用是使拼板接缝和铜衬垫的中心线保持一致。它设置在衬垫装置纵向的两端,由电动机驱动微调装置,横向移动铜衬垫,使铜衬垫中心线和接缝重合,微调的范围为

±10 mm。

3．衬垫焊剂敷设和回收装置

该装置的作用是焊前在铜垫板上敷设一定高度的衬垫焊剂；焊后粉碎衬垫焊剂形成的焊渣，并予以回收，但不能再利用。

4．三丝埋弧自动焊机

将三焊丝送入电弧区熔化成熔敷金属，并将电弧沿焊接方向前行，构成焊缝。这是焊机的主要工作。三丝埋弧自动焊机由三套焊丝给送装置、三套焊丝导向装置、三只焊丝盘、滑车、控制台及焊剂输送循环装置等组成。

每套焊丝给送装置都可以独立工作，分别调节焊丝给送速度。可选用的焊丝直径为 3～6.4 mm，分别由三只容量为 150 kg 的焊丝盘供给。

焊丝导向装置如图 6－14 所示，其作用是使焊丝保持在焊接坡口的中

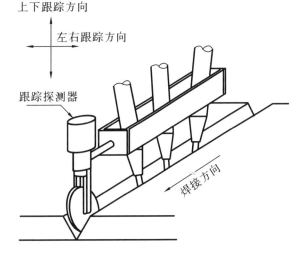

图 6－14　焊丝导向装置工作示意图

心位置，如遇偏移，立即从跟踪探测器发出信号，对焊丝进行上下和左右调整，精度为 ±0.5 mm，自动调整速度为 2～3 mm/s。

滑车是悬挂在门架式台车的横梁上，空载时快进移动速度为 10 m/min，焊接时移动速度为 300～1 500 mm/min，可以平滑调速。

表面焊剂敷设和回收装置载在三丝埋弧焊机上，和电弧同步前行。表面焊剂灌入 110 L 的大焊剂斗，借助重力在坡口及其两侧敷设表面焊剂。用鼓风机来回收未被熔化的焊剂，重新送入焊剂斗，并分离出易吸潮的焊剂粉末。还配置上限和下限的位面检测器，当斗内焊剂超过上限位面或低于下限位面时，会发出警报。焊剂斗吸入和回收口装有自动阀，当焊接停止时阀自动关闭，使焊剂和外界空气隔离。焊剂斗内有加热器，即使外界气温下降，焊剂斗内也不会因空气冷却而形成水珠。

5．焊接电源

三丝埋弧焊采用的交－交－交弧焊电源，由于每根焊丝有时需要使用很大的电流，对于一台额定焊接电流为 1 000 A、负载持续率为 60% 的交流弧焊变压器显然是不能适应的，必须用两台焊接电源并联供电。所以该设备采用六台 KRUMC－1000 型交流弧焊电源。每台电源的额定输入容量为 58 KVA，额定焊接电流为 1 000 A。

6．控制装置等

控制装置设置在三丝埋弧自动焊机的左侧，在控制面板上设有电流表、电压表、转换开关、焊接启动与停止开关、应急停止开关、操作电源开关及接触式配电盘等。

整套焊接设备还设有集控台、输送机操作箱、A 与 B 操作台、焊机微动控制箱等各类控制装置。此外，还有气动控制装置，控制铜衬垫板的升降。

三、焊接材料

焊剂铜衬垫单面埋弧焊的焊接材料有焊丝、表面焊剂、衬垫焊剂。目前船厂应用的是日

本神户制钢所的配套焊接材料,见表6-10。

表6-10 焊剂铜衬垫单面埋弧焊(FCB)的焊接材料

母材钢种	船舶认可级别	焊 丝	表面焊剂	衬垫焊剂	备 注
低碳钢	3级	US-43×2丝 US-43×3丝	PFI-45	PFI-50R	日本神 钢产品
低碳钢及 490 MPa 高强钢	3级及 3Y级	US-36×2丝 US-36×3丝	PFI-55E	PFI-50R	
	3级及 3Y级	US-43×2丝 US-43×3丝	PFI-50	PFI-50R	

PFI系列表面焊剂中含有铁粉,故其熔敷效率高。衬垫焊剂PFI-50R含有热固化树脂,在电弧热作用下,很快固化成板状物,从而阻挡住焊剂和熔融金属的流动,也防止了焊瘤的形成。还有这种焊剂的耐火温度也较高,因此焊接时焊剂的熔化量也少,使得焊渣均匀而不致造成咬边缺陷。使用PFI-50R焊剂时,需严防受潮,因为这种焊剂是不能焙烘的。

四、焊剂铜衬垫单面埋弧焊的工艺参数

1. 焊剂铜衬垫单丝单面埋弧焊的工艺参数

用单丝进行焊剂铜衬垫单面埋弧焊,通常用板厚在14 mm以下的不开坡口I形对接,为了保证焊透和反面成形留有间隙,间隙通常选3~4 mm左右。焊丝直径选为4 mm。随板厚的增大,间隙略有加大,焊接电流也相应增大,但焊接电流并不和板厚成正比。焊透和熔敷金属的增加还可借助于焊接速度的减慢而获得。表6-11为焊剂铜衬垫单丝单面埋弧焊的工艺参数。

表6-11 焊剂铜衬垫单丝单面埋弧焊工艺参数

板厚 δ /mm	装配间隙 b/mm	焊丝直径 ϕ/mm	焊接电流/A	电弧电压/V	焊接速度/(m/h)
3	1~2	3.0	380~420	27~29	46~47
4	2~3	4.0	450~500	29~31	40~41
5	2~3	4.0	520~560	31~33	37~38
6	2~3	4.0	550~600	33~35	37~38
7	2~3	4.0	640~680	35~37	34~35
8	3~4	4.0	680~720	35~37	31~32
9	3~4	4.0	720~780	36~38	27~28
10	4~5	4.0	780~820	38~40	27~28
12	4~5	4.0	850~900	39~41	23~24
14	4~5	4.0	880~920	39~41	21~22

2. 焊剂铜衬垫多丝单面埋弧焊的工艺参数

(1)焊剂铜衬垫多丝单面埋弧焊的焊丝位置

①图6-15(a)为焊剂铜衬垫双丝单面埋弧焊的焊丝位置,前丝(L)向前倾斜5°,这是为了避免熔融金属向前淌,改善反面焊缝的成形,后丝(T)垂直于焊件。

②图6-15(b)为焊剂铜衬垫三丝单面埋弧焊的焊丝位置,前丝(L)向前倾斜5°,中丝(T₁)垂直,后丝(T₂)向后倾斜5°,这是为了获得较大的熔宽,改善正面焊缝的成形。

(2)焊剂铜衬垫多丝单面埋弧焊的主要工艺参数

多丝焊的主要工艺参数是指焊丝直径、各丝的焊接电流、各丝的电弧电压、焊接速度,以及两焊丝的间距等。多丝焊多用于V形坡口对接,间隙为0,如间隙过大焊缝反面成形不易控制,甚至焊穿与铜垫板粘住。坡口角度为50°~60°,钝边为3~5 mm。通常前丝选4.8 mm直径,中丝和后丝选6.4 mm直径。前丝选用大电流、低电压,以保证根部焊透和反面焊缝成形良好。后丝选用小电流、高电压,以求得较宽的熔宽。表6-12为焊剂铜衬垫双丝、三丝单面埋弧焊的工艺参数。由表中可知,随板厚增加,而焊接电流增加极少,需要增加的熔敷金属量是借助于降低焊接速度来达到要求的。

表6-12中的焊接线能量并不算是很大的,如果用更大的线能量,即增大焊接电流和减慢焊接速度,这样板厚25 mm以下V形坡口对接,用双丝焊一个焊程就可以完成。

焊剂铜衬垫单面埋弧焊应用较广的是三丝焊,为进一步提高焊接生产率,近来已采用四丝焊,当焊接16 mm板V形对接缝时,焊接速度从三丝焊的60 cm/min提高到150 cm/min。

表6-12 焊剂铜衬垫双丝、三丝单面埋弧焊的工艺参数

坡口形式	板厚/mm	焊丝位置	焊丝直径/mm	焊接电流/A	电弧电压/V	焊接速度/(cm/min)	焊丝间距/mm
	11	L	4.8	1 000	26	64	130
		T	6.4	700	42		
	12	L	4.8	1 000	26	62	130
		T	6.4	700	42		
	14	L	4.8	1 100	26	60	130
		T	6.4	850	42		
	16	L	4.8	1 100	26	60	130
		T₁	6.4	800	38		130
		T₂	6.4	700	44		130
	18	L	4.8	1 100	26	66	130
		T₁	6.4	800	38		
		T₂	6.4	700	44		

表 6－12（续）

坡口形式	板厚/mm	焊丝位置	焊丝直径/mm	焊接电流/A	电弧电压/V	焊接速度/(cm/min)	焊丝间距/mm
50°±5°　3±1	19	L	4.8	1 250	26	62	130
		T₁	6.4	900	42		
		T₂	6.4	830	44		130
	20	L	4.8	1 250	26	60	130
		T₁	6.4	900	42		
		T₂	6.4	900	44		130
	22	L	4.8	1 250	26	56	130
		T₁	6.4	900	42		
		T₂	6.4	940	44		130
	23	L	4.8	1 250	26	54	130
		T₁	6.4	900	42		
		T₂	6.4	960	44		130
50°±5°　5±1	24	L	4.6	1 350	26	59	130
		T₁	6.4	1 000	42		
		T₂	6.4	930	45		130
	26	L	4.8	1 350	26	55	130
		T₁	6.4	1 000	42		
		T₂	6.4	970	45		130
	28	L	4.8	1 350	26	50	130
		T₁	6.4	1 000	42		
		T₂	6.4	1 050	45		130
	30	L	4.8	1 350	26	45	130
		T₁	6.4	1 100	42		
		T₂	6.4	1 150	45		130

注:电流和电压允许波动范围:电流±30 A,电压±1 V

三丝:L 为前丝;T₁ 为中丝;T₂ 为后丝。

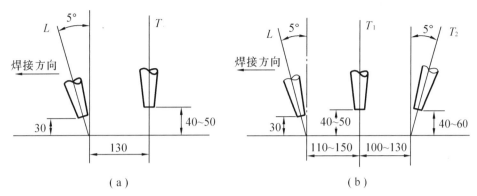

图 6-15 焊剂铜衬垫多丝单面埋弧焊的焊丝位置

(a)双丝焊;(b)三丝焊

图 6-16 为焊剂铜衬垫四丝单面埋弧焊的焊丝位置可供参考,其焊接工艺参数见表 6-13。

表 6-13 焊剂铜衬垫四丝单面埋弧焊的工艺参数

坡口形式	板厚 /mm	焊丝位置	焊丝直径 /mm	焊接电流 /A	电弧电压 /V	焊接速度 /(cm/min)	衬垫焊剂 厚度/mm
50° T_3	14	L	4.8	1 700	35	150	6~7
		T_1	6.4	1 300	40		
		T_2	6.4	750	40		
		T_3	6.4	700	45		
	16	L	4.8	1 700	35	150	6~7
		T_1	6.4	1 300	40		
		T_2	6.4	750	40		
		T_3	6.4	700	45		
	18	L	4.8	1 700	35	100	6~7
		T_1	6.4	1 400	40		
		T_2	6.4	700	40		
		T_3	6.4	650	45		
	20	L	4.8	1 700	35	100	6~7
		T_1	6.4	1 400	40		
		T_2	6.4	750	40		
		T_3	6.4	750	45		
50° 5	23	L	4.8	1 700	35	90	6~7
		T_1	6.4	1 400	40		
		T_2	6.4	1 000	40		
		T_3	6.4	900	45		
	25	L	4.8	1 700	35	90	6~7
		T_1	6.4	1 400	40		
		T_2	6.4	1 050	40		
		T_3	6.4	950	45		

注:1. 四丝焊用焊接材料:焊丝 Y-A、表面焊剂 NSH-50、衬垫焊剂 NSH-1R(日铁焊材);

2. 四丝焊的焊丝间距:$L-T_1 = 30$ mm,$T_1-T_2 = 200$ mm,$T_2-T_3 = 30$ mm。

五、焊剂铜衬垫单面埋弧焊举例

1.产品结构及材料

某钢结构拼板平面分段宽 10 m、长 12 m，由 5 张 2 m×12 m 钢板组成，板厚 30 mm，材质为船用 DH36 钢，系船体高强度结构钢。采用焊剂铜衬垫三丝单面埋弧焊，坡口形式如图 6−17 所示。

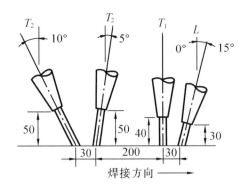

图 6−16 焊剂铜衬垫四丝单面埋弧焊的焊丝位置

图 6−17 30 mm 板厚焊剂铜衬垫
三丝单面埋弧焊的坡口

焊丝 US−43，背面衬垫焊剂 PFI−50R，表面焊剂 PFI−50，均为日本神钢产品。

2.焊接工艺

（1）清理坡口及其两侧各 20 mm 范围内的油、锈、漆等污物。

（2）用 E5015（结 507）4 mm 焊条（焊前 250 ℃焙烘 2 小时）或 CO_2 气体保护半自动焊 H08Mn2SiA 1.2 mm 焊丝进行定位焊。定位焊缝长约 80 mm、间距 300～350 mm、厚度 6～8 mm。并在每条接缝两端装焊上 150 mm×300 mm 工艺板，工艺板的坡口和产品相同。

（3）在铜衬垫上铺设背面衬垫焊剂 DFI−50R，约 7～8 mm 厚。

（4）将装配好的平面分段移到铜衬垫上，接缝对准铜衬垫，启动气动装置，使焊剂铜衬垫紧贴。

（5）将焊接机头移到接缝的端部，调整三焊丝的间距和倾角，前丝前倾 5°、中丝垂直、后丝后倾 5°，焊丝间距 $L-T_1$ 为 150 mm，T_1-T_2 为 130 mm。

（6）按表 6−14 的工艺参数，预先设置焊接电流、电弧电压、焊接速度。

表 6−14 30 mm 板厚焊剂铜衬垫三丝单面埋弧焊的工艺参数

板厚及坡口形式	焊丝位置	焊丝直径 /mm	焊接电流 /A	电弧电压 /V	焊接速度 /(cm/min)	衬垫焊剂 厚度/mm
板厚 30 mm，V 形坡口，坡口角度 50°，钝边 5 mm，间隙 0～1 mm	L（前）	4.8	1 350	25～27	45	7～8
	T_1（中）	6.4	1 100	41～43		
	T_2（后）	6.4	1 150	44～46		

（7）将焊丝调整到引弧板端部，操作前丝引弧，启动焊接电源和小车，继后中丝、后丝引弧，进行正常焊接。

（8）焊接过程中关注焊接电流和电弧电压,观察坡口间隙变化处,适当调整焊接电流和电弧电压。同时关注指示灯,及时调整焊丝位置,使之对准接缝,避免焊偏。

（9）焊到接缝末端的熄弧板上,前、中、后焊丝相继熄弧。

（10）用相同的工艺,焊接第二、第三、第四条对接缝。

（11）焊后清渣,外观检验合格后,对每条焊缝的首、中、尾三部位各取 400 mm 焊缝段进行超声波探伤。

（12）如发现焊缝有缺陷,可用 E5015(结507)焊条进行修补。

第四节　软衬垫单面埋弧焊(FAB法)

前面讨论的焊剂垫单面埋弧焊(RF法)和焊剂铜衬垫单面埋弧焊(FCB法)都只适用于平直钢板和直线形焊缝,而对于有曲面的钢板或曲线形的接缝,两种方法是难以应付的。为此人们继续探索新的衬垫单面焊接法,1968 年日本开发出软衬垫单面埋弧焊(FAB法),我国于 20 世纪 90 年代各船厂相继应用了软衬垫单面埋弧焊,焊接平焊位置的船体大接缝曲面钢板的拼接缝。

一、软衬垫单面埋弧焊的原理及特点

软衬垫单面埋弧焊(见图 6-18)是利用可挠性软衬垫(FAB-1)作为接缝的反面衬垫,并通过支撑装置使软衬垫紧贴钢板接缝,正面进行埋弧焊,从而获得两面成形的焊缝。

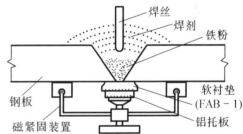

图 6-18　软衬垫单面埋弧焊(FAB法)基本原理

软衬垫单面埋弧焊的特点:①具有单面埋弧自动焊的优点,不需要工件翻身、碳刨清根等工艺步骤,劳动强度降低,生产效率明显提高,经济效益显著;②由于软衬垫是可挠的,所以它可以焊接曲面焊缝;③软衬垫紧贴钢板接缝是靠衬垫上的两面胶带及支撑衬垫的简单工具,不需要气垫装置、压力架等复杂设备,使用方便。

二、软衬垫单面埋弧焊的焊接材料

软衬垫单面埋弧焊的焊接材料有:焊丝、软衬垫、表面焊剂、铁粉。其中关键材料是软衬垫。

1. 软衬垫

软衬垫的结构如图 6-19 所示,它由下列各部分组成:(1)两面胶带,把衬垫粘在钢板接缝反面;(2)玻璃纤维带,支承熔融金属使之反面成形;(3)热固化焊剂,控制反面焊缝的余高;(4)耐火石棉板,隔热防衬垫被熔穿;(5)瓦楞纸垫板,使衬垫与钢板的接触压力均匀化;(6)热收缩塑料纸,防潮包装用。目前国内使用较多的是日本神户制钢所生产的 FAB-1 牌号软衬垫。

2. 铁粉

铁粉的作用前已叙述过。软衬垫单面埋弧焊使用的铁粉是低碳加锰铁粉,日本神户制钢所生产的牌号为 RR-2。铁粉盛放于密封的铁皮桶内,随拆随用,要防止吸潮。国内武汉钢铁公司也生产铁粉,并获得合格的焊接质量。

3. 表面焊剂

可用熔炼焊剂或烧结焊剂,国产牌号为 HJ431 或 SJ301。

4. 焊丝

可按母材碳钢或低合金钢的级别选用,国产牌号为 H08A,H08MnA。

国外的焊材生产厂通常是配套供应软衬垫单面埋弧焊的材料。表6-15 为日本神户制钢所推荐的配套焊材及适用母材钢种。

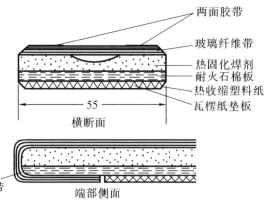

图 6-19 FAB 软衬垫的结构

表6-15 软衬垫单面埋弧焊配套的焊接材料

适用母材钢种	船级社认可	焊丝	焊剂	软衬垫	铁粉	备注
低碳钢	2 级	US-43	PFI-45	FAB-1	RR-2	日本神钢产品
	3 级	US-36	MF-38			
		US-36	PFI-42E			
低碳钢及 σ_b 为 490 MPa 高强度低合金钢	3 级及 3Y 级	US-36	PFI-52E			
		US-43	PFI-50			
		US-49	MF-38			

国内有的船厂采用日本神户制钢所生产的 FAB-1 型软衬垫,配以国产 H08A 焊丝、SJ301 或 HJ431 焊剂及武汉钢铁公司生产的铁粉,也获得了合格的焊接质量。

三、焊前坡口和衬垫的准备

1. 坡口准备

软衬垫单面埋弧焊在用单丝进行焊接时,板厚 12 mm 以下可以不开坡口,留 1~2 mm 间隙,就可以实现单面焊两面成形的要求。

板厚 16 mm 以上通常采用双丝焊,坡口角度为 50°±3°,钝边为 0,间隙标准为 2.5~3.5 mm,允许范围为 0~5 mm,板厚差为 0~2 mm。要防止间隙过大而引起焊穿。对于坡口及其两侧 20 mm 范围内的铁锈、油漆及油污等应予以清除。

2. 定位焊

定位焊焊在坡口内,用直径 4 mm E5015(结507)焊条进行焊接,定位焊缝长度为 50~80 mm,间距为 200~300 mm,定位焊缝厚度不高于 6 mm。

3. 接缝首尾端的拘束处理

厚板单面埋弧焊时,在接缝的首尾端很易产生纵向裂纹,也称为终端裂纹。钢板的厚度增大和强度提高,这种倾向越敏感。在接缝首尾端焊上拘束固定焊缝,可以防止终端裂纹的产生。取两块工艺板(引弧板、熄弧板),板厚与工件相同,尺寸为 200 mm×200 mm,与工件连接一侧开 30°~40° 坡口角度，用焊条电弧焊或 CO_2 气体保护焊焊满坡口，使工艺板和工件牢固连接。然后在工件接缝两端正式坡口内焊接拘束固定焊缝，长度应不小于 450 mm，厚度 a 为板厚 δ 的 2/3，多层焊接，每层焊缝由下至上相应减短 50 mm，呈阶梯形。接缝首尾端的拘束固定焊缝，如图 6-20 所示。有一定长度的拘束固定焊缝和工艺板拉住

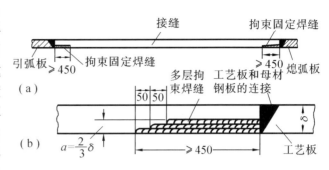

图 6-20 接缝首尾端的拘束固定焊缝
(a)首尾两端拘束处理；(b)拘束固定焊缝

两钢板阻止横向分离，这样焊接的拉伸应力就不能使焊缝产生纵向裂纹。

4.软衬垫的装贴

先剥去热收缩塑料纸，将软衬垫中心线对准坡口中心，并用两面胶带粘住接缝反面，然后用支撑工具或支撑物将软衬垫固定。可用磁力马或 L 形马，也可用弹簧杆或竹片等将软衬垫定位好。定位时需用板厚为 2~3 mm 的铝板或钢板作托板硬衬。用磁力马装贴软衬垫，磁力马的间距为 300~500 mm(见图 6-21(a))。软衬垫接长时，必须使两软衬垫紧密靠拢，同时在软衬垫连接处加放玻璃纤维带垫片，以防软衬垫连接处漏渣或烧穿。图 6-21(b)为软衬垫连接处加放垫片的方法。若发现局部有错边现象，可用木锤在衬垫反面敲击，使软衬垫与钢板紧贴。

四、软衬垫单面埋弧焊工艺

1.焊丝的定位

焊丝的位置对焊缝的成形有着较大的影响。软衬垫单丝单面埋弧焊时，焊丝的位置是向焊接方向倾斜 5°~7°，如图 6-22 所示，焊丝前倾是防止熔化铁水前淌，使反面成形良好。

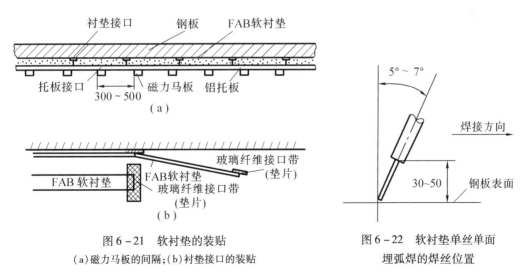

图 6-21 软衬垫的装贴
(a)磁力马板的间隔；(b)衬垫接口的装贴

图 6-22 软衬垫单丝单面埋弧焊的焊丝位置

软衬垫双丝单面埋弧焊时，前丝也是前倾 5°~7°，后丝垂直于钢板，若后丝倾斜，则焊

缝成形不良。两丝的间距宜为65~70 mm。前丝伸出长度以导电嘴末端离钢板高度30~50 mm为准,后丝的导电嘴末端离钢板高度为40~60 mm。软衬垫双丝单面埋弧焊的焊丝位置如图6-23所示。

焊件在水平位置时,焊丝应处在坡口的中心线上,焊丝的最大偏移量不超过2 mm。当焊接横向倾斜的接缝时,应将焊丝置于坡口的下侧,焊丝中心和坡口中心偏差以2~4 mm为宜。焊件横向倾斜的角度应不大于7°,如图6-24所示。

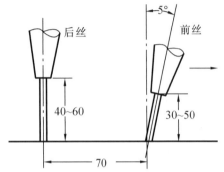

图6-23 软衬垫双丝单面埋弧焊的焊丝位置

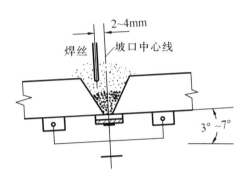

图6-24 焊接横向倾斜接缝时焊丝的位置

2. 铁粉高度和间隙

在坡口中加入铁粉,其最重要的功能是弥补坡口精度的不均匀,使在同一焊接工艺参数下得到均匀的反面焊缝成形。坡口装配时,差别最大的是间隙,而间隙对反面焊缝成形的影响最大,焊前应根据坡口间隙大小撒布不同量的铁粉,铁粉撒布量和间隙的关系见表6-16。

表6-16 软衬垫单面埋弧焊的铁粉撒布量和间隙

板厚 /mm	间隙 /mm	铁粉高度 /mm	焊接工艺参数 I,U,V	备注
12	0~1	12	850 A,34 V,33 cm/min	单丝焊 焊丝直径 5 mm
	2~3	12	800 A,34 V,30 cm/min	
	4~5	12	750 A,34 V,27 cm/min	
19	0~1	11	990 A,40 V,24 cm/min	
	2~3	15	990 A,40 V,22 cm/min	
	4~5	18	990 A,40 V,20 cm/min	
25	0~1	11	(前丝)990 A,35 V,27 cm/min (后丝)840 A,38 V,27 cm/min	双丝焊 焊丝直径 5mm
	2~3	15	(前丝)990 A,35 V,25 cm/min (后丝)840 A,38 V,25 cm/min	
	4~5	18	(前丝)990 A,35 V,23 cm/min (后丝)840 A,38 V,23 cm/min	

3. 软衬垫单面埋弧焊的工艺参数

软衬垫单丝单面埋弧焊的工艺参数见表6-17。软衬垫双丝单面埋弧焊的工艺参数见表6-18。由表可知,焊接电流不仅跟板厚及坡口形状有关,板厚增大,焊接电流增大。焊

表 6-17 软衬垫单丝单面埋弧焊工艺参数

坡口形状	板厚 /mm	倾斜角度 (纵×横) /(°)	铁粉填充 高度/mm	焊接电流 /A	电弧电压 /V	焊接速度 /(cm/min)
	6	0×0	6	700	34	50
	7	0×0	7	750	34	47
	8	0×0	8	800	35	45
	9	0×0	9	850	35	40
	10	0×0	10	900	35	38
	11	0×0	11	930	36	36
	12	0×0	12	950	36	34
	9	0×0	9	700	33	33
		3×3	9	650	33	31
		6×6	9	600	33	29
	10	0×0	10	730	33	31
		3×3	10	680	33	29
		6×6	10	630	33	27
	12	0×0	12	800	34	28
		3×3	12	750	34	26
		6×6	12	700	34	24
	14	0×0	14	850	35	26
		3×3	14	800	35	24
		6×6	14	750	35	22
	16	0×0	16	900	36	24
		3×3	16	850	36	22
		6×6	16	800	36	20
	12	0×0	10	830	35	33
		3×3	10	780	35	31
		6×6	10	730	35	29
	14	0×0	12	890	36	30
		3×3	12	0	36	28
		6×6	12	790	36	26
	16	0×0	14	950	38	28
		3×3	14	900	38	26
		6×6	14	850	38	24
	18	0×0	15	970	40	24
		3×3	15	920	40	22
	19	0×0	15	1 000	41	22
		3×3	15	950	41	20

注:焊剂牌号:DF1-45　焊丝牌号:US-43　焊丝直径:4.8 mm　铁粉牌号:RR-2　软衬垫牌号:FAB-1

表 6-18 软衬垫双丝单面埋弧焊工艺参数

坡口形状	板厚/mm	倾斜角度(纵×横)/(°)	铁粉填充高度/mm	层数	焊丝	焊丝直径/mm	焊接电流/A	电弧电压/V	焊接速度/(cm/min)	焊丝间距/mm
	16	0×0	14	1	L	4.8	920	35	33	70
					T	4.8	600	36		
	16	3×3	14	1	L	4.8	875	35	31	70
					T	4.8	550	36		
	16	6×6	14	1	L	4.8	820	35	29	70
					T	4.8	500	36		
	20	0×0	15	1	L	4.8	950	35	29	70
					T	4.8	650	38		
	20	3×3	15	1	L	4.8	900	35	27	70
					T	4.8	600	38		
	20	6×6	15	1	L	4.8	830	35	33	70
					T	4.8	550	38		
			—	2	L	4.8	500	36	35	100
					T	4.8	500	36		
	24	0×0	15	1	L	4.8	950	35	30	70
					T	4.8	600	38		
			—	2	L	4.8	550	36	32	100
					T	4.8	550	36		
	24	3×3	15	1	L	4.8	900	35	28	70
					T	4.8	550	38		
			—	2	L	4.8	550	36	32	100
					T	4.8	550	36		
	24	6×6	15	1	L	4.8	850	35	26	70
					T	4.8	550	38		
			—	2	L	4.8	500	36	32	100
					T	4.8	500	36		
	25	0×0	15	1	L	4.8	950	35	30	70
					T	4.8	600	38		
			—	2	L	4.8	600	36	32	100
					T	4.8	600	36		
	25	3×3	15	1	L	4.8	900	35	28	70
					T	4.8	550	38		
			—	2	L	4.8	550	36	32	100
					T	4.8	550	36		
	25	6×6	15	1	L	4.8	850	35	26	70
					T	4.8	550	38		
			—	2	L	4.8	500	36	30	100
					T	4.8	500	36		

坡口形状图：50°，2~3

注:L-前丝,T-后丝

接电流和焊件倾斜角度有关,当焊接纵向倾斜接缝时,由于熔融金属量多,不能采用下坡焊,只能采用上坡焊(由下向上焊)。纵向倾角越大,反面焊缝越宽,为此,纵向倾向每增加(或减小)3°,焊接电流要减小(或增大)50~60 A,电流减小(或增大)会造成焊缝余高的减小(或增大),此时可将焊接速度减慢(或增大)2~3 cm/min。表中有倾斜的焊接工艺参数都是指上坡焊的。焊件横向倾斜在7°以下时,对反面成形几乎是没有影响的。

4.时刻关注电流表、电压表的读数

焊接时要时刻关注电流表、电压表的读数,及时调整焊接工艺参数在预定的范围内。在焊缝外形符合要求的情况下,对于电流±30 A、电压±3 V、焊速±10%的区间内,认为是可以接受的。超出区间范围,应进行调整。

5.随间隙变化调整焊接工艺参数

坡口装配的间隙标准为2~3 mm,但在实际现场施工中,间隙变动是较大的,为此要随间隙变化而调整焊接工艺参数,当间隙小于标准值2 mm时,则前后丝焊接电流应增大30 A,同时焊接速度增加1 cm/min;当间隙大于4 mm时,则前后丝焊接电流应减小30 A,而焊接速度减慢2 cm/min。电弧电压可保持不变。

6.根据焊缝成形调整焊接工艺参数

对于反面焊缝的成形,可以通过调整前丝焊接电流来予以改变。若反面焊缝熔宽偏大,则应减小前丝焊接电流。反面焊缝的余高,通常取决于软衬垫的贴紧程度,若没有贴紧,则余高太大,同时熔宽也会过宽。

对于正面焊缝的成形,可以通过调整焊接速度和电弧电压来加以改变。若正面焊缝过窄,这时应升高电弧电压和减慢焊接速度。若正面焊缝熔敷量不足,则应减慢焊接速度和增大焊接电流。

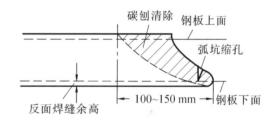

图6-25 弧坑缩孔的清理

7.焊接中断,消除缩孔

焊接过程中一旦断弧,在弧坑处会出现缩孔。缩孔是焊接缺陷,又是较深,必须用碳弧气刨将其清除,然后才可继续焊接,图6-25为弧坑缩孔的清理。

8.焊接结束

焊接结束时,当前丝焊到拘束固定焊缝时,开始减小焊接电流100 A。在前丝焊到拘束固定焊缝100 mm处时,切断前丝电源。而后丝要焊到熄弧板终端才熄弧。

五、软衬垫单面埋弧焊的举例

内底板纵接缝软衬垫双丝单面埋弧焊。

1.产品结构和材料

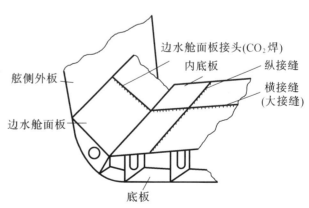

图6-26 底部分段内底板对接缝

大型船舶的底部是由若干底部分段在船台上合拢而成,在船台上需要焊接底板和内底板的纵缝和横缝。对于内底板的纵缝和横缝,上面是空间开敞的货舱或机舱,接缝下面是双层底舱,高度有限,且有纵横构架,工作条件差。为了提高效率,采用软衬垫双丝单面埋弧焊。

某船内底板的纵缝在船台上合拢焊接,如图 6 – 26 所示。内底板材质为船用 D 级钢,板厚为 20 mm,坡口角度为 50°,间隙为 1～3 mm,如图 6 – 27 所示。

软衬垫双丝单面埋弧焊用的焊接材料见表 6 – 19。

表 6 – 19　内底板纵缝软衬垫双丝单面埋弧焊用的焊接材料

母材钢种	前丝		后丝		表面焊剂牌号	铁粉牌号	软衬垫牌号	备　注
	牌号	直径	牌号	直径				
D 级钢	US – 43	4.8 mm	US – 43	4.8 mm	DFI – 45	RR – 2	FAB – 1	焊接材料均系日本神钢产品

2. 焊接工艺

(1)清理内底纵缝坡口两侧各 20 mm 范围的锈、油、漆等污物。

(2)用"⊓形马"对内底纵缝进行定位,焊条用 E5015(结 507)。

(3)焊工进入双层底舱内,用 FAB – 1 软衬垫两面胶带将软衬垫粘贴在接缝的反面。用 L 形马和木楔或毛竹片撑住,使软衬垫紧贴钢板反面。支撑点间距小于 200 mm。在衬垫连接处,应加强支撑。

(4)选定焊接方向,船台是倾斜的,内底板纵缝也是倾斜的,焊接方向应选定上坡焊,以确保焊透。

(5)焊前调整好前丝和后丝的位置,前丝倾角为 5°,后丝垂直,两丝间距为 70 mm,焊丝伸出长度分别为 35 mm 和 45 mm。

(6)坡口中填充铁粉,铁粉高度和钢板表面持平。

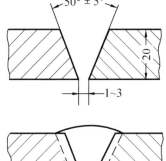

图 6 – 27　软衬垫双丝单面埋弧焊的坡口

(7)按表 6 – 20 的焊接工艺参数进行埋弧焊,由于是上坡焊,焊接电流偏小,焊速略小。

表 6 – 20　内底板纵接缝软衬垫双丝单面埋弧焊的工艺参数

钢种	板厚 /mm	坡口角度 /(°)	间隙 /mm	焊丝直径 /mm	焊丝	焊接电流 /A	电弧电压 /V	焊接速度 /(cm/min)	铁粉高度 /mm	焊丝间距 /mm	焊丝伸出长度 /mm	焊丝倾角 /(°)	备注
船用 D 级	20	50	1～3	4.8	L(前)	900	35	27	20	70	35	前倾5	日本神钢焊材
					T(后)	600	38				45	0	

(8)要重视引弧和熄弧操作要点。

(9)焊后按比例对内底板纵缝进行射线探伤。

第五节 窄间隙埋弧焊

一、窄间隙埋弧焊的特点

窄间隙埋弧焊是对厚板的对接缝开很小的坡口角度,小的接缝间隙,采用细焊丝进行多层多道埋弧焊的焊接方法。窄间隙埋弧焊具有以下特点。

1. 熔敷金属少、效率高、成本低

由于坡口窄小,熔敷金属的面积大为减少,可以节约焊丝、电能和工时,提高了生产率。

2. 焊缝性能好

窄间隙埋弧焊采用细焊丝(直径不大于 4 mm)多层多道焊工艺,焊接线能量小,热影响区小,焊缝性能良好。

3. 焊接变形及应力小

窄间隙埋弧焊的熔敷金属量少和热影响区小,这就使焊接变形及应力小。厚板大坡口角度的 V 形对接,由于钢板中心轴上下焊缝金属面积差异大,容易产生较大的角变形。而窄间隙坡口,钢板中心轴上下焊缝金属面积差异小,不易产生角变形。

4. 需要有焊丝跟踪自动调整装置

焊接过程中焊丝的位置对焊接质量有着较大的影响,焊丝位置不当会引起夹渣、未焊透等缺陷,为此焊机必须有焊丝跟踪及自动调整装置。

二、焊机

窄间隙埋弧焊要求焊丝和导电嘴能伸入坡口的底部,并可以在较大范围内升降,以适应很厚钢板的焊接。导电嘴通常制成扁形的宽 14 mm 左右,焊接导电嘴可以做微小角度左右摆动或移动,以保证与坡口侧壁有良好的熔合。在普通埋弧焊时,有的焊工观察熔渣情况来判断焊丝位置是否需要移动。窄间隙埋弧焊中这是做不到的,焊机必须有焊丝横向和高度方向的跟踪系统及自动调整装置,以保证焊丝的精确定位。国外典型的焊机有瑞典伊莎(ESAB)公司的单丝窄间隙埋弧焊机和意大利安莎多(ANSALDO)公司的多功能单丝窄间隙埋弧焊机。

将普通埋弧焊机进行改装也可实施窄间隙焊,焊接电源、焊车、焊丝给送制度(等速或变速)是不需要改动的。最关键的是要保证焊丝送出方向必须对准坡口中心,为此在焊嘴上添加坡口跟踪装置,以确保送丝位置准确。跟踪装置可采用接触式传感器,用跟踪坡口上边缘的方式进行工作。可控制焊嘴在 x(左右)方向和 y(上下)方向的滑动,x 和 y 方向的精度分别为 0.5 mm 和 1 mm。焊嘴制成平板形。焊嘴必须有足够大的升降行程(大于工件的板厚)。焊嘴外部要用胶带等包裹,绝缘保护焊嘴。

三、窄间隙埋弧焊用焊剂

窄间隙埋弧焊都是多层多道焊工艺,层间的清渣工作量是很大的,焊渣清除的难易程度,对焊接生产率和焊缝质量有很大的影响。窄间隙埋弧焊的焊剂应具有良好的脱渣性。焊剂的脱渣跟焊剂的熔点和热膨胀系数有关,通常熔点较高、热膨胀系数较大的焊剂,熔渣冷却时的收缩量与焊缝金属的收缩量的差异也大,熔渣容易与焊缝金属分离,脱渣性好。烧结焊剂的脱渣性比熔炼焊剂的好。窄间隙埋弧焊采用的烧结焊剂牌号为 SJ101 焊剂。

四、窄间隙埋弧焊工艺

1. 坡口

窄间隙埋弧焊通常采用的坡口形式:I 形坡口、U 形坡口及反面焊条电弧焊封底的 U 形坡口等,如图 6 - 28 所示。I 形坡口的底部间隙为 14 ~ 20 mm,坡口角度为 2° ~ 4°。U 形坡口的底部半径为 6 ~ 10 mm,坡口角度为 1° ~ 6°。这些坡口的底部都有足够大的空间,可使

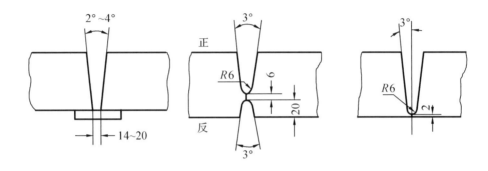

图 6 - 28　窄间隙埋弧焊的坡口形式

焊丝能熔透坡口底部的两侧。坡口加工的精度要求较高,应采用机加工方法制备。图 6 - 29 为普通埋弧焊和窄间隙埋弧焊的坡口形状及填充金属面积比较,以板厚150 mm 为例,普通埋弧焊采用变角度的 V 形坡口,窄间隙埋弧焊采用 U 形坡口根部半径为 4.5 mm,坡口角度为 1°。两者填充金属面积之比为100∶22,窄间隙埋弧焊节省焊丝是显著的。

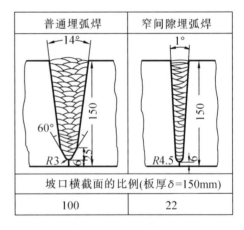

图 6 - 29　普通埋弧焊和窄间隙埋弧焊坡口及填充金属面积比较

2. 预热

窄间隙埋弧焊用于大厚板结构,厚板都要预热,但预热温度也不宜太高,超过 200 ℃对跟踪装置中的传感器工作有所影响。

3. 焊接第一层

焊接第一层焊缝,要保证底部焊透,还要求有适当的焊缝形状系数(熔宽/熔深),如果焊缝形状系数太小,则第一道焊缝容易产生热裂纹。通常第一道焊缝选用的焊接电流不宜大,避免过深的熔深而使得焊缝形状系数过小。

4. 焊丝与坡口侧壁间距离

焊丝与坡口侧壁间距离影响着焊接质量。窄间隙埋弧焊的焊丝直径比普通埋弧焊的细,焊接线能量也较小,因此窄间隙埋弧焊的熔池也较小。若焊丝与侧壁间距离过大,则容

易造成焊缝边缘熔合不良,也容易产生夹渣;若焊丝与侧壁间距离过小,则电弧可能转移到侧壁上,造成侧壁处局部熔深过深,粗晶区面积扩大及产生夹渣等缺陷。

5. 清渣和焊剂的回收

多层焊必须每层焊后清除焊渣,否则易产生夹渣缺陷。焊接时要及时回收焊剂,这样熔渣的冷却速度可加快,使脱渣容易。

6. 焊接工艺参数

窄间隙埋弧焊的工艺参数见表6－21。窄间隙埋弧焊通常选用直径4 mm及4 mm以下的焊丝。焊接电流也不大。根部坡口宽度在12 mm左右时,可采用每层一道焊缝进行焊接,根部坡口宽度大于16 mm时,宜用每层二道焊缝进行焊接。窄间隙埋弧焊也可用双丝焊,前丝前倾,后丝垂直。有坡口角度的坡口,由底部向上焊时,其坡口宽度逐渐增大,可以采用焊接电流和电弧电压逐层增加(少量)的工艺参数,以获得每层的焊缝成形良好。

表6－21 窄间隙埋弧焊工艺参数

板厚 /mm	坡口形式	焊丝直径 /mm	焊接面	坡口宽度 /mm	焊接层数	焊丝	焊接电流 /A	电弧电压 /V	焊接速度 /(m/h)
50		4	正		1	单丝	500	30	15
					2→终		650	32	21
			反		1		500	30	15
					2→终		650	32	21
50		4	正		1	单丝	450	30	12
					2		500	30	15
					3→终		600	32	15
			反		1		850	38	24
100		4	正	12~14	1	单丝	450	26	15
					2		500	27	18
				14~15.6	3→终		550	28	18
			反	12~12.7	1		450	26	15
					2→终		500	27	18
150		3.2	正	14~16	1	单丝	500	27	15
				16~18	2→终	前丝	450	27	50
				18~19.6		后丝	450	25	
			反		1	单丝	500	27	25
				14~15.2	2→终	前丝	450	27	50
						后丝	450	25	

表 6-21（续）

板厚/mm	坡口形式	焊丝直径/mm	焊接面	坡口宽度/mm	焊接层数	焊丝	焊接电流/A	电弧电压/V	焊接速度/(m/h)
100	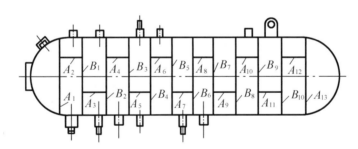	4	单面焊	底部间隙 14 mm	1	单丝	500	33	30
					2→终	单丝	500~550	33~34	25~30
50			单面焊		1	单丝	500	27	25
					2→终	前丝	500	27	40~50
						后丝	500	27	

五、窄间隙埋弧焊举例

锅筒纵环缝的窄间隙埋弧焊。

1. 产品结构和材料

200MW 电站大容量锅炉，其过热蒸汽的蒸发量为 670 t/h，过热蒸汽出口压力 19.97 MPa，过热蒸汽温度为 450 ℃，给水温度为 270 ℃。锅筒工作压力为 17.31 MPa。锅筒结构如图 6-30 所示，筒长为 21 500 mm，筒径为 2 000 mm，板厚为 100 mm，锅筒材质为 BHW-35 钢（13MnNiMo54）。锅筒纵缝和环缝均采用窄间隙埋弧焊，坡口形状如图 6-31 所示。

图 6-30　200MW 锅炉锅筒结构简图

A_1，A_{13}—封头环缝；A_2～A_{12}—筒体纵缝；B_1～B_{10}—筒体环缝

焊接材料：焊条为 E6015（结 607）；焊丝为 S4Mo（德国牌号），相当于我国 H08Mn2MoA 焊丝；焊剂为 SJ101 烧结焊剂。S4Mo 焊丝的实际化学成分见表 6-22。

表 6-22　S4Mo 焊丝实际化学成分（质量分数，%）

牌号	C	Si	Mn	P	S	Mo	Cr	Ni
S4Mo	0.13	0.14	1.82	0.016	0.018	0.50	—	—
H08Mn2MoA	0.08~0.11	≤0.25	1.60~1.90	≤0.030	≤0.030	0.50~0.70	≤0.20	≤0.30

2.焊接工艺

（1）焊前坡口准备

①坡口采用机械加工

②清理坡口及两侧各 20 mm 范围内的油、锈、氧化皮等污物，用砂轮打磨露出金属光泽。

③对坡口两侧各 200 mm 范围预热 150 ℃~200 ℃。

④用 E6015（结 607）4 mm 焊条，焊"∏形马"对纵缝进行定位，不允许在接缝内进行定位焊。纵缝两端装焊上工艺板，以利引弧和熄弧。

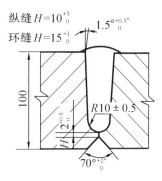

图 6-31　锅筒窄间隙埋弧焊的坡口

（2）焊条电弧焊进行封底焊

①焊前对坡口两侧各 200 mm 范围预热 150 ℃~200 ℃。

②用 E6015（结 607）4 mm,5 mm 焊条（焊前 350 ℃~400 ℃焙烘 2 h）进行封底焊，焊满反面 V 形坡口。

③层间温度控制在 150 ℃~300 ℃。

④每层焊后清理焊渣。

（3）窄间隙埋弧焊

①继续对焊件预热，温度控制在 150 ℃~200 ℃。

②采用 S4Moϕ3 mm 焊丝和 SJ101 焊剂（焊前 300 ℃~350 ℃焙烘 2 h）。

③焊第一层要保证焊透，同时要避免形成梨状焊缝（形状系数太小），为此，选用稍大点的焊接电流，配以低的焊接速度，焊接工艺参数见表 6-23。由于母材含碳质量分数较低（≤0.13%），此工艺参数不会产生热裂纹。

④焊第二层及以后层时，要考虑两点：一是焊道成形要平坦且和两坡侧壁熔合良好；二是不产生咬边和脱渣困难现象。随着坡口宽度的逐渐增加，电弧电压相应提高些。焊接工艺参数见表 6-23。

⑤焊接时必须注意不要使焊剂的堆积厚度过大，若焊剂堆积过厚，气体不易逸出，同时会使电弧不稳，并易使焊缝成形不良。

⑥用直径 6~8 mm 圆棒制成扁錾，对每层焊渣进行仔细的清理工作，特别是咬边处的焊渣。

⑦窄间隙埋弧焊过程中层间温度控制在 150 ℃~300 ℃范围内。

⑧若焊接过程中断，应立即进行 150 ℃~220 ℃ 2 h 后热处理。同时在坡口间隙嵌入厚度为间隙尺寸的钢板，以防止焊缝收缩引起间隙变小，造成焊接困难。

⑨每条焊缝焊好后，立即进行 150 ℃~220 ℃ 2 h 后热处理。

⑩全部纵缝和环缝焊好后，锅筒整体进行热处理 590 ℃~610 ℃ 7 h。

（4）焊接纵缝和环缝的差异

纵缝是直线的，环缝是环形的。环缝必须将筒体放置在滚动架上焊接；而纵缝可固定放在工作台上焊接。纵缝两端需设置工艺板，用于引弧和熄弧；而环缝无法设置工艺板，需在引弧和连接引弧端时采取适合的措施。焊接纵缝时的工艺参数通常是不会变化的；而焊接环缝时的工艺参数，要随焊缝层次的增多，电弧离筒体滚动中心的距离逐渐增大，焊接速度逐渐增大，这就需要在焊接全板厚过程中适当调整工艺参数，如增大焊接电流或其他措施。

由于纵缝是支缝,环缝是干缝,所以先焊纵缝,后焊环缝。

(5)焊后检验

对所有内外纵环缝表面进行100%磁粉探伤,对所有纵环缝进行100%超声波探伤和100%射线探伤。

表6-23　锅筒纵环缝窄间隙埋弧焊工艺参数

板厚及坡口	焊接方法及顺序	焊丝或焊条直径/mm	焊接电流/A	电弧电压/V	焊接速度/(m/h)	送丝速度/(m/h)	焊丝伸出长度/mm	焊接电源种类
板厚100 mm,V形坡口焊条电弧焊封底,U形坡口窄间隙埋弧焊	1. 焊条电弧焊封底	首层4	160~180	23~25	–	–	–	直流反接
		以后层5	200~220	23~25	–	–	–	
	2. 窄间隙埋弧焊	首层3	550~600	29~32	25~30	95~108	30~35	直流反接
		以后层3	500~550	29~32	30~32	95~108	30~35	

第七节　其他高效埋弧焊

一、加大间隙 I 形坡口双面埋弧焊

普通埋弧焊焊接14 mm以上板厚时,通常要开坡口,才能保证焊透。加大间隙双面埋弧焊采用不开坡口(即 I 形坡口)、加大接缝间隙的方法,确保熔透深度,而免去预制坡口等前道工序,同时减小坡口截面,从而减小熔敷金属量的消耗,提高了生产率。

1. 特点

(1)接缝采用 I 形坡口,减小了焊前坡口加工的工作量。

(2)不开坡口,熔敷金属量减小,节约了焊丝、电能及工时。

(3)可使用大电流焊接,提高了熔敷效率。

(4)对于接缝装配间隙的均匀度要求较高,且接缝反面要求粘贴或设置临时简易衬垫,以防止焊剂流散。

(5)焊接线能量较大,焊缝热影响区晶粒较粗,影响到焊接接头的韧性。

2. 工艺

(1)控制接缝装配间隙,加大间隙能确保熔透深度,但过大的间隙会造成烧穿;而过小的间隙会形成未焊透、夹渣等缺陷。接缝间隙跟板厚、焊接电流和焊接速度有关。焊前应检查间隙是否在规定范围之内。当局部区域中间隙过大时,可加入适量的铁粉。

(2)接缝中塞满焊剂,反面用临时衬垫承托。焊剂熔化成熔渣可以承托液态金属,阻止其下垂流失。

(3)合理的焊接工艺参数,通常使用粗焊丝,大电流、高电压,这样既可以达到熔深,又能避免

烧穿。如遇局部区域接缝间隙过大或过小时,可以适当调节焊接电流或焊接速度。焊正面焊缝的熔深要达到板厚的60% ~ 70%。加大间隙I形坡口双面埋弧焊的工艺参数见表6-24。

（4）正面焊缝焊好,除去临时衬垫,并清除间隙内的焊剂、焊渣壳及焊缝根部,再焊接反面焊缝。反面焊缝的工艺参数和正面焊缝的相同,或可略大一些。

二、填充金属粉埋弧焊

在坡口中预先敷撒一层铁粉末(或碎焊丝),然后进行埋弧焊,这样将电弧中过多的熔化母材的热量,转化为熔化铁粉(或碎焊丝),此熔敷金属作为焊缝金属的一部分,从而增大熔敷效率,提高生产率。

表6-24 加大间隙I型坡口双面埋弧焊工艺参数

板厚 /mm	接缝间隙 /mm	焊丝直径 /mm	焊接电流 /A	电流电压 /V	焊接速度 /(m/h)
14	3 ~ 4	5	700 ~ 750	34 ~ 36	30
16					27
18	4 ~ 5		750 ~ 800	36 ~ 40	27
20			850 ~ 900	36 ~ 40	27
24			900 ~ 950	38 ~ 42	25
28	5 ~ 6		900 ~ 950	38 ~ 42	20
30	6 ~ 7		950 ~ 1 000	40 ~ 44	16
40	8 ~ 9		1 100 ~ 1 200	40 ~ 44	12
50	10 ~ 11		1 200 ~ 1 300	44 ~ 48	10

1. 特点

（1）电弧的热利用率高,熔合比小,能改善焊缝的结晶和形状系数。

（2）熔敷效率高,焊接速度快,生产率高。

（3）铁粉可加入有益合金元素,提高和改善焊缝的性能。

（4）可减小母材的热影响区,提高焊接接头的韧性。

2. 工艺

（1）选用合宜的坡口形状,为了保证坡口底部的铁粉(或碎焊丝)能全部熔合,又要顾及底部钝边的烧穿造成铁粉的流失,可以采用有垫板的坡口,或者采用无间隙、有较大钝边(>7 mm)的V形或X形坡口。

（2）焊接材料,通常选用铁粉的牌号为RR-2(日),碎焊丝的牌号应和正式焊接的焊丝牌号相同。焊剂牌号为HJ431。

（3）铁粉加入量是个重要的工艺参数,它对焊缝的性能和成形有较大的影响。铁粉加入量应根据坡口形状和所选择的焊接工艺参数来确定,过少达不到提高生产率的要求;过多会影响到熔深,甚至造成未熔合和焊缝成形不良。

（4）电流和电压,填充金属粉埋弧焊选用的焊丝直径通常是粗焊丝,如6.4 mm 直径。焊接电流可比普通埋弧焊大10% ~ 15%。电弧电压过高,电弧飘动范围大,电弧热量散失较大,熔深浅,易产生未熔合;电弧电压过低,电弧作用范围窄,易使坡口两侧出现铁粉未熔化现象。填充金属粉埋弧焊的工艺参数见表6－25。采用直流反接,焊缝的熔深和熔宽较大,有利于铁粉(或碎焊丝)的熔合。

表6－25　填充金属粉埋弧焊工艺参数

板厚/mm	坡　口		铁粉加入量/(g/cm)	焊丝直径/mm	焊接电流/A	电弧电压/V	焊接速度/(m/h)
18		正	1.8	6.4	1 050	36	21
		反	—	6.4	900	38	21
38		正	2.6	6.4	1 250	38	15
		反	2.9	6.4	1 300	38	16.2

三、预热焊丝埋弧焊

普通埋弧焊的焊丝伸出长度较短(25～50 mm),可以使用较大的焊接电流,而焊丝不发红。预热焊丝埋弧焊是焊丝进入电弧区之前先进行预热,焊丝达到一定的温度,因而一进入电弧空间,就以很快的速度熔化,这样在不增加焊接线能量的条件下,提高焊丝熔化速度,增加熔敷金属量,提高生产率。

预热焊丝有两种方法:①加长焊丝伸出长度,利用焊接电流对焊丝伸出长度的预热,达到提高焊丝熔化速度的目的。为了防止焊丝的晃动和便于焊丝对准接缝,需要一个特殊的焊嘴,如图6－32所示。②采用外加交流预热电源对焊丝预热,如图6－33所示。

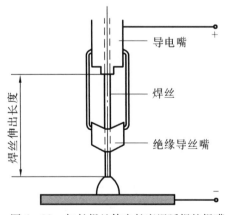

图6－32　加长焊丝伸出长度埋弧焊的焊嘴

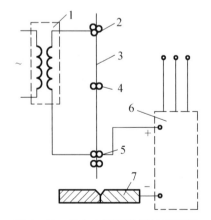

图6－33　外加电源预热焊丝埋弧焊

1—交流预热电源;2—上导电轮;3—焊丝;4—送丝轮;5—下导电轮;6—直流焊接电源;7—焊件

1. 特点

(1)预热焊丝进入电弧区,焊丝熔化速度加快,熔敷效率提高。

(2)预热后焊丝的电弧吹力减小,获得的熔深浅,比普通埋弧焊小10%。

(3)焊接线能量不大,对于一些热敏感性高的高强度合金钢尤为适用。

2. 工艺

(1)选用合理的焊丝伸出长度,过长的焊丝伸出长度会使焊丝成段熔断,实际生产中可以使用的最长焊丝伸出长度见表6-26。

表6-26 不同焊丝直径允许使用的最长焊丝伸出长度

焊丝直径/mm	3.2	4.0	5.0
焊丝伸出长度/mm	75	128	165

(2)小线能量焊接,由于焊丝进入电弧前已达到一定的温度,这就限制了焊接线能量。

(3)使用直流反接,以保证有一定的熔透深度。

四、带极埋弧堆焊

为了恢复机械零件的尺寸或使焊件表面获得具有特殊性能(耐磨、抗腐蚀等)的熔敷金属面而进行的焊接,称为堆焊。用埋弧焊对大型零件进行堆焊是较佳的工艺方法。埋弧堆焊分单丝埋弧堆焊、多丝埋弧堆焊和带极埋弧堆焊。单丝埋弧堆焊就是用普通的单丝埋弧焊机将焊丝熔敷在焊件表面上。带极埋弧堆焊是由多丝埋弧堆焊发展而来,带极埋弧堆焊是以钢(或有色金属)带作为电极,电弧将带极熔敷在焊件宽阔的表面上,如图6-34所示。

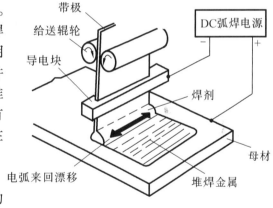

图6-34 带极埋弧堆焊的原理

1. 特点

(1)带极端面上有两个或两个以上的电弧在燃烧,电弧来回漂移,焊道宽阔。

(2)电弧加热区域宽,母材单位体积受热量少,熔深浅,熔合比小,熔敷效率高。

(3)熔融金属存在时间长,冶金反应充分。

(4)堆焊层表面光滑、平整、美观。

2. 带极埋弧堆焊的设备及材料

带极埋弧堆焊设备由焊接电源、控制系统、焊接机头、焊车行走机构或工件移动装置、辅助装置组成。国产焊机有 MU_1-1000-1型带极埋弧堆焊机。

带极埋弧堆焊的焊接电源和丝极埋弧焊的电源相同,平特性的电源配用等速给送带极的给送机构。在窄带极堆焊时(带宽小于40 mm)也可用陡降外特性的电源,并采用随弧压变速给送的控制系统。

带极埋弧堆焊机焊接机头配备适用于带极的给送辊轮和导电嘴。也可以对丝极埋弧焊机改装而成。

埋弧堆焊用的带极有:低碳钢带、中碳和高碳钢带、铬和铬镍耐蚀钢带以及纯镍、因科镍尔、蒙乃尔合金、铜和青铜带等。

用于堆焊碳钢零件的带极,钢号有:08,10,20,30,40,45,50,60Mn,65Mn 等;用于堆焊耐蚀钢的带极,钢号有:0Cr13,12Cr13,20Cr13,10Cr13Ni4Mn9,20Cr13,Ni4Mn9,04Cr18Ni10,02Cr19Ni11, 08Cr18Ni10, 08Cr18Ni10Ti, 12Cr18Ni10Ti, 12Cr18Ni9, 12Cr18Ni9Ti,02Cr18Ni12Mo3,02Cr25Ni20MnN 等。

堆焊用焊剂对堆焊过程的冶金反应有较大的影响。堆焊碳钢和低合金钢可用普通的酸性焊剂和中性焊剂,如 HJ431 和 HJ350 等。堆焊普通高碳钢、碳锰钢可用 HJ150,堆焊耐蚀合金时,多采用烧结焊剂,也可用 HJ260 型熔炼焊剂。

3. 带极埋弧堆焊的工艺参数

带极埋弧堆焊的工艺参数主要有:焊接电流、电弧电压、焊接速度、带极宽度和厚度等。这些参数对堆焊焊道的形状尺寸有较大的影响。

常用带极的厚度为 0.1 ~ 0.8 mm,带极宽度为 20 ~ 80 mm。焊接电流取决于带极的截面积,主要参照带极的宽度,最小的焊接电流 $I_{\min} = (10 \sim 12) b_{带}$,$b_{带}$ 为带极宽度,单位为毫米。过小的焊接电流会使焊道宽度急剧减小,焊道边缘熔合不良。堆焊碳钢的电弧电压通常取 28 ~ 32 V;堆焊耐蚀钢的电弧电压为 32 ~ 35 V。堆焊速度可在 0.15 ~ 0.55 cm/s 变化。带极伸出长度通常为 20 ~ 35 mm。开始引弧时焊剂层厚度取 30 ~ 35 mm,正常焊接后可略为减薄,但要保证不露弧光。

根据工件堆焊的要求来选择工艺参数,并尽量从减小熔深这一角度出发,提高电弧电压,减小焊接电流,降低焊接速度(堆焊速度小,电弧下的很多熔融金属,阻碍了电弧深入熔化母材金属,熔深小,而提高焊速会增大熔深),还可以使用下坡焊、带极后倾等措施,使熔深浅,熔合比小,稀释率低,从而提高堆焊层金属的性能。

第七章　埋弧焊的焊接质量

第一节　焊接质量检验

一、影响焊接质量的因素

焊接质量的优劣,直接影响着焊接结构的使用寿命和安全。如果焊接接头中存在严重的缺陷,会使得焊接结构的强度减弱,引起结构的破坏和失效。历史上有不少焊接结构的破坏和失效事例,造成桥梁的折断、舰船的沉没及压力容器的爆炸等恶性事故。

从全面质量管理(TQC)观点来分析,影响焊接质量有五大因素:人、设备、材料、方法、环境。生产过程中要保证这些因素处于良好的状态,才能获得优良的质量。

1. 人

埋弧焊设备是靠人来操纵的,焊接材料是靠人来使用和保管的,焊接方法要靠人来掌握的。焊工的技能和工作状态对焊接质量有着密切的关系。埋弧焊焊工应通过培训,掌握一定技术后才能上岗工作。

2. 设备

埋弧焊的焊丝给送和电弧移动是机械化的,埋弧焊机的功能要保证焊接工艺参数的稳定。还有工装设备(胎架、操作机及夹具等),要求其运转工作良好。

3. 材料

埋弧焊的材料主要是焊丝和焊剂,还有衬垫。焊丝和焊剂是焊制高质量焊接接头的决定性因素之一。根据母材钢种来正确选择焊丝和焊剂是埋弧焊工艺的重要环节。

4. 方法

埋弧焊方法的演变通常是为了提高生产率,从双面埋弧焊变成单面焊,单丝焊变成多丝焊,然而焊接线能量也随之增大。对于某些钢种来说,过大的焊接线能量将使焊接接头的冲击韧性有所下降,所以在选择焊接方法时必须考虑焊接质量的问题。

5. 环境

环境主要是气候条件,降雨、湿度和低温影响焊接质量较为严重。降雨时雨水落在焊接区域,焊缝和热影响区的冷却速度增加,使钢的淬硬倾向增大。雨水进入焊缝,使焊缝的氢含量剧增。降雨时的空气湿度大增,容易使焊件潮湿,尤其是焊剂和焊丝的吸潮程度将大大增加。雨水落在坡口上时,应禁止施焊。雨天时对焊剂和焊丝应加强保管,避免焊剂受潮。在低温环境下埋弧焊,焊缝和热影响区的冷却速度加快,钢的淬硬倾向增大,容易产生裂纹。对于船用碳素钢、船用高强度钢及 25~40 mm 的一般低碳钢,允许最低环境温度为 0 ℃,在 0 ℃以下施焊时,必须采取预热措施。

二、焊接质量检验

一系列焊接结构的破坏和失效,使人们认识到对焊接接头应进行必要的焊接质量检验。

焊接质量检验是发现焊接缺陷保证获得优质的焊接接头的重要手段。为了确保焊接结构的质量,必须进行三个阶段的检验:焊前检验、焊接过程中检验、成品检验。完整的焊接检验就能保证不合格的原材料不投产,不合格的零件不组装,不合格的组装不焊接,不合格的焊缝必返工,不合格的产品不出厂。层层把住质量关,保证焊接结构的质量。

1. 焊前检验

焊前检验是防止产生缺陷和废品的重要措施之一。焊前检验包括:检验焊接产品图纸和焊接工艺等技术文件是否齐备;检验母材、焊丝、焊剂等是否符合设计或规定的要求;检验焊接设备及工装设备是否完好;检验焊接坡口的加工质量和装配质量是否达到技术标准。焊前检验还要做焊接工艺认可试验(又称焊接工艺评定)和焊工培训考试两项重要工作。

焊接工艺认可试验和通常的钢材焊接性试验是两个不同的概念,在不同场合下使用。焊接性试验主要是解决钢材能否焊接并测出其主要的使用性能,而焊接工艺认可试验是对钢材具体的坡口、焊材、焊接工艺条件下进行试验,试验结果要符合产品结构的各项技术要求。只有在通过钢材焊接性试验的基础上,才有可能拟出焊接工艺并进行焊接工艺认可试验。

在进行焊接工艺认可试验时,若发现焊接接头个别的性能不合格,一般可以改变工艺重新进行认可试验,直到试验合格认可为止。这样可以避免产品质量事故,对确保产品焊接质量有着重要的意义。

通过焊接工艺认可试验可以证明工厂的设备、材料、人员等技术状态良好,根据指定的焊接工艺,能制造出合乎技术标准要求的焊接质量。当焊接工艺认可试验获得批准后,工厂依此编制出焊接工艺规程,作为指导生产的准则。

焊前检验应对焊工技能水平进行鉴定,焊工必须通过培训考试合格后才能上岗,从事规定范围内的焊接工作。

作为持证上岗的焊工,焊前应对焊接坡口、间隙等进行检查,如发现不符合要求,可要求修正直至符合要求。焊前焊工还应对焊丝的清理和焊剂的焙烘进行检查。

2. 焊接过程中检验

焊接过程中检验内容包括:上岗操作的焊工是否有证,不允许无证上岗;焊接过程中的焊接设备及工装设备的运行是否正常;焊工是否执行焊接工艺规程;焊丝的去锈和焊剂的焙烘是否达到要求;焊接工艺参数是否超出范围;焊接衬垫是否紧贴;及时发现操作过程中出现的焊接缺陷,并采取措施予以去除。认真进行焊接过程中检验,将焊接缺陷消除在萌芽状态,减少损失,并对成品检验提供必要的技术数据。

3. 成品检验

成品检验是焊接检验的最后阶段,也称焊后检验,它要断定焊接产品合格与否。通常说的焊接检验主要是指成品检验,它包括破坏性检验和非破坏性检验(无损检验)两大类。焊接检验方法分类见表7-1。

表7-1 焊接检验方法分类

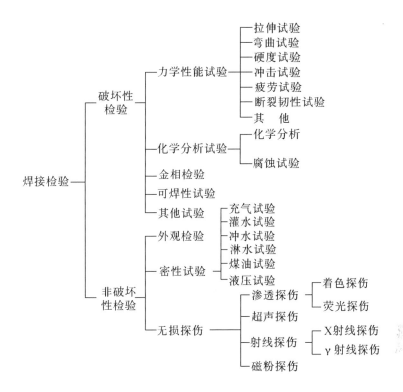

第二节 埋弧焊的焊接缺陷

焊接结构发生事故的根源通常是焊接接头质量差,焊接结构的破坏往往是从焊接缺陷处开始扩展形成的,因此,必须弄清埋弧焊缺陷产生的原因及其防止方法,这样在生产过程中才能避免或减少焊接缺陷。焊接缺陷的类型很多,按其在焊缝中的位置可分为外部缺陷和内部缺陷。外部缺陷暴露在焊缝的外表面,如表面裂纹、表面气孔、夹渣、咬边、焊瘤、弧坑未填满、焊缝尺寸外形不符合要求等缺陷;内部缺陷位于焊缝内部,如内裂纹、内气孔、夹渣、未焊透及未熔合。

一、裂纹

焊缝金属或母材金属有分裂金属组织的纹,称为裂纹。裂纹是最危险的焊接缺陷。它不仅减小了焊缝或母材的有效工作面积,而且在裂纹两端应力集中严重,会导致裂纹的延伸,直至结构破坏,引起灾难性事故。焊接结构中不允许存在焊接裂纹缺陷。

根据裂纹的形状和位置可分为:纵向裂纹、横向裂纹、弧坑裂纹、焊趾裂纹、焊道下裂纹、根部裂纹、层状撕裂及终端裂纹。根据裂纹形成的条件和温度可分为:热裂纹、冷裂纹、再热裂纹。

下面主要讨论热裂纹、冷裂纹、再热裂纹、层状撕裂及终端裂纹的产生原因和防止措施。

1.热裂纹

焊缝由液相冷却到固相线附近出现的结晶裂纹，称为热裂纹。热裂纹发生在高温下，绝大多数是在焊缝金属中，有时也可能在热影响区中产生。热裂纹(见图7-1)常沿焊缝的轴向呈纵向分布，也有在弧坑中出现，其裂口有明显的氧化色彩。

热裂纹是这样形成的，先决条件是焊缝中存在着低熔共晶杂质，如 FeS(熔点 988 ℃) 和 Ni_3S_2(熔点 645 ℃) 等，当焊缝从液态冷却成固态(一次结晶)时，这些低熔共晶杂质仍处于液态，并被推向焊

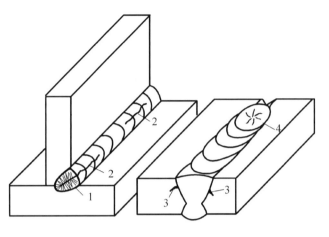

图 7-1 热裂纹
1—结晶裂纹；2—纵向裂纹；3—热影响区液化裂纹；4—弧坑裂纹

缝中央聚集，于是形成一个液态薄膜，随着焊缝的收缩，焊接拉应力的增大，便使液态薄膜延伸形成裂纹。

(1)产生热裂纹的原因

①母材和焊丝中硫、磷、碳、镍等的含量较多，这些元素不仅能形成低熔共晶杂质，而且能互相促进偏析(化学成分分布不均匀)；②焊缝的形状系数(B/H)≤1 时，更易产生结晶裂纹；③弧坑未填满，形成弧坑裂纹(属热裂纹)；④构件对焊缝的拉应力较大。

(2)防止热裂纹的措施

①限制母材和焊丝中易偏析元素和有害杂质的含量，C 含量不多于 0.1%，S 与 P 含量不多于 0.025%；②调节焊缝金属的化学成分，改善焊缝组织，细化晶粒，提高塑性。如焊接奥氏体不锈钢时，采用奥氏体加少量铁素体的双相组织焊缝，这种双相组织焊缝可避免产生热裂纹；③采用高锰焊丝，提高焊缝金属的锰硫比；④提高焊缝的形状系数，B/H 应大于 1.3 ~2，方法是提高电弧电压和减小焊接电流；⑤采用 V 形坡口多层多道焊接，小线能量焊接可以缩短液态金属在高温停留时间，减小低熔共晶杂质析出量；⑥熄弧时采用熄弧板，或填满弧坑；⑦采取减小焊接应力的工艺措施，如合理的焊接顺序等。

2.冷裂纹

冷裂纹是焊接接头冷却到较低温度(马氏体转变温度200 ℃~300 ℃)以下时产生的裂纹。冷裂纹可能在焊后立即出现，也可能延迟一段时间后产生，延迟产生的裂纹名为延迟裂纹。延迟裂纹通常是由氢引起的，又称氢致延迟裂纹。

冷裂纹(见图7-2)大多发生在热影响区和熔合线上，通常出现在焊道下、焊趾和根部中。冷裂纹多为纵向裂纹，少数为横向裂纹。冷裂纹断口没有明显的氧化色彩，所以具有明亮的金属光泽。

形成冷裂纹有三个因素：①热影响区产生淬硬组织；②焊缝金属中含有过量的氢；③焊接接头存在较大的应力。其中淬硬组织是主要因素。在焊接低合金亮强度钢、中碳钢、合金钢等易淬火钢时，快速冷却使热影响区形成淬硬组织(马氏体)，钢的淬硬会产生较多的晶格缺陷——空位和错位，在焊接应力的作用下发生移动和聚集，当它们的浓度达到一定值时，就会产生裂纹源，并在应力作用下，就不断扩展而形成宏观裂纹。钢的淬硬倾向越大，越

易产生冷裂纹。低碳钢和奥氏体钢焊接，由于淬不硬，所以很少出现冷裂纹。

焊接条件中，坡口上的油、水、锈、漆等污物、未烘干的焊剂及潮湿的气候，都是焊缝中氢的来源。焊缝在高温时吸收大量的氢，冷却到低温时，由于氢的溶解度的降低，便有相当多的氢析出，氢就进入晶格的空位，或焊缝内部的微气孔、微夹渣、未焊透及未熔合的空穴内，由于氢的聚集要有时间，随着时间的持续，氢进入量的增多，

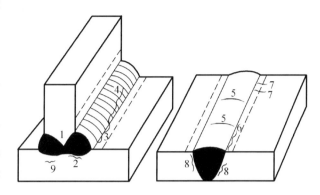

图 7-2　冷裂纹

1—根部裂纹；2—焊道下裂纹；3—焊趾裂纹；4—纵向裂纹；5—横向裂纹；
6—焊缝边缘裂纹；7—热影响区横向裂纹；8—热影响区裂纹；9—层状撕裂

压力越来越大，再加上焊接应力，结果使这些空位和空穴生成裂纹，这就是氢致延迟裂纹。

焊接接头受到三种应力：①热应力，焊缝和热影响区在不均匀加热和冷却过程中所产生的应力；②组织应力，金属相变时，由奥氏体分解时析出铁素体、珠光体、马氏体等都会引起体积膨胀，而受到周围金属的拘束，结果产生了应力；③外拘束应力，焊接结构自身拘束条件所造成的应力。三种应力统称为结构拘束应力，有时就称为焊接应力。

（1）产生冷裂纹的原因

①焊丝选用不当，母材碳当量高，熔敷金属锰含量低；②坡口中有油、锈、水、漆等污物，使焊缝金属氢含量增多；③焊剂未烘干或受潮；④焊接线能量太小，致使冷却速度快，产生淬硬组织；⑤未采取预热、后热、焊后热处理等措施。

（2）防止冷裂纹的措施

①正确选用焊丝和焊剂；②烘干焊剂，避免焊剂受潮；③焊前预热，控制层间温度不低于预热温度；④仔细清理坡口及其两侧的油、水、锈、漆等污物，减少氢的来源；⑤选用较大的焊接线能量，焊后缓冷；⑥第一道焊缝尺寸宜厚，能抵抗焊接接头的应力；⑦选择合理的焊接工艺和焊接顺序，以减小应力；⑧高强度合金钢焊后或焊接中断后立即进行后热处理或消氢处理；⑨焊后热处理，以改善焊缝组织和性能，消除焊接残余应力。

3. 再热裂纹

焊后对焊件再次加热（消除应力热处理或其他加热过程）到一定温度范围而产生的裂纹，称为再热裂纹。再热裂纹多发生在含有钒、铬、钼、硼等合金元素的低合金高强度钢、耐热钢的焊接接头。国内常用的 MnMoNb 系列低合金钢的焊接压力容器中，曾数次出现再热裂纹，并遭受较大的损害。再热裂纹的部位都起源在靠近热影响区的粗晶区，沿原奥氏体晶界扩展，而结束于焊缝和热影响区细晶区。

再热裂纹的形成可作以下解释，焊接含碳化物形成元素较多的合金钢过程中，紧靠熔合线的部分被加热到 1 000 ℃ ~ 1 350 ℃高温，促使该温度区域内的合金碳化物完全固溶，同时奥氏体晶粒急剧长大。当这种焊接接头再次加热到 500 ℃ ~ 700 ℃温度范围进行热处理时，合金碳化物逐渐从晶体内部沉淀，使晶体内部显著强化（脆化）。这样，再热过程中松弛应力产生的应变就集中于晶界，当晶界的塑性应变能力不足以承受松弛应力过程中产生的应变时，就产生再热裂纹。再热裂纹属于热裂纹。

（1）产生再热裂纹的原因

①母材钢中的钒、铬、钼、硼等元素含量偏高；②焊接线能量过大，形成的粗晶区加宽，粗晶加剧了再热裂纹的危险；③焊接接头存在具有缺口的缺陷，如咬边、未焊透和未熔合、内裂纹等，缺口会急剧提高残余应力和工作应力峰值水平；④焊后热处理的温度不当。

（2）防止再热裂纹的措施

①控制母材及焊缝金属的化学成分，适当调整各种易产生再热裂纹的敏感元素，如钒、铬、钼等；②在满足设计要求前提下，选择高温强度低于母材、塑性好的焊丝，这样可以获得塑性好的焊缝，可以让应力在焊缝中松弛，避免热影响区产生再热裂纹；③尽量不采用高拘束度的焊接接头，以减小应力；④采用高温预热和后热，降低焊接接头的内应力和应力峰值；⑤采用小线能量焊接，减小焊接热影响区过热区的尺寸，并通过相邻焊道的热作用来细化过热区的晶粒，厚板结构宜采用窄间隙埋弧焊，能有效防止再热裂纹；⑥消除可能引起应力集中的焊缝表面缺陷，如咬边、焊根缺口、焊缝外形高凸；⑦正确选择消除应力热处理温度，避免焊件在敏感温度区间进行热处理。

4.层状撕裂

焊接大厚度板的焊接结构时，在焊接接头的热影响区（包括熔合线）或远离热影响区的母材之中，产生和母材轧制表面平行的阶梯形的裂纹，这种裂纹称为层状撕裂。层状撕裂通常发生在厚板 T 形、K 形接头中，也是在常温下产生的裂纹，大多数层状撕裂在焊后 150 ℃以下或冷却到室温经过数小时后产生。如果焊接结构拘束度很高和钢材层状撕裂敏感性较高，则在 300 ℃～350 ℃范围内也可能产生。层状撕裂属于冷裂纹。

钢材中含有过多的非金属杂质（MnS，Al$_2$O$_3$ 和硅酸盐等），在轧制钢板过程中，这些杂质被轧成长条状和层状，使钢板变得像胶合不良的多层板，在厚度方向抵抗外力的能力很弱，当受到板厚度方向上的拉伸应力和扩散氢等因素的影响时，即出现层状撕裂。

（1）产生层状撕裂的原因

①钢板中存在非金属杂质的夹层；②焊接接头受到在板厚方向上的应力较大；③焊接坡口设计不合理。

（2）防止层状撕裂的措施

①控制母材钢中硫化锰等杂质，提高钢的内在质量，改善钢板厚度方向的性能，重要结构采用 Z 向钢（钢板厚度方向上有力学性能要求）；②合理设计焊接结构，降低作用于垂直钢板厚度方向的载荷；③选择合理的坡口形式，以减小在钢板厚度方向产生的应力；④焊前预热，控制层间温度，减小焊接应力；⑤在焊接坡口一侧先堆焊一层低强度、高塑性的焊缝金属，这对防止层状撕裂是比较有效的；⑥合理的焊接顺序，采用焊缝收缩量最小的焊接顺序，对于有可能产生层状撕裂的焊缝应尽可能先焊，这样焊缝在拘束度小的情况下能自由收缩，减小了焊接应力，有利于防止层状撕裂。

5.终端裂纹

单面埋弧焊（两面成形）在焊接长缝过程中，当焊到接缝终端位置时，产生纵向裂纹，这种裂纹称为终端裂纹。随着母材钢强度的提高、板厚增大及焊缝长度的增长，终端裂纹的倾向也越敏感。

终端裂纹是沿着焊缝中央的树枝状结晶会合面垂直于板面而产生的，它具有热裂纹的特征。裂纹往往是从焊缝反面开始向焊缝正面延伸的。

形成单面埋弧焊终端裂纹有两个因素：第一个因素是作用于焊道上的与焊缝轴线成垂

直的扯裂力;第二个因素是焊缝金属刚凝固之后存在的脆性。

单面埋弧焊的焊道通常较厚,结晶时树枝状结晶会合面易聚集低熔共晶杂质,削弱了晶粒间的联结,显示了脆性。单面埋弧焊的线能量大,焊速也较快,当焊到接缝终端附近时,会产生坡口张开的趋势,越接近端部定位焊缝位置,在定位焊缝上产生较大的拉伸应力(扯裂力)。接着电弧使定位焊缝熔化,这样定位焊缝已不能承受此巨大的拉伸应力,将坡口间隙拉大而形成裂纹。一般终端裂纹位置在定位焊位置前(向始端方向)10 mm 左右,即在钢板接缝终端位置 300 mm 范围内。

(1)产生终端裂纹的原因

①定位焊缝长度短,不能承受较大的拉伸应力(扯裂力);②一次焊成的焊道截面过大,产生的拉伸应力较大;③焊缝首尾两端未设置拘束固定焊缝。

(2)防止终端裂纹的措施

①改进焊剂和焊丝的化学成分,以提高熔敷金属的抗裂性;②如果焊缝长度较短(约2 000 mm),在多丝埋弧焊时,可以通过调节其焊丝间距,改变定位焊缝长度和位置等方法,达到防止裂纹的目的;③弧坑会合法,由接缝首尾两端向中间施焊,弧坑在中间会合,这是比较简单的方法,但施工不连续;④首尾端拘束固定焊缝法,在接缝首尾两端,用焊条电弧焊或 CO_2 气体保护半自动焊先焊上大于 450 mm 长的拘束固定焊缝,以此焊缝来抵抗扯裂力;⑤采用小线能量焊接,以减小扯裂力,有助于防止终端裂纹;⑥改进工艺板(包括引弧板、熄弧板及"∏"形马),从外部约束扯裂力,对减少终端裂纹是有效的。其方法有增加工艺板的宽度,增加"∏"形马的数量,使用弹性引、熄弧板等。

二、气孔

焊接时熔池中的气泡在凝固时未逸出而形成的空穴,称为气孔。气孔存在于焊缝内部的称为内气孔;气孔存在于焊缝表面的称为表面气孔,气孔缺陷如图 7-3 所示。焊缝中的气孔,减小了焊缝工作截面,削弱了焊缝的强度和密致性。当焊缝受到动载荷时,内气孔附近会形成应力集中,导致产生裂纹。在一般结构中不允许存在表面气孔,对于内气孔通常允许存在单个分布的小气孔,气孔直径不大于 0.1 倍板厚,且不大于 1.5 mm。对于重要结构根据结构特点有不同的要求。

熔化焊产生的气孔,通常是由氢、氮及 CO 气体引起的。埋弧焊的气孔较多的是氢气孔。埋弧焊产生的气孔尺寸要比焊条电弧焊的大。

1.产生气孔的原因

(1)坡口及其两侧附近有锈、水、油、漆等污物,这些污物是氢的来源;(2)焊丝生锈或沾上油污;(3)焊剂受潮,未烘干;(4)焊剂覆盖量不够,或突然供应中断,空气侵入熔池,易生成氮气孔;(5)焊剂覆盖量太大,压抑熔渣和熔池,熔池要逸出的气体排不

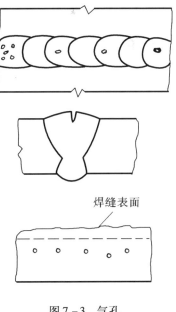

焊缝表面

图 7-3 气孔

出;(6)焊剂混入刷子毛等污物;(7)焊接的极性接法错误;(8)焊接时发生磁偏吹。

2.防止气孔的措施

(1)仔细清理坡口及其两侧;(2)按技术要求烘干焊剂;(3)焊前对焊丝除锈和去污;(4)调整焊剂的覆盖量,保证焊剂供应不中断;(5)使用钢丝刷,禁用毛刷;(6)正确选用极性接法;(7)用交流电焊接,减小焊接电流,改变焊接电缆接焊件位置。

三、夹渣

焊接时非金属物质在焊缝冷却过程中来不及逸出,焊后残留在焊缝中的渣,称为夹渣。夹渣缺陷如图7-4所示。夹渣形状复杂,一般呈点状、线状、长条状、块状等。

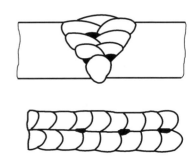

图7-4　夹渣

1.产生夹渣的原因

(1)选用焊剂不当,熔渣粘度太大;(2)下坡焊接,熔渣流到电弧前方;(3)多层焊时,焊丝位置偏向坡口一侧,熔渣流向另一侧;(4)焊接电流太小,未能充分熔化焊剂;(5)引弧板、熄弧板的厚度、坡口形状跟母材不一致,造成焊缝两端部夹渣;(6)焊盖面层时,电弧电压过高,使游散的焊剂卷入焊缝;(7)高效焊的填充铁粉过多,未能充分熔化;(8)前层焊渣未清理。

2.防止夹渣的措施

(1)选用合宜的焊剂;(2)放平焊件或采用上坡焊;(3)焊丝对准坡口中心;(4)加大焊接电流,充分熔化焊剂;(5)引弧板与熄弧板的厚度、坡口形状应和母材一致;(6)焊盖面层时,电弧电压不宜过高;(7)减小高效焊填充铁粉的高度;(8)多层焊的层间焊渣应清理。

四、未焊透和未熔合

在焊接接头的根部或中部,母材和母材之间未完全熔合,也即焊缝的熔深小于板厚,这种缺陷称为未焊透。在焊道和母材、焊道和焊道之间未完全熔合,称为未熔合。未焊透和未熔合缺陷如图7-5所示。未焊透和未熔合缺陷常发生在厚板结构中,电弧的热量不足以熔化坡口截面的全部周缘,且不能使熔敷金属填满坡口截面的内部。

未焊透和未熔合缺陷都减小了焊缝工作截面,有一定的危害性,尤其是片状未熔合(如焊道和母材坡口面之间的未熔合),这相当于中间存在片状缝隙,形成应力集中,焊缝一受力就可能产生裂纹,破坏了结构。未熔合的危害性仅次于裂纹。一般结构的对接焊缝是不允许未熔合缺陷存在的。关于未焊透缺陷,重要结构中是不允许存在的,在次要结构中,允许存在深度不超过10%~20%板厚,且不超过2~3 mm的未焊透缺陷。

1.产生未焊透和未熔合的原因

(1)坡口角度太小、钝边太大、间隙太小;(2)坡口根部未清理;(3)焊丝未对准坡口中心;(4)焊接电流太小、焊接速度太快;(5)电弧电压太高、焊接极性不正确;(6)焊接过程中网路电压波动过大。

2.防止未焊透和未熔合的措施

(1)坡口形状尺寸应符合技术标准要求;(2)仔细清理坡口,尤其是坡口根部;(3)校直好焊丝,对准坡口中心;(4)调整好焊接工艺参数(I,U,V);(5)避开用电高峰,选用有网路

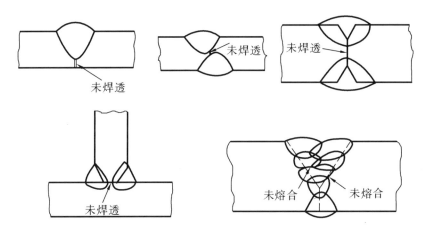

图 7 - 5　未焊透和未熔合

电压补偿的焊接电源。

五、咬边

焊缝边缘(焊趾)母材上被电弧熔化形成的沟槽或凹陷,称为咬边,咬边缺陷如图 7 - 6 所示。咬边减小了母材的工作截面,过深的咬边处造成应力集中,降低焊接接头的疲劳强度,还会加速局部腐蚀。在关键部件和结构中,不允许存在咬边缺陷。在一般结构中,允许咬边深度为 0. 5 ~ 0. 8 mm。

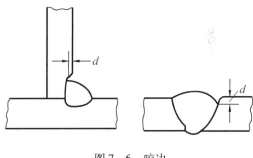

图 7 - 6　咬边

咬边是这样形成的,由电弧将熔池边缘母材金属熔化并吹向熔池,形成凹槽,后又未将熔融金属填满凹槽,留下的凹槽就是咬边。至于未填满凹槽的原因,一是焊丝未提供足够的熔敷金属填补;另一是熔融金属受重力而形成凹槽。

1. 产生咬边的原因

(1)焊接电流太大;(2)电弧电压太高;(3)焊接速度太快;(4)焊丝位置不准确。

2. 防止咬边的措施

(1)选择合适的焊接工艺参数,焊接电流不宜大,电弧电压不宜高,焊接速度适当;(2)选用正确的焊丝位置;(3)将 T 形接头置于船形位置焊接。

六、烧穿

焊接过程中熔融金属从坡口反面流出,形成穿孔的现象,称为烧穿。烧穿又称焊穿,如图 7 - 7 所示。烧穿使焊缝截面减小,甚至无法形成焊缝。烧穿是不允许存在的,必须用碳刨清理后进行重新焊接。

烧穿可以认为是温度高的熔融金属受到力的作用而流向坡口反面的恶果。受到的力有两种:一种是重力;另一种是电弧吹力。

1.产生烧穿的原因

（1）焊接电流太大；（2）坡口间隙太大，钝边太小；（3）焊接速度过慢；（4）衬垫未紧贴。

2.防止烧穿的措施

（1）减小焊接电流；（2）增大钝边，减小坡口间隙；（3）提高焊接速度；（4）采用衬垫焊接可托住熔融金属，衬垫必须紧贴。

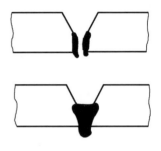

图7-7　烧穿

七、焊瘤

焊接时熔融金属流淌到正常焊缝外形之外的局部的多余金属，称为焊瘤，如图7-8所示。小直径环缝埋弧焊易产生焊瘤缺陷。焊瘤本身并不可怕，可是当熔融金属流淌到未熔化的母材上，形成了未熔合，这就需要铲除并焊补。

焊接过程中，如果熔池的体积大，温度又高，熔融金属凝固较慢，在重力作用下，就流淌到正常焊缝外形之外形成焊瘤。

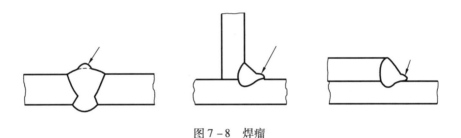

图7-8　焊瘤

1.产生焊瘤的原因

（1）焊接电流太大，焊接速度太慢；（2）环缝焊接时焊丝偏移圆筒垂直中心线的距离太近或太远；（3）衬垫埋弧焊时，衬垫未紧贴，尤其是衬垫和衬垫连接的接口间隙过大，会形成焊缝反面的焊瘤。

2.防止焊瘤的措施

（1）减小焊接电流，调整焊接速度；（2）环缝焊接时，调整好焊丝偏移距离；（3）衬垫紧贴钢板，衬垫接口连接良好。

八、弧坑未填满

在焊缝收尾处有低于母材表面的弧坑，称为弧坑未填满，如图7-9所示。弧坑形成的凹陷使焊缝工作截面减小，强度减弱，同时由于弧坑冷却快和保护差，弧坑往往存在着气孔和夹渣，甚至形成弧坑裂纹。弧坑未填满缺陷是不允许存在的。

焊接过程中有熔深就会有弧坑，如果熄弧时在弧坑处未供给足量的熔敷金属，就形成弧坑未填满。

1.产生弧坑未填满的原因

（1）薄板焊接时电流较大；（2）熄弧时未分两步

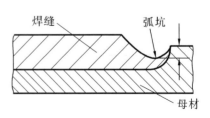

图7-9　弧坑未填满

进行。

2. 防止弧坑未填满的措施

(1)使用熄弧板,将弧坑引出接缝线外;(2)熄弧时应先按"停1",后按"停2"。

九、焊缝尺寸、形状不合要求

形成焊缝尺寸、形状不合要求的因素,主要是坡口形状尺寸不合要求、选用焊接工艺参数不当、还有焊剂对焊缝外形的影响等。焊缝尺寸、形状不合要求有:焊缝宽度太宽、焊缝余高太高、焊缝宽度不均匀、角焊缝焊脚单边、焊缝表面麻坑、鱼骨状波纹等。焊缝尺寸、外形不合要求如图7-10所示。

1. 焊缝宽度太宽

(1)产生焊缝宽度太宽的原因

①坡口角度太大、间隙太大;②焊接电流较大、电弧电压过高、焊接速度太慢。

(2)防止焊缝宽度太宽的措施

①减小坡口角度和装配间隙;②选用合宜的焊接工艺参数。

2. 焊缝余高太高

(1)产生焊缝余高太高的原因

①坡口角度太小或清根碳刨槽深度太浅;②焊接电流过大、焊接速度过慢;③电弧电压偏低;④焊件有坡度。

(2)防止焊缝余高太高的措施

①坡口形状尺寸应符合技术标准;②减小焊接电流、提高焊接速度;③提高电弧电压;④设法将焊件放成水平位置。

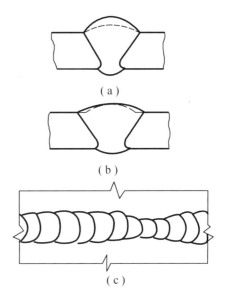

图7-10 焊缝尺寸、形状不合要求

3. 焊缝宽度不均匀

(1)产生焊缝宽度不均匀的原因

①坡口尺寸不均匀;②焊丝给送速度不均匀;③导电嘴磨损,焊丝导电不良,电弧不稳;④焊接速度不均匀;⑤电弧电压波动。

(2)防止焊缝宽度不均匀的措施

①修正坡口尺寸,使之均匀;②调整送丝滚轮;③更换导电嘴④找出焊接速度不稳的原因,排除故障;⑤选用恒压的电源外特性。

4. 角焊缝焊脚单边

(1)产生角焊缝焊脚单边的原因

①焊丝位置不合理;②焊接电流较大,焊接速度过慢。

(2)防止角焊缝焊脚单边的措施

①调整好焊丝位置;②选用合理的焊接工艺参数,焊接速度不宜慢;③采用船形位置焊接。

5. 表面麻坑

(1)产生表面麻坑的原因

①坡口表面有锈、水、漆、油、毛刺等;②烧结型焊剂受潮;③焊剂覆盖层过厚。

（2）防止表面麻坑的措施

①仔细清除坡口表面的杂质;②焊前必须烘干焊剂;③降低焊剂覆盖层的厚度。

6. 鱼骨状波纹

（1）产生鱼骨状波纹的原因

①坡口表面沾有水、锈、漆、油污等;②烧结型焊剂受潮。

（2）防止鱼骨状波纹的措施

①仔细清理坡口;②烘干焊剂。

第三节　焊缝质量要求

焊缝质量有三个方面的内容:①焊缝外表质量;②焊缝内部质量;③焊接接头的力学性能和其他性能。焊接检验就是对这三方面的质量做出判断是否合格。

焊缝质量检验的第一关就是焊缝外表检验,只有通过焊缝外表质量才能转入焊缝内部质量检验及其他检验。不重要的结构可以只进行焊缝外表检验。

重要的焊接结构都必须通过焊缝内部质量检验,焊缝内部质量的等级可以作为焊接结构产品的等级。船体重要焊缝必须通过焊缝内部质量检验。

关于力学性能和其他性能的试验,对于压力容器或特殊要求产品,则在产品焊缝端部安置焊接试样板,按正式焊缝的相同工艺进行焊接,焊接试样性能试验合格,就作为产品的焊缝性能合格。对于船体产品,由于焊接工艺认可试验(焊接工艺评定)比较成熟,对于焊缝外表质量和内部质量检验合格后产品焊缝就不做性能试验。

一、焊缝外表质量要求

焊缝外表质量检验主要是用肉眼观察和量具测量,必要时借助低倍放大镜进行检验。对于重要焊缝,可用渗透探伤和磁粉探伤进行检验。焊缝外表质量检验的目的,要测出焊缝的形状尺寸,检验出焊缝表面缺陷,对照技术标准,判断焊缝外表质量是否合格。

1. 对焊缝外形的要求

（1）焊缝外形应光顺、均匀,焊缝与基本金属、焊道与焊道之间应平缓过渡,不得有截面突然变化。

（2）焊缝的侧面角 θ 应小于 $90°$,如图 7 - 11 所示。

2. 对焊缝尺寸的要求

（1）对接焊缝的余高,下限不低于钢板表面,上限不得超过一定的值:板厚 $\delta \leqslant 10$ mm 时,余高上限为 3.5 mm;板厚 $\delta > 10$ mm 时,余高上限为 4.5 mm。

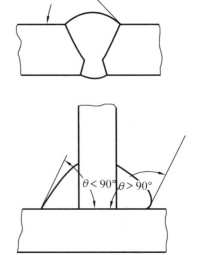

图 7 - 11　焊缝的侧面角

（2）在焊缝长度 25 mm 范围内,焊缝余高之差不得大于 2 mm。

（3）在焊缝长度 100 mm 范围内,焊缝宽度之差不得大于 5 mm。

（4）角焊缝的焊脚必须大于等于 $0.9K_0$,K_0 为图纸规定的焊脚尺寸。

（5）多层多道焊表面重叠焊道相交处的下凹深度称为道沟,道沟不得大于1.5 mm,如图7-12所示。

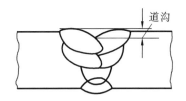

图7-12 多层多道焊的下凹深度(道沟)

3. 对焊缝表面缺陷的技术要求

（1）焊缝表面不允许存在裂纹、夹渣、未熔合、烧穿、弧坑未填满缺陷。

（2）焊缝表面不允许存在高于2 mm的焊瘤。

（3）咬边深度不允许超过以下规定值:

①重要部位对接焊缝咬边深度的允许值为:

板厚$\delta \leqslant 6$ mm时,咬边连续长度大于100 mm的咬边深度应不大于0.3 mm;局部允许不大于0.5 mm。

板厚$\delta > 6$ mm时,咬边连续长度大于100 mm的咬边深度应不大于0.5 mm;局部允许不大于0.8 mm。

②其他部位对接焊缝和角焊缝咬边深度的允许值为:

板厚$\delta \leqslant 6$ mm时,咬边深度应不大于0.5 mm。

板厚$\delta > 6$ mm时,咬边深度应不大于0.8 mm。

（4）对气孔的技术要求

①重要部位对接焊缝及要求水密、油密或气密的焊缝不允许有表面气孔。

②其他部位的焊缝1 m长范围内允许有2个气孔,气孔的最大允许直径:板厚$\delta \leqslant 10$ mm时为1 mm;板厚$\delta > 10$ mm时为1.5 mm。

二、焊缝内部质量要求

焊缝内部质量检验的方法是射线探伤和超声波探伤。通过探伤能检验焊缝内部是否存在裂纹、气孔、夹渣、未焊透和未熔合。重要结构焊缝(全部或按比例)必须经过射线探伤检验合格。按照焊接内部缺陷的大小来评定焊缝质量等级。下面对射线探伤评定焊缝内部质量做些介绍。

1. 射线探伤缺陷影像的识别

（1）裂纹　一般是略带锯齿状的、波浪状的黑色细条纹,有时呈直线细纹,轮廓较分明,中部稍宽,两端尖细,两端黑度逐渐变淡,最后消失。

（2）气孔　多呈现圆形、椭圆形的黑点,其中心处黑度较大且均匀地向边缘减淡,分布不一致,有单个的、密集的和链状的。

（3）夹渣　形状不规则的点或条块等,点状夹渣呈单独黑点,外形不太规则,带有棱角,黑度均匀;条状夹渣线条较宽,宽度不太一致,黑度不均匀。

（4）未焊透　呈断续或连续的黑直线,宽度都同坡口间隙一致,一般在焊缝中心线上,黑度较均匀。

（5）未熔合　埋弧焊未熔合多发生在开坡口的焊缝中,坡口侧面交界处的未熔合,一般呈现一侧平直,另一侧有弯曲,黑度淡而均匀的黑线。层间未熔合的影像不规则,不易分辨。

（6）咬边和道沟　两者是焊缝外部缺陷,射线照相探伤的胶片上也会显像,咬边是在焊趾部位的黑线,道沟是在两焊道交界处的黑线,这些不要误判为焊缝内部缺陷。

2. 据射线探伤评定焊缝质量等级

根据缺陷在底片上的显像,可以判断出焊缝内部缺陷的类别,凡是从底片上判定的裂纹、未熔合、未焊透缺陷,都必须对这些缺陷进行刨去磨光和补焊。因为要求射线照相探伤的焊缝都是重要的,重要焊缝是不允许存在裂纹、未熔合、未焊透的。留下的是对气孔、夹渣的评定,对于底片上的黑点,可能是气孔,也可能是夹渣,分不清就被看成一类。为此将气孔和夹渣缺陷分为圆形缺陷和条形缺陷两类。缺陷长宽比小于 3 的定为圆形缺陷,长宽比大于 3 的定为条形缺陷。根据圆形缺陷和条状缺陷的大小和数量,把焊缝质量分成四个等级,Ⅰ级质量最佳,Ⅱ级质量次之,依次排列质量高低。

(1)按圆形缺陷评定焊缝质量等级

先要确定评定区,从射线探伤底片上评定缺陷时,寻找底片上缺陷最严重的区域作为评定区。评定区的尺寸是根据不同板厚来划分的,见表 7 – 2。

表 7 – 2　射线探伤按圆形缺陷评定焊缝质量等级

缺陷点数　评定区尺寸　母材厚度/mm 焊缝质量等级	≤10	>10~15	>15~25	>25~50	>50~100	>100
	10 mm×10 mm			10 mm×20 mm		10 mm×30 mm
Ⅰ	1	2	3	4	5	6
Ⅱ	3	6	9	12	15	18
Ⅲ	6	12	18	24	30	36
Ⅳ	缺陷点数大于Ⅲ级者					

接着根据评定区内的各个缺陷的长径总和值,按表 7 – 3 换算成缺陷的等效点数,再按表 7 – 2 规定划分焊缝的等级。

表 7 – 3　射线探伤缺陷点数的换算

缺陷长径/mm	≤1	>1~2	>2~3	>3~4	>4~5	>6~8	>8
等效点数	1	2	3	6	10	15	25

对于缺陷长径不大于 0.5 mm 的小缺陷,不作缺陷点数计算。若被评为一级焊缝,在评定区内不允许存在 10 个以上小缺陷。在评定区内单个缺陷的长度超过母材厚度的二分之一时,则评为Ⅳ级(不合格焊缝)。

(2)按条形缺陷评定焊缝质量等级

评定含条状缺陷的焊缝质量等级,也是根据评定区内的缺陷长度按表 7 – 4 来划分焊缝质量等级。若条状缺陷与缺陷之间的间隔大于其中一条长者的缺陷长度,应被看作是分别独立的缺陷;若缺陷与缺陷之间的间隔小于其中一条长者的缺陷长度,则以分别缺陷长度的总和作为缺陷群的缺陷长度。

表 7 - 4　射线探伤按条状缺陷评定焊缝质量等级

缺陷长度/mm　母材厚度 δ/mm　焊缝质量等级	≤12	>12 ~ 48	>48
Ⅰ	≤3	$\leqslant \dfrac{1}{4}\delta$	≤12
Ⅱ	≤4	$\leqslant \dfrac{1}{3}\delta$	≤16
Ⅲ	≤6	$\leqslant \dfrac{1}{2}\delta$	≤24
Ⅳ	缺陷长度大于Ⅲ级者		

参考文献

1. 船舶焊接手册编写委员会编. 船舶焊接手册. 北京:国防工业出版社,1995

2. 中国机械工程学会焊接学会编. 焊接手册. 材料的焊接. 北京:机械工业出版社,2001

3. 中国机械工程学会焊接学会编. 焊接手册. 焊接方法及设备. 北京:机械工业出版社,2001

4. 中国机械工程学会焊接学会. 焊工手册. 埋弧焊·气体保护焊·电渣焊·电渣焊·等离子弧焊. 北京:机械工业出版社,2001

5. 陈裕川主编. 焊接工艺评定手册. 北京:机械工业出版社,2000

6. 李亚江主编. 焊接材料的选用. 北京:化学工业出版社,2004

7. 李亚江等编. 异种难焊材料的焊接及应用. 北京:化学工业出版社,2004

8. 吴树雄等编著. 焊丝选用指南. 北京:化学工业出版社,2002

9. 芮树祥,忻鼎乾编. 焊接工工艺学. 哈尔滨:哈尔滨工程大学出版社,1998

10. 陈裕川编著. 低合金结构钢的焊接. 北京:机械工业出版社,1992

11. 刘云龙编. 袖珍焊工手册. 北京:机械工业出版社,2000

12. 黄正阆主编. 焊接结构生产. 北京:机械工业出版社,1991

13. 杜国华主编. 实用工程材料焊接手册. 北京:机械工业出版社,2004

14. 吴润晖等编. 船舶焊接工艺. 哈尔滨:哈尔滨工程大学出版社,1996

15. 忻鼎乾,赵伟兴编著. 船舶电焊(下册). 上海:上海科学技术出版社,1959

16. 应潮龙等编. 实用高效焊接技术. 北京:国防工业出版社,1995

17. 机械工业部编. 电焊机产品样本. 北京:机械工业出版社,1996

18. 焊接学会方法委员会(日)编. 尹士科等译. 窄间隙焊接. 北京:机械工业出版社,1988

19. 第一机械工业部情报所编. 高效率焊接法. 北京:机械工业出版社,1973

20. 赵伟兴编. CO_2 气体保护半自动焊焊工培训教程. 哈尔滨:哈尔滨工程大学出版社,2003